U0315893

冶金专业教材和工具书经典传承国际传播工程
普通高等教育"十四五"规划教材

"十四五"国家重点
出版物出版规划项目

深部智能绿色采矿工程
金属矿深部绿色智能开采系列教材
冯夏庭　主编

深部金属矿水文地质学

Hydrogeology for Deep Metal Mines

杨天鸿　张亚兵　编著

扫码看本书
数字资源

北　京
冶　金　工　业　出　版　社
2024

内容提要

本书以深部金属矿山为工程背景，在系统介绍水文地质学知识的基础上，重点介绍深部金属矿山开采过程中的水文地质特征，包括地下水赋存、分布、运移、循环特征、地下水化学、可能出现的涌水透水现象及相关工程治理措施。

本书为采矿工程、水文地质、工程地质、岩土工程等专业的本科生教材，也可供研究深部金属矿山水文地质问题的研究生和相关专业工程技术人员阅读参考。

图书在版编目（CIP）数据

深部金属矿水文地质学/杨天鸿，张亚兵编著 . —北京：冶金工业出版社，2022.11（2024.1 重印）

（深部智能绿色采矿工程/冯夏庭主编）

"十四五"国家重点出版物出版规划项目

ISBN 978-7-5024-9310-3

Ⅰ.①深…　Ⅱ.①杨…　②张…　Ⅲ.①金属矿—水文地质学—高等学校—教材　Ⅳ.①TD163

中国版本图书馆 CIP 数据核字（2022）第 195144 号

深部金属矿水文地质学

出版发行	冶金工业出版社	电　话	(010)64027926
地　址	北京市东城区嵩祝院北巷 39 号	邮　编	100009
网　址	www. mip1953. com	电子信箱	service@ mip1953. com

责任编辑　刘小峰　刘思岐　美术编辑　彭子赫　版式设计　孙跃红
责任校对　李　娜　责任印制　禹　蕊
三河市双峰印刷装订有限公司印刷
2022 年 11 月第 1 版，2024 年 1 月第 2 次印刷
787mm×1092mm　1/16；14.25 印张；341 千字；208 页
定价 49.00 元

投稿电话　（010）64027932　投稿信箱　tougao@ cnmip. com. cn
营销中心电话　（010）64044283
冶金工业出版社天猫旗舰店　yjgycbs. tmall. com
（本书如有印装质量问题，本社营销中心负责退换）

冶金专业教材和工具书
经典传承国际传播工程
总　序

　　钢铁工业是国民经济的重要基础产业，为我国经济的持续快速增长和国防现代化建设提供了重要支撑，做出了卓越贡献。当前，新一轮科技革命和产业变革深入发展，中国经济已进入高质量发展新时代，中国钢铁工业也进入了高质量发展的新时代。

　　高质量发展关键在科技创新，科技创新离不开高素质人才。党的二十大报告指出："教育、科技、人才是全面建设社会主义现代化国家的基础性、战略性支撑。必须坚持科技是第一生产力、人才是第一资源、创新是第一动力，深入实施科教兴国战略、人才强国战略、创新驱动发展战略，开辟发展新领域新赛道，不断塑造发展新动能新优势。"加强人才队伍建设，培养和造就一大批高素质、高水平人才是钢铁行业未来发展的一项重要任务。

　　随着社会的发展和时代的进步，钢铁技术创新和产业变革的步伐也一直在加速，不断推出的新产品、新技术、新流程、新业态已经彻底改变了钢铁业的面貌。钢铁行业必须加强对科技进步、教育发展及人才成长的趋势研判、规律认识和需求把握，深化人才培养体制机制改革，进一步完善相应的条件支撑，持续增强"第一资源"的保障能力。中国钢铁工业协会《"十四五"钢铁行业人力资源规划指导意见》提出，要重视创新型、复合型人才培养，重视企业家培养，重视钢铁上下游复合型人才培养。同时要科学管理，丰富绩效体系，进一步优化人才成长环境，造就一支能够支撑未来钢铁行业高质量发展的人才队伍。

高素质人才来源于高水平的教育和培训，并在丰富多彩的创新实践中历练成长。以科技创新为第一动力的发展模式，需要科技人才保持知识的更新频率，站在钢铁发展新前沿去思考未来，系统性地将基础理论学习和应用实践学习体系相结合。要深入推进职普融通、产教融合、科教融汇，建立高等教育+职业教育+继续教育和培训一体化行业人才培养体制机制，及时把钢铁科技创新成果转化为钢铁从业人员的知识和技能。

一流的专业教材是高水平教育培训的基础，做好专业知识的传承传播是当代中国钢铁人的使命。20 世纪 80 年代，冶金工业出版社在原冶金工业部的领导支持下，组织出版了一批优秀的专业教材和工具书，代表了当时冶金科技的水平，形成了比较完备的知识体系，成为一个时代的经典。但是由于多方面的原因，这些专业教材和工具书没能及时修订，导致内容陈旧，跟不上新时代的要求。反映钢铁科技最新进展和教育教学最新要求的新经典教材的缺失，已经成为当前钢铁专业人才培养最明显的短板和痛点。

为总结、提炼、传播最新冶金科技成果，完成行业知识传承传播的历史任务，推动钢铁强国、教育强国、人才强国建设，中国钢铁工业协会、中国金属学会、冶金工业出版社于 2022 年 7 月发起了"冶金专业教材和工具书经典传承国际传播工程"（简称"经典工程"），组织相关高校、钢铁企业、科研单位参加，计划用 5 年左右时间，分批次完成约 300 种教材和工具书的修订再版和新编，以及部分教材和工具书的对外翻译出版工作。2022 年 11 月 15 日在东北大学召开了工程启动会，率先启动了高等教育和职业教育教材部分工作。

"经典工程"得到了东北大学、北京科技大学、河北工业职业技术大学、山东工业职业学院等高校，中国宝武钢铁集团有限公司、鞍钢集团有限公司、首钢集团有限公司、河钢集团有限公司、江苏沙钢集团有限公司、中信泰富特钢集团股份有限公司、湖南钢铁集团有限公司、包头钢铁（集团）有限责任公司、安阳钢铁集团有限责任公司、中国五矿集团公司、北京建龙重工集团有限公司、福建省三钢（集团）有限责任公司、陕西钢铁集团有限公司、酒泉钢铁（集团）有限责任公司、中冶赛迪集团有限公司、连平县昕隆实业有限公司等单位的大力支持和资助。在各冶金院校和相关钢铁企业积极参与支持下，工程相关工作正在稳步推进。

　　征程万里，重任千钧。做好专业科技图书的传承传播，正是钢铁行业落实习近平总书记给北京科技大学老教授回信的重要指示精神，培养更多钢筋铁骨高素质人才，铸就科技强国、制造强国钢铁脊梁的一项重要举措，既是我国钢铁产业国际化发展的内在要求，也有助于我国国际传播能力建设、打造文化软实力。

　　让我们以党的二十大精神为指引，以党的二十大精神为强大动力，善始善终，慎终如始，做好工程相关工作，完成行业知识传承传播的使命任务，支撑中国钢铁工业高质量发展，为世界钢铁工业发展做出应有的贡献。

中国钢铁工业协会党委书记、执行会长

2023 年 11 月

金属矿深部绿色智能开采系列教材
序 言

新经济时代，采矿技术从机械化全面转向信息化、数字化和智能化；极大程度上降低采矿活动对生态环境的损害，恢复矿区生态功能是新时代对矿产资源开采的新要求；"四深"（深空、深海、深地、深蓝）战略领域的国家部署，使深部、绿色、智能采矿成为未来矿产资源开采的主趋势。

为了适应这一发展趋势对采矿专业人才知识结构提出的新要求，依据新工科人才培养理念与需求，系统梳理了采矿专业知识逻辑体系，从学生主体认知特点出发，构建以地质、测量、采矿、安全等相关学科为节点的关联化教材知识结构体系，并有机融入"课程思政"理念，注重培育工程伦理意识；吸纳地质、测量、采矿、岩石力学、矿山生态、资源综合利用等相关领域的理论知识与实践成果，形成凸显前沿性、交叉性与综合性的"金属矿深部绿色智能开采系列教材"，探索出适应现代化教育教学手段的数字化、新形态教材形式。

系列教材目前包括《金属矿山地质学》《深部工程地质学》《深部金属矿水文地质学》《智能矿山测绘技术》《金属矿床露天开采》《金属矿床深部绿色智能开采》《井巷工程》《智能金属矿山》《深部工程岩体灾害监测预警》《深部工程岩体力学》《矿井通风降温与除尘》《金属矿山生态-经济一体化设计与固废资源化利用》《金属矿共伴生资源利用》，共13个分册，涵盖地质与测量、采矿、选矿和安全4个专业、近10个相关研究领域，突出深部、绿色和智能采矿的最新发展趋势。

系列教材经过系统筹划，精细编写，形成了如下特色：以深部、绿色、智能为主线，建立力学、开采、智能技术三大类课群为核心的多学科深度交叉融合课程体系；紧跟技术前沿，将行业最新成果、技术与装备引入教材；融入课程思政理念，引导学生热爱专业、深耕专业，乐于奉献；拓展教材展示手段，采用全新数字化融媒体形式，将过去平面二维、静态、抽象的专业知识以三维、动态、立体再现，培养学生时空抽象能力。系列教材涵盖地质、测量、开采、智能、资源综合利用等全链条过程培养，将各分册教材的知识点进行梳理与整合，避免了知识体系的断档和冗余。

系列教材依托教育部新工科二期项目"采矿工程专业改造升级中的教材体系建设"（E-KYDZCH20201807）开展相关工作，有序推进，入选《出版业"十四五"时期发展规划》，得到东北大学教务处新工科建设和"四金一新"建设项目的支持，在此表示衷心的感谢。

主编 冯夏庭

2021 年 12 月

前　言

随着浅部资源的逐步衰竭，现代金属矿山向深部发展的趋势逐渐清晰，深部地质环境具有典型的高温高压特征，金属矿山硬岩结构与煤矿软岩结构也存在差异，致使赋存于深部金属矿山中的地下渗流场在水压力、导水通道、透水涌水等方面具有一定的特异性。深入分析深部金属矿水文地质特征，对于保障金属矿山深部开采的安全性、经济性及工程治理方案的合理性，均具有重要的理论意义和工程实用价值。

深部金属矿水文地质学是水文地质学与深部金属矿山的有机结合。本书在系统介绍水文地质学知识的基础上，重点分析深部金属矿山开采过程中的水文地质特征，包括地下水赋存、分布、运移、循环特征、地下水化学、可能出现的涌水透水现象，以及工程治理措施。为体现新时代新工科高等教育指导精神，书中增设了若干思政知识内容，将思政教学融入深部金属矿水文地质专业知识中，为培养政治思想合格、专业素质过硬的新时代人才奠定基础。本书包括9个章节：第1章从宏观视角概述了深部金属矿水文地质学内容；第2章介绍了地下水循环和赋存；第3章系统阐述了地下水运移规律；第4章分析了地下水化学特征与生态环境；第5章进一步研究了地下水循环特征；第6章说明了水文地质勘查相关知识点；第7章介绍了金属矿山专门水文地质学内容；第8章通过实例分析了金属矿深部开采现状及面临的水文地质问题；第9章阐明了思政教学内容。

本书为采矿工程、水文地质、工程地质、岩土工程等专业的本科生教材，以及研究深部金属矿山水文地质问题的研究生教材，也可作为相关专业工程技术人员的参考材料。

　　本书由东北大学杨天鸿教授及张亚兵副研究员编著，在编写过程中获得了中国工程院院士、东北大学校长冯夏庭教授的大力支持，课题组多位研究生也做了大量基础性工作，在此一并致谢。

　　由于作者水平所限，书中不妥之处，恳请读者批评指正。

杨天鸿

2022 年 4 月 15 日

目　　录

1 绪　　论

本章课件

本章提要

　　本章从宏观视角概述了水文地质学及深部金属矿水文地质学相关内容。水文地质学是研究地下水赋存、分布、运移、循环规律的自然科学。地下水的功能包括自然资源、环境与灾害因子、地质营力与信息载体等方面。水文地质研究方法包括理论模型、实验、监测与数值方法。深部金属矿水文地质学是水文地质学的分支之一，高水压作为深部"三高一扰动"地质动力特征之一，对地下资源开采的水害事故具有重要影响。

1.1　水文地质学基本概念

1.1.1　水文地质学概念

　　水是人类生存不可缺少的宝贵资源，在人类生活与生产活动中具有不可替代的作用。地下水是水资源的重要组成部分，水文地质学则是研究地下水数量和质量随时间和空间的变化规律，以及合理利用地下水或防治其危害的学科，具体内容涵盖地下水的赋存、分布、运移、循环四方面。水文地质学由地质学与水文学交叉融合而成，目前已经形成了若干分支学科，其中属于基础性的学科分支包括水文地质学基础、地下水动力学、水文地球化学、水文地质调查方法、区域水文地质学等。为实现专门目的的水文地质学分支也正在快速发展中，例如供水水文地质学、矿床水文地质学、古水文地质学、同位素水文地质学等。工业化时代人类活动强烈干预地下水及其赋存介质，导致一系列与人的价值判断相联系的利益冲突，必须用社会科学的方法开展相关研究。因此，作为自然科学的水文地质学与社会科学之间的界线日渐模糊，两者呈现加速融合的趋势。根据不同的侧重点，水文地质学的基本概念可定义如下：

　　（1）水文地质学是涉及地下水的科学，研究岩石圈、水圈、大气圈、生物圈以及人类活动相互作用下地下水水量和水质的时空分布特征和迁移转化规律，并研究如何运用这些特征和规律去兴利除害，为人类服务。

　　（2）水文地质学是研究地下水的形成、分布、运动规律、物理和化学性质以及同其他水体联系的科学。

　　（3）水文地质学是研究自然环境和人类活动影响下，地下水的数量与质量在时间和空间变化规律的科学，为合理利用地下水及有效消除地下水的危害提供科学依据。

　　（4）水文地质学是研究地下水赋存、分布、运移、循环规律的自然科学。

1.1.2   地下水功能

地下水即赋存于地面以下岩土空隙中的水。地下水的功能主要包括：自然资源、生态环境因子、灾害因子、地质营力与信息载体等。水文地质学在国民经济发展中的作用与地下水及其赋存介质的功能相联系。

（1）自然资源。水是人类赖以生存的不可缺少的宝贵资源。作为水资源重要组成的地下水，由于其水质良好、分布广泛、性质稳定以及便于利用，因此是理想的供水水源。在我国半干旱与干旱的华北、西北地区，地下水往往是主要的、或者唯一的生活以及工农业生产供水水源。在半干旱的华北平原，进行灌溉才能保证稳产高产；在干旱的西北地区，无灌溉即无农业，灌溉主要是利用地下水。工业方面生产任何工业品都需要耗用一定水量，在一些缺乏地表水的城市，地下水资源丰富与否对工业与城市的发展起着主要制约作用。作为供水水源的地下水，必须评价其水质水量并查明其分布规律，这方面的工作形成了"供水水文地质学"分支。

当地下水中富集某些元素（如溴、碘、锶、钡等）时可成为有工业价值的液体矿产，称之为工业矿水。含有某些特殊组分或具有某些特殊性质，因而具有一定医疗与保健作用的地下水，称作矿水。矿水是建立矿泉疗养地与生产瓶装矿泉水的必要资源。勘查与评价工业矿水与医疗矿水，也形成了相应的学科分支"矿水水文地质学"。在地热能源方面，地球是一个巨大的天然热库，蕴藏着丰富的地下热能资源。热水与热蒸汽是主要的载热流体，可用来发电、建立温室等。地下热能的勘查与评价也是水文地质学专业方向之一。

（2）生态环境因子。如果说长期以来地下水被当作一种宝贵的资源而加以利用，现在人们越来越认识到地下水同时还是复杂的生态环境系统中的一个敏感的子系统，是极其重要的生态环境因子。地下水的变化往往会影响生态环境系统的天然平衡状态。

发展农业离不开水，然而用水不当反受其害。历史上某些区域曾实行"以蓄为主"的方针，拦蓄降水与地表水，只灌不排，使地下水位抬升，蒸发加强，造成土壤次生盐渍化。湿润地区的平原与盆地，由于天然或人为原因造成地下水位过浅，会产生原生或次生的土壤沼泽化。过高的地下水位，使土壤处于厌氧不透气环境，产生一系列生物化学作用，造成农作物减产。防治土壤盐渍化与沼泽化，形成了"土壤改良水文地质学"分支。

过量开采地下水使浅层地下水位大幅度下降后，疏干原有的沼泽湿地，水生植物与水禽等随之消失，使原有景观受到破坏。在干旱地区浅层地下水位大幅度下降，原有的绿洲会变成沙漠。过量开采深部地下水，地下水位将大幅度下降而酿成灾害，例如大范围地面沉降。在滨海地带或存在地下咸水的地方开采地下水，海水或咸水将入侵淡地下水，造成水质损害，减少可利用的地下水资源。地下水通常难以污染，但是一旦被污染后，其不良后果很难消除。生活污水的排放，不适当使用化肥农药，以及工业排放的大量废水废料，正在并已经使许多宝贵的地下水源因污染而无法利用。

（3）灾害因子。某些天然地下水由于缺乏某种人体必需元素或过量富集某种元素而不宜饮用。例如，以缺碘的地下水作为饮用水源会引起甲状腺肥大，饮用高氟地下水使人骨质疏松。另外，地下水对工程也可能产生较大危害，例如地下采矿过程中地下水的涌入常使施工困难，成本增高，甚至造成毁灭性事故。为了查明矿坑水的涌入途径与来源、预测涌水量等，形成了专门的水文地质学分支"矿床水文地质学"。

地下水与周围岩土介质构成统一的水力学平衡系统。地下水位的变动会破坏其原有的平衡而产生各种效应。地下水位上升会使孔隙水压力升高，有效应力降低，岩土体强度也将随之降低，从而导致滑坡、水库诱发地震等。裂隙岩体中地下水位抬升，会诱导岩体向临空面位移，触发岩体失稳。地下水位下降时，覆盖于强烈岩溶化岩层之上的松散沉积物会发生坍塌，形成岩溶坍陷。

（4）地质营力。地下水是一种重要的地质营力，是应力的传递者与热量及化学组分的传输媒介。岩层压密造成的超静孔隙水压力是产生滑脱构造的重要因素。地下水作为地壳中分布最广泛的良好溶剂，在岩石圈化学组分传输中的作用显著。在地下水的参与下，地壳乃至地幔中的组分迁移，在地下水的排泄带与不同组分地下水的接触带形成矿床。地下水在岩浆作用、变质作用、岩石圈的形成与改造，乃至地球演变中所发挥的作用，是当前水文地质研究的热点问题。

（5）信息载体。地下水是重要的信息载体。作为应力的传递者，地下水位的变动反映了地质环境的潜在应力变化，因而可以作为预报地震的辅助标志。根据水化学异常可圈定隐伏矿体，根据岩石中地下水流动的痕迹可恢复古水文地质条件，地下水中溶解矿物的化学成分往往可以提供来自地球深部的地质年代信息。

1.2　水文地质学学科性质

1.2.1　水文地质学学科体系

水文地质学属于地质科学领域内应用地质学的一个重要分支，是地质科学与水文科学相互渗透、相互融合而形成的交叉学科。水文地质学的发展紧跟现代科学新思潮，在实际应用中对国民经济规划、国土整治、城市和工业建设，以及环境保护等都发挥了重要作用。水文地质学的各分支学科，按其性质可划分为三个方面，即理论水文地质学、技术方法水文地质学及应用水文地质学。各学科方向之间并无绝对界限，往往相互交叉、相互促进，组合成一个完整的学科体系，如图 1-1 所示。

普通水文地质学逐渐向区域水文地质学发展，并派生出岩溶水文地质学、古水文地质学等分支；地下水动力学与水文地球化学相互结合，逐渐演变为以研究地下水资源为重点的资源水文地质学，并向以研究数学模型为主的数学水文地质学和资源管理水文地质学发展。另一方面，专门水文地质学逐渐发展为城市水文地质学、农业水文地质学和矿床水文地质学，并在此基础上，发展成为环境水文地质学。环境水文地质学的发展派生出区域环境水文地质学、污染环境水文地质学、医学环境水文地质学、生态环境水文地质学，以及地震水文地质学等分支。在技术方法方面，由普查勘探水文地质学，逐渐发展为钻探水文地质学、物探水文地质学、遥感水文地质学、同位素水文地质学、监测水文地质学、计算水文地质学、制图水文地质学，以及地下水分析化学等分支。

1.2.2　水文地质学实际应用

（1）水资源勘查、开发与管理。水是人类赖以生存及从事生产不可缺少的宝贵资源，而地下水是水资源的重要组成部分。地下水储量巨大，分布广泛，然而随着经济发展与生

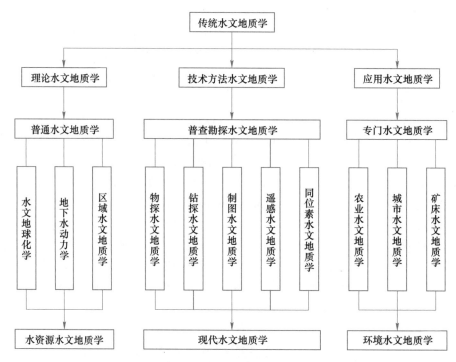

图 1-1　水文地质学学科体系与发展演变图

产力提高，尤其在工业化进程较早的国家里，已经深感地下水资源缺乏的威胁。在工业化国家中，水资源危机已与能源危机相提并论。我国随着城镇化的发展，对生活用水的需要量特别是东部地区呈现明显增长趋势。其次，农业的稳产高产需要水的保证，农作物生长需要消耗大量水分。在干旱和半干旱地区，单纯依靠天然降水往往无法满足作物正常需要，这些地区所需的大量灌溉用水，主要取自地下水。随着我国工业化的持续发展，地下水开采量急剧增长。工厂厂址勘测阶段需对水源的保证程度开展论证，且在查明地下水分布与形成规律的基础上，寻找与勘查地下水源，进行水量水质评价、地下水资源的开发规划与管理。

　　（2）资源、能源开采与矿水利用。地球是一个庞大的热能资源存储库，地热作为新的能源近年来受到越来越多的重视。目前世界上开发利用地热能主要利用地下水作为载热介质，将热能输送至地表以资利用，地下热能的探寻与勘测是水文地质学的重要内容。有些地下水中富集某些元素，成为具有重要工业价值的矿产资源，寻找和开采地下液体矿产离不开水文地质学知识。此外，对含有某些特殊组分、具有某些特殊性质及医疗作用的地下温泉资源进行开发利用，同样需要水文地质学相关内容作为理论指导。

　　（3）水资源危害防治。从日常生活到工农业发展以至国防建设均需要地下水资源。地下水处理和防治不当，会产生各种危害与事故，要求采取措施以避免或消除这些不利影响，其中水文地质学发挥了重要作用。

　　农业发展离不开水，但是用水不当反而可能造成危害。过量的灌水入渗可抬高地下水位，导致土壤沼泽化；在干旱半干旱地区，由于地下水蒸发，土质盐分增加，还会产生土壤盐渍化，两者都会导致严重减产。为了防治次生的沼泽化与盐渍化，必须开展土壤改良水文地质调查，以便因地制宜地采取有效的防治措施，水文地质学的应用必不可少。

采矿工程及其他地下工程（隧洞、地下厂房等）往往需要防止地下水的大量涌入。地下水涌入轻则延缓工程进度、增加成本，重则发生安全事故，造成生命财产的损失。我国岩溶地区的金属矿山矿井涌水问题尤为突出，运用水文地质学相关理论开展矿床水文地质调查，以查明矿井水的来源、水量及进入地下空间的途径，可为合理可靠的防治水方案提供指导。

在我国一些集中开发地下水的地区，目前已经出现区域性水位下降。大量抽取地下水，已在很多区域形成地面沉降，导致海水入侵正在利用的含水层。地下水位下降可能导致土壤盐碱化，地下水位过浅使土壤经常处于还原环境，将显著影响生态环境。另外，生活污水以及工农业废弃物的排放，已污染了许多区域的地下水，对生活与生产造成严重威胁。水源污染意味着可以利用的水源减少，对于人均水资源不足的我国，地下水污染问题显得尤为严重。人为因素正在使宝贵的地下水资源数量与质量降低，破坏生态平衡，使人类生存环境的质量不断下降。水文地质学的重要应用即估计并预测此类影响的规模、查明原因、提出防治建议。

地下水水质不良也会引起具有区域特征的地方病，例如，饮用缺碘的地下水会引起甲状腺肿大；以高氟水作为饮用水，会使人骨质疏松。水文地质实践工作者需要与医疗工作者结合，查明形成特殊水质的环境条件，采取改善水质的措施。

（4）地质历史推算与矿床勘查。地下水能提供诸多有用信息，深循环的地下水传递着地壳深处以至地球内部层圈的信息，地下水的化学成分载负着自然地理、地质历史演变的信息。利用地下水某些标志化学组分可以圈定矿体，特别是盲矿体，称为水化学找矿或水文地球化学找矿。这种方法不仅适用于寻找金属矿，也可寻找放射性矿床以至盐矿、油田等。根据古地下水的活动痕迹恢复古水文地质条件，有助于阐明成矿条件，预测区域成矿规律。

1.3 水文地质研究方法

随着科学研究的不断深入，水文地质学经过长期发展，已经形成了各具特色的研究方法，总体可概述为理论模型、实验方法、监测方法与数值方法。

1.3.1 理论模型

传统上，分析含水层地下水的运移问题偏重于解析法。无论是以稳定流为基础的 Dupuit 公式，还是以非稳定流为基础的 Theis 公式，其推导过程均包含若干假设，在水文地质条件满足这些假设时，应用这些公式可获取真实的计算结果。当分析大范围的地下水系统时，由于水文地质条件的复杂性，解析法所得结果往往与实际情况存在一定偏差。关于地下水运移的理论模型，对于不同的地下水问题形成了不同的渗流理论。

（1）牛顿流体渗流。1687 年牛顿通过剪切流动实验，得出了两板之间的流体速度分布服从线性规律的牛顿黏性定律。牛顿流体的黏度仅与流体分子的结构和温度有关，与切应力和切变速率无关。1845 年 Stokes 提出应力张量是应变率张量的线性函数、流体各向同性、流体静止时应变率为零三项假设，在此基础上导出了广泛应用于流体力学研究的线性本构方程，以及现被广泛应用的 Navier-Stokes 方程。

（2）非牛顿流体渗流。非牛顿流体力学的研究始于 1867 年，Maxwell 提出了线性黏弹性模型，但进展十分缓慢。1950 年 Oldroyd 提出了建立非牛顿流体本构方程的基本原理，把线性黏弹性理论推广到非线性范围，非牛顿流体力学已发展成为一个独立的学科。

（3）达西定律。Darcy 在解决法国 Dijon 城市供水问题中，通过大量实验总结出了流量与水力梯度为线性正比关系的一维线性渗流定律，该定律一直作为地下水渗流的基本规律。

（4）非达西渗流。在渗流研究的实践中发现达西定律有一定的适用范围，超过这一范围渗流规律就会转为非线性。1914 年 Forcheimer 提出了二项式定律，开始了非达西渗流的研究。非达西渗流分为低速非达西流和高速非达西流两种情况。

（5）连续介质渗流。连续介质渗流理论认为某时刻空间内的每点都被质点所占据，表征物体性质和运动特性的物理量为时间和空间的连续函数，借助数学中连续方法来分析和解决渗流力学问题。连续介质研究始于 Euler，其建立了无黏性的流体力学方程。Navier、Cauchy 和 Stokes 建立了弹性力学、黏性流体力学的基本方程组，为连续介质理论奠定了基础。

（6）非连续介质渗流。岩体内的大规模裂隙分布相对稀疏，表征单元体尺寸和所考虑的研究范围相比已达到相同数量级，因此不能将岩体视为连续介质、岩体中的渗流等效为连续介质渗流，而必须将研究区域看成非连续介质，按非连续介质渗流理论来进行渗流分析。非线性连续介质渗流研究的是宏观层次的运动、变形与破坏，其运动特征服从微观规律，该方面的科学研究是地下水渗流的研究热点。

除上述渗流理论外，还有多场耦合渗流、宏微观渗流、多尺度渗流等理论模型。

1.3.2 实验方法

为获取岩土介质的水文地质参数，查明水文地质条件，可开展相关室内及现场实验，常用的实验方法有抽水实验、压水实验、渗水实验、弥散实验等。

（1）抽水实验。通过井或钻孔抽取含水层中的水而开展的水文地质实验，包括从抽水井抽取一定水量，进而在观测井测定不同时间地下水位的变化，利用各种地下渗流理论公式或图解法分析抽水实验的结果。

（2）压水实验。是用高压方式把水压入钻孔，根据岩土体吸水量计算岩体裂隙发育情况和透水性的一种原位实验。压水实验采用专门的止水设备把一定长度的钻孔实验段进行隔离，然后用固定的水头向该段钻孔压水，水通过孔壁周围的裂隙向岩土体内渗透，最终渗透的水量会趋于一个稳定值。根据压水水头、试段长度和稳定渗入水量，可以判定岩土体透水性的强弱。

（3）渗水实验。一般采用试坑渗水实验，是野外测定松散层和岩层渗透系数的简易方法。试坑渗水实验常采用的是试坑法、单环法和双环法等。

（4）弥散实验。在对地下水环境调查中，弥散实验的目的是研究污染物在地下水中运移时其浓度的时空变化规律，并通过实验获得开展地下水环境质量定量评价的弥散参数。实验可采用示踪剂（如食盐、氯化铵、电解液、荧光染料、放射性同位素等）进行。实验方法可依据当地水文地质条件、污染源的分布以及污染源同地下水的相互关系确定。一般可采用污染物的天然状态法、附加水头法、连续注水法、脉冲注入法等。

1.3.3 监测方法

水文地质研究中的地球物理勘探方法、遥感技术、数学地质等，不仅能使地下水调查实现高效率、低成本，而且对于水文地质学向定量化的严密科学发展具有重要的推动作用，也为水文地质研究提供了监测方法。

（1）地球物理勘探方法。其实质是通过各种物理性质（如电阻率、磁性、密度）判断地下各种水文地质体等，与常规水文地质测绘、勘探及实验工作配合使用，能够极大节省工作量及费用，提高水文地质调查效率。

（2）遥感技术。该技术建立在目标物体电磁波辐射理论之上。不同的水文地质体其发射、吸收、反射、散射、投射的电磁波波长与频率不同，可根据电磁波特征加以判别。

（3）数学地质。数学地质是随着地质学的定量化和信息技术在地质学中的应用而诞生的一门交叉学科，内容涵盖水文地质现象的空间分布与统计分析等。

1.3.4 数值方法

随着数值计算方法的发展，近年来水文地质分析也越来越倾向于采用该类方法，其中有限差分法和有限单元法是水文地质计算中最常用的数值方法，通过将研究区域进行离散化，然后求得每一结点的水头近似值并进一步计算获取地下水流量特征。

1.4 水文地质学现状与发展方向

1.4.1 水文地质学现状

随着新理论、新方法及新手段的持续发展，水文地质学的基本理论与研究范围也持续扩展，水文地质学逐步从定性研究转至定量研究，传统水文地质学逐渐发展为现代水文地质学，其现状主要表现在以下几个方面：

（1）与现代科学的新理论、新学科紧密结合，如系统论、信息论、控制论与相应产生的系统科学、环境科学、信息科学等，对水文地质学的发展产生了重大影响。开放复杂巨系统理论、非线性动力系统理论、耗散结构理论对水文地质学产生了深远影响。

（2）现代应用数学与水文地质学的结合，特别是数值模拟方法得到普遍应用，模型研究成为水资源研究的主要内容，使水文地质学从定性研究发展到定量研究的新阶段。水文地质的数值方法中岩性分布及地质结构重建是地下水渗流模拟与计算的重要组成部分，基于现场数据约束、重建地下水赋存环境是保证数值计算可靠性、正确认识地下水赋存、分布、运移、循环的重要前提。随着数值模型的进一步发展，当前水文地质学数值模型在地表水与地下水协同分析、地下水在裂隙及溶隙介质中的运移、非达西流、非饱和渗流模型方面均取得了显著进展。

（3）地下水科学从地下水系统与自然环境系统相互关系的研究，扩大到与社会经济系统的研究。地下水资源的研究也从数学模型发展到经济模型的研究。人类活动对地下水资

源的开发利用和水循环过程影响日益强烈，已形成了由社会经济和水资源相互影响的二元
系统。当前，考虑地下水资源系统的社会经济模型主要涉及投入产出方法和系统动力学方
法，特别是后者在社会经济和地下水资源综合研究中应用广泛，聚焦于水资源承载力、供
需平衡、优化配置以及水资源和水生态等方面。

（4）交叉学科不断产生与发展，如岩溶水文地质学、遥感水文地质学、环境水文地质
学、污染水文地质学，以及数字水文地质学等。岩溶地区由于溶隙储水介质与孔隙及裂隙
介质存在较大差异，地下水在溶隙中的运移与循环，以及地下水化学均具有不同的特征。
遥感技术与水文地质科学的有机结合，使地下水勘查及动态分析进一步便利化，允许从更
宏观的视角系统研究勘查区水文地质特征。地质环境与区域水文地质特点密切相关且相互
影响，环境水文地质学将地质环境与水文地质有机统一，从而更全面研究两者之间的互馈
机制。随着工业社会的发展，地下水污染问题愈加突出，深刻影响人类社会绿色、健康、
可持续发展目标，地下水中污染物的扩散、运移规律成为污染水文地质学的主要内容。将
数字信息技术与水文地质学有机结合形成数字水文地质学，可利用当前信息技术的最新成
果，实现水文地质学从定性到定量、从经验估计到严格的数学模型论证，代表了当代水文
地质学的最新发展现状。

（5）新技术、新方法的应用，除数值模拟技术外，遥感技术、同位素技术、自动监测
技术、室内模拟技术，以及高精度水质分析技术等都得到普遍应用，推动了水文地质学的
发展。

1.4.2　水文地质学发展方向

"水文地质学"这一术语在公元 1 世纪初被正式提出，但真正成为地质科学中一门比
较完整、系统的独立学科，是在 20 世纪 30～40 年代，特别是第二次世界大战结束以后。
随着地质科学的迅速发展，许多针对地下水的研究开始在地质科学的基础上和其他一系列
基础自然科学以及水文科学相互结合、相互渗透，并逐渐发展成为一门综合性学科。水文
地质学从研究地下水的自然现象、形成过程和基本规律，发展到地下水定性、定量评价，
其基本理论、勘查方法和应用方向也逐步形成。从 20 世纪 70 年代以来，水文地质学又从
地下水系统的研究进一步扩大为研究地下水与人类圈内由资源、环境、生态、技术、经
济、社会组成的大系统。因此，水文地质学的研究目标转入到研究整个水系统与自然环境
系统、社会经济系统之间相互交叉关系的新时期。

地下水是诸多环境因素长期相互作用的产物，而水文地质学研究作为一门综合性、应
用性、基础性较强的交叉学科，在解决任何与地下水有关的问题时，必须同时考察多种因
素的综合影响，不能将各种影响因素割裂考虑，必须分析诸因素之间的相互关系与相互作
用，考察各因素作为一个整体与地下水的相互作用。许多情况下不能仅仅分析相互作用的
现状，还要回溯环境与地下水相互作用的历史。地下水与环境的相互作用随时间动态变
化，因此对一个地区地下水的认识不能固化，需要用动态的观点持续开展分析研究。总体
而言，为了把握地下水的形成与分布规律，必须采用综合的、系统的、历史的、动态的眼
光去分析地下水与环境的相互作用，对于工程应用，水文地质学还要服务于具体工程，并
在实践中得到进一步发展，丰富水文地质学的内容。

1.4.3 深部金属矿水文地质学研究

深部金属矿水文地质学是水文地质学的分支之一，是现阶段指导深部金属矿山安全开采的重要理论基础。矿产资源地下开采对支撑国民经济发展具有重要作用，随着矿山开采不断向深部发展，深部水文地质条件的复杂性严重制约地下矿山的安全高效开采。其中，高水压作为深部"三高一扰动"地质动力特征之一，对地下资源开采过程的水害事故具有重要影响，往往导致人员伤亡与财产损失。深部矿井水文地质条件复杂，受地下水害威胁严重，水害事故的发生大多是由于对深部水文地质特征认识不足导致的，深部突水涌水类型多种多样，涵盖地表水、含水层等多种水体，加之复杂地质构造（断层、陷落柱、褶皱）及开采扰动，深部水害极其严重。同时，金属矿山岩体结构、储水环境、导水通道等相对于煤矿具有一定差异，有必要专门研究深部金属矿山开采环境下的水文地质特征。

在新时代背景下，具有深部采矿特征的深部金属矿水文地质学是水文地质学发展的重要理论分支。为了能够有效防治深部水害，大批的水文地质学者参与到地下金属矿山开采的工程实践中，促进了水文地质学与深部金属采矿工程的结合，正在形成具有工程特色的深部金属矿水文地质学。目前，人们对深部金属矿地下水的认识还不够深入，且如何与深部采矿工程相结合仍需进一步研究。

————— 本 章 小 结 —————

（1）水文地质学是研究地下水赋存、分布、运移、循环规律的自然科学。

（2）地下水具有多方面的功能，是宝贵的自然资源、重要的生态环境因子，也可成为影响水质或者工程安全性的致灾因子；地下水可同时传递应力、热量及化学组分，地下水因而也具有地质营力及信息载体的功能。

（3）当代水文地质学研究方法主要包括理论模型、实验、监测及数值方法，深入研究勘查区域的地下水需要借助多种研究方法，以期更全面反映水文地质特征。

（4）深部金属矿地下水具有典型的高水压特征，突水涌水类型多样，可能导致严重的工程安全隐患。具有深部采矿特征的金属矿水文地质学是当代水文地质学发展的重要理论分支。

思 考 题

1. 简述水文地质学基本概念。
2. 简述地下水主要功能。
3. 简述水文地质学发展现状及趋势。
4. 简述深部金属矿水文地质学知识特点及研究内容。

2 地下水循环和赋存

本章课件

本章提要

地球上的水存在于大气圈、水圈、岩石圈及生物圈中，彼此关联密切，在外力作用下不断运动，相互转化和交替，形成自然界的水循环。岩土介质是地下水储存、分布及运移的地质空间，按照特征可分为孔隙、裂隙及溶隙三大类。地下水按照赋存形式分为液态水、气态水和固态水；按照宏观储存特征可分为潜水、承压水及上层滞水；按照分布类型及特征可分为孔隙水、裂隙水及岩溶水。

2.1 自然界的水循环与均衡

2.1.1 自然界的水分布

地球上的水存在于大气圈、水圈、岩石圈以及生物圈中，总量约有138598万立方千米。其中水圈中的水绝大部分分布在海洋中，约133800万立方千米，占总水量的96.5%，只有2.7%的水分于陆地。陆地地表水（包括江、河、湖沼和冰川）约2943万立方千米，陆地地下水约841.7万立方千米。地下水的50%以上又分布在地面以下1km范围内的岩土空隙中。大气圈中的水约有1.3万立方千米。自然界水储量与分布情况具体见表2-1。

表2-1 自然界水储量与分布

水的类型	分布面积 /10^4km^2	水量 /10^4km^3	水深 /m	世界水储量中的占比/%	
				占总储量	占淡水储量
一、海洋水	36130	133800	3700	96.5	—
二、地下水（重力水和毛管水）	13480	2340	174	1.7	—
其中地下水淡水	13480	1053	78	0.76	30.1
三、土壤水	8200	1.65	0.2	0.001	0.05
四、冰川与永久雪盖	1623.25	2406.41	1463	1.74	68.7
1. 南极	1398	2160	1546	1.56	61.7
2. 格陵兰	180.24	234	1298	0.17	6.68
3. 北极岛屿	22.61	8.35	369	0.006	0.24
4. 山脉	22.4	4.06	181	0.003	0.12
五、永冻土底冰	2.100	30.0	14	0.022	0.86

水的类型	分布面积/10^4km^2	水量/10^4km^3	水深/m	世界水储量中的占比/%	
				占总储量	占淡水储量
六、湖泊水	206.87	17.64	85.7	0.013	—
1. 淡水	123.64	9.10	73.6	0.007	0.26
2. 咸水	82.23	8.54	103.8	0.006	—
七、沼泽水	268.26	1.147	4.28	0.0008	0.03
八、河床水	14.880	0.212	0.014	0.0002	0.006
九、生物水	51.000	0.112	0.002	0.0001	0.003
十、大气水	51.000	1.29	0.025	0.001	0.04
水体总储量	51000	138598.461	2718	100	—
其中淡水储量	14800	3502921	235	2.53	100

区域水资源总量为当地地表水与地下水的总和。地表水和地下水互相联系而又相互转化，因此计算水资源总量时不能将地表水资源与地下水资源直接相加，应扣除相互转化的重复计算量。全国多年平均地表水资源量为 27115 亿立方米，多年平均地下水资源量为8228 亿立方米，扣除两者之间的重复计算水量 7292 亿立方米后，全国多年平均水资源总量为 28124 亿立方米。全国水资源利用分为 9 个一级区，北方 5 区多年平均水资源总量为5358 亿立方米，占全国的 19%，平均产水 8.8 万立方米/平方公里，水资源贫乏；南方 4区多年平均水资源总量为 22766 亿立方米，占全国的 81%，平均产水 65.4 万立方米/平方公里，为北方的 7.4 倍，水资源丰富。

2.1.2 自然界的水循环

分布于地球不同圈层中的水，彼此关联密切，在外力作用下不断运动，相互转化和交替，这种运动转化过程即形成自然界的水循环。

海洋中的水分蒸发为水汽，进入大气圈；水汽随气流飘移，在适宜的条件下重新凝结成液态水或固态水降落（即雨、雪、冰雹等降水）；降落在陆地的水分，一部分汇集于江河湖泊形成地表水，另一部分渗入岩土空隙中成为地下水，其余部分则流入海洋。渗入地下的水部分通过表面蒸发直接返回大气圈，部分被植物吸收，再通过植物叶面蒸发返回大气圈，其余则形成地下径流。地下径流或直接流入海洋，或在径流过程中泄漏地表转化为地表水，然后再返回海洋，或者在流动过程中多次由地下转化到地表，又由地表转入地下，最终返回海洋。如此周而复始，循环不已，如图 2-1 所示。

自然界的水循环由小循环和大循环组成。小循环指由海洋表面蒸发的水汽，又以降水形式落回海洋；或由大陆表面蒸发的水汽仍以降水形式落回地表，这种就地蒸发、就地形成降水的局部循环称为小循环。而大循环则指发生在海陆之间的水循环，即由海洋表面蒸发的水汽，随气流带到大陆上空，形成降水落回地面，再通过地表及地下径流返回海洋，如图 2-2 所示。小循环过程主要受局部气象因素控制，而大循环则受全球气候控制。

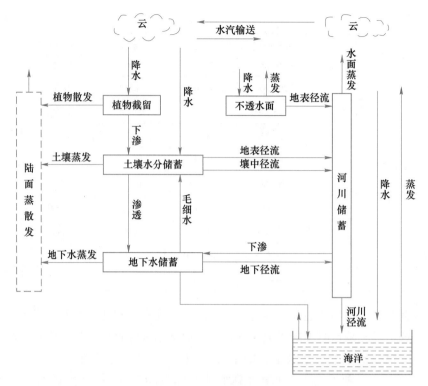

图 2-1　自然界的水循环

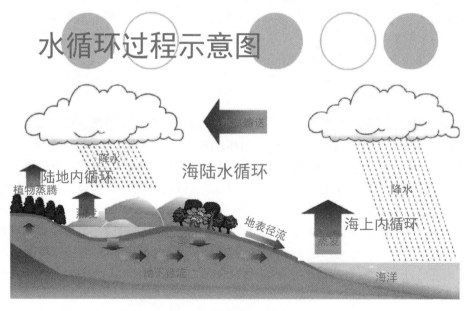

图 2-2　水循环过程示意图

2.1.3　自然界的水均衡

自然界水分转化是通过水循环实现的,在水循环过程中,蒸发、降水和径流(包括地表径流、地下渗流和地下径流）是三个主要环节，称为水循环三要素。在一定的时间、一定的区域内，水循环三要素之间的数量关系，称为水均衡。因此蒸发、降水和径流也称为水均衡要素。

根据物质守恒定律可知，对于任一地区、任一时段内，收入的水量与支出的水量之间的差额必等于其蓄水量的变化，即水均衡原理。据此，可列出任意区域的水均衡方程式。就全球而言，地球上的水量在多年长期内并无明显增减变化。对海洋来说，多年平均蒸发量 Z_0 应等于多年平均降水量 X_0 和陆地径流流入海洋的多年平均径流量 Y 之和，即

$$Z_0 = X_0 + Y \tag{2-1}$$

而在陆地上，多年平均蒸发量 Z_c 应等于陆地上的多年平均降水量 X_c 与陆地径流流出的多年平均径流量 Y 之差，即

$$Z_c = X_c - Y \tag{2-2}$$

将上两式相加，即得

$$Z_0 + Z_c = X_0 + X_c \tag{2-3}$$

式（2-3）即为全球水均衡方程式。该式表明：海洋和陆地上蒸发量之和等于降落到海洋和陆地上降水量之和，即全球的蒸发量等于全球的降水量。表 2-2 列出了世界各大洲水量收支具体值。

表 2-2　世界各大洲水量收支

大洲	面积 /$10^4\mathrm{km}^2$	降 水 量		蒸 发 量		径 流 量	
		mm	$10^9\mathrm{m}^3$	mm	$10^9\mathrm{m}^3$	mm	$10^9\mathrm{m}^3$
欧洲	1050	790	8290	507	5320	283	2970
亚洲	4347.5	740	32200	416	18100	324	14100
非洲	3012	740	22300	587	17700	153	4600
北美洲	2420	756	18300	418	10100	339	81800
南美洲	1780	1600	28400	910	16200	685	12200
大洋洲	895	791	7080	511	4570	280	2510
南极洲	1398	165	2310	0	0	165	2310
全球陆地	14900	800	119000	485	72000	315	47000
外流区	11900	924	110000	529	63000	395[①]	47000[①]
内流区	3000	300	9000	300	9000	34	1000

① 包括未入河流而直接入海的地下水。

2.2　岩土介质空隙

地壳是由岩土介质构成的地球外圈层，是地下水赋存与运移的地质场所。由于自然界地质营力的作用，岩土介质存在着各种各样的空隙，特别是地壳表层 1~2km 范围内，空隙分布尤为普遍。岩土介质中的空隙构成地下水的储存场所和运移通道，因此空隙的大小、多少、连通状况和分布规律，对地下水的分布和运动有着重要影响。将岩土中的空隙作为地下水储存场所与运动通道来研究时，可将空隙分为三大类，包括松散岩土中的孔隙、坚硬岩石中的裂隙及可溶性岩石中的溶隙，参见图 2-3。

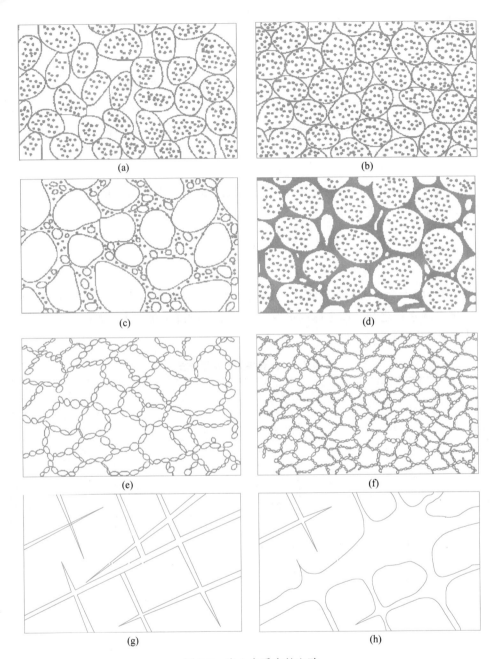

图 2-3　岩土介质中的空隙

（a）分选良好、排列疏松的砂；（b）分选良好、排列紧密的砂；（c）分选不良，含泥、砂的砾石；
（d）部分胶结的砂岩；（e）具有结构性空隙的黏土；（f）经过压缩的黏土；
（g）具有裂隙的基岩；（h）具有溶隙及溶穴的可溶岩

2.2.1　孔隙

松散岩土是由大小不等的碎屑颗粒组成的，在颗粒或颗粒集合体之间普遍存在着孔状空隙，称为孔隙。孔隙体积可采用孔隙度表示，指包括孔隙在内的给定体积岩土介质中孔

隙体积所占比例,以百分数或小数表示,即:

$$n = \frac{V_n}{V} \times 100\% \tag{2-4}$$

式中 n——岩土孔隙度;

 V_n——岩土中孔隙的体积;

 V——包括孔隙在内的岩土体积。

岩土孔隙度的大小主要取决于颗粒排列情况及颗粒分选程度。此外,颗粒的形状及胶结程度也是影响孔隙度的因素。

颗粒排列方式对孔隙度的影响可采用一种理想状况来说明。设想组成岩土的颗粒均为等粒圆球,当其呈立方体形态排列时为最疏松排列方式(图2-4(a)),可算得孔隙度为47.64%;若呈四面体排列时为最紧密排列方式(图2-4(b)),此时孔隙度仅为26.18%。自然界中松散岩土的孔隙度大多介于此两者之间,但黏性土的孔隙度往往超过上述理论最大值。这是由于黏粒表面常常带有电荷,在颗粒接触时便连结成颗粒集合体而形成结构孔隙,使孔隙度增大。注意上述分析中并未涉及球状颗粒的大小,表明孔隙度与颗粒大小无关,即颗粒直径不同的等粒岩土,当排列方式相同时,孔隙度完全相同(图2-5)。

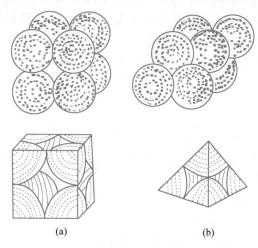

(a)   (b)

图2-4 等粒圆球排列方式

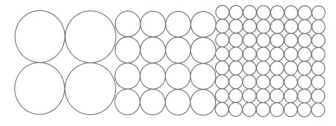

图2-5 不同粒度等粒排列方式

自然条件下不存在完全等粒的松散岩土,颗粒分选性越差,颗粒大小越悬殊,孔隙度越小,大颗粒所形成的孔隙往往被细小颗粒所充填,从而极大降低了孔隙度。如一种等粒粗砂的孔隙度为40%,另一种等粒细砂的孔隙度也为40%,若将两者均匀混合,所形成的混合砂的孔隙度仅为16%。自然界中均匀砾石的孔隙度为35%~40%，砂砾石的孔隙度为25%~30%，而含黏土的砂砾石孔隙度小于20%。自然条件下岩土颗粒形状不可能是理想球体，往往呈不规则状。一般而言，岩土颗粒形状越不规则，棱角越明显，排列就越松散，孔隙度也越大。松散介质有时会不同程度被胶结物胶结充填，此时孔隙度有所降低。常见岩土的孔隙度见表2-3。

表2-3　常见岩土介质的孔隙度

岩土名称	孔隙度/%	岩土名称	孔隙度/%	岩土名称	孔隙度/%
黏土	45~55	均匀砂	30~40	砾石与砂	20~35
粉土	40~50	细、中粒混合砂	30~35	砂粒	10~20
中、粗粒混合砂	35~40	砾石	30~40	页岩	1~10

2.2.2　裂隙

固结坚硬岩石包括沉积岩、岩浆岩和变质岩。裂隙主要是由这些岩石在各种外力作用下破裂变形而产生（图2-6）。裂隙按成因不同，可划分为成岩裂隙、构造裂隙、风化裂隙及卸荷裂隙。成岩裂隙是在岩石成岩过程中，由于冷凝收缩（岩浆岩）或固结干缩（沉积岩）而产生。构造裂隙是岩石在构造变动中受力而产生，这种裂隙具有方向性，大小悬殊（由隐蔽的节理到大断层）、分布不均的特点。风化裂隙是在风化作用下，岩石破坏产生的裂隙，主要分布在地表附近。卸荷裂隙是由于自然地质作用和人工开挖使岩体应力释放和重分布而形成的裂隙。

图2-6　岩体中的裂隙分布

岩体中裂隙的多少以裂隙率表示：

$$\eta_f = \frac{V_f}{V} \times 100\% \tag{2-5}$$

式中　V_f——岩体中裂隙的体积；

　　　V——岩体总体积。

与孔隙相比，裂隙的分布具有明显的不均匀性，即使是同一种岩体，某些部位的裂隙率高达百分之几十，而有些部位则可能小于1%。

2.2.3　溶隙

可溶性岩石如岩盐、石膏、灰岩等在地表水和地下水长期溶蚀下会形成空隙，称为溶隙（图 2-7）。衡量溶隙的定量指标称为岩溶率，以 K_K 表示：

$$K_K = \frac{V_K}{V} \times 100\%$$ (2-6)

式中　　V_K——岩体中溶隙的体积；

　　　　V——岩体总体积。

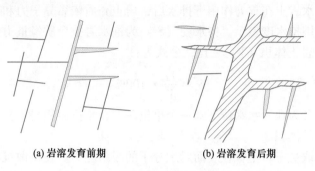

(a) 岩溶发育前期　　　　　　　(b) 岩溶发育后期

图 2-7　岩溶发育示意图

　　溶隙发育的规模十分悬殊，具有很大的不均匀性。大的溶洞宽、高可达几十米乃至上百米，小的溶孔仅数毫米。因此，在岩溶发育地区，即使在相距极近的两处，其岩溶率可能相差极大。例如在同一岩性成分的可溶岩层中，溶蚀带的岩溶率可达百分之几十，而其附近未溶蚀地段的岩溶率则可能接近于零。

　　自然界岩土空隙的发育情况十分复杂，很多情况下各类空隙不易清晰区别。例如，松散岩石当其胶结不十分紧密时，既可存在裂隙，也可存在孔隙。某些松散黏土层失水干缩后，即可形成裂隙，其水文地质意义往往超过原有的孔隙范畴。因此，在研究岩土空隙时，必须注重观察并详细收集实际资料，应在现实基础上客观分析空隙形成的原因及控制因素，查明其发育规律。

2.3　岩土介质地下水储运性质

　　岩土空隙性质与地下水的存在形式、储存及运移性能密切相关。从空隙壁面向外，依次分布着强结合水、弱结合水和重力水。空隙越大，重力水占的比例越大，反之结合水占的比例就越大。细微的空隙，如其直径小于结合水厚度的两倍，空隙中便全部充满结合水，而不存在重力水。因此，岩土空隙性质不同，其容纳、保持、释出及透过水的能力也有所不同。描述岩体介质地下水储运性质的参数包括容水度、持水度及给水度等。

2.3.1　容水度

　　容水性是指在常压下岩土空隙能够容纳一定水量的性能，衡量指标为容水度。容水度（W_n）是指岩土介质完全饱水时，所容纳最大水的体积（V_n）与岩土总体积（V）的比值，用小数或者百分数表示，公式为：

$$W_n = \frac{V_n}{V} \times 100\%$$ (2-7)

容水度的大小取决于岩土空隙的多少以及水在空隙中的充填程度，一般小于空隙度。如果岩土的全部空隙均被水充满，则容水度在数值上等于空隙度。对于具有膨胀性的黏土，充水后其体积会增大，容水度会大于空隙度。

2.3.2 持水度

持水性是指饱水岩土在重力作用下排水后，岩土介质依靠分子力和毛细力仍能保持水分的能力，其数值用持水度表示。持水度（S_r）为饱水岩土介质经重力排水后所能保持的水的体积（V_r）与岩土体积（V）之比，公式为：

$$S_r = \frac{V_r}{V} \times 100\% \tag{2-8}$$

持水度也可定义为地下水水位下降一个单位深度，单位面积岩土柱体中反抗重力而保持在岩土空隙中水的体积。

持水度的大小取决于岩土颗粒表面对水分子的吸附能力。在松散沉积物中，颗粒越细小，比表面积越大，空隙直径越小，则持水度越大。松散岩土介质的持水度如表 2-4 所示。

表 2-4   松散岩土介质持水度

颗粒直径/mm	持水度/%	颗粒直径/mm	持水度/%
<0.005	44.85	0.25~0.10	2.73
0.05~0.005	10.18	0.50~0.25	1.60
0.10~0.05	4.75	1.00~0.50	1.57

2.3.3 给水度

给水性是指饱水岩土在重力作用下能自由排出水的性质，其数值用给水度表示。给水度（μ）定义为饱水岩土在重力作用下能够自由排出水的体积（V'_w）与岩土体积（V）之比，公式为：

$$\mu = \frac{V'_w}{V} \times 100\% \tag{2-9}$$

给水度也可定义为地下水水位下降一个单位深度，单位面积岩土柱体在重力作用下所释放出来的水的体积。

对于均质岩层，给水度的大小与岩性、初始地下水水位埋深以及地下水水位下降速度等因素有关。

岩性对给水度的影响主要表现为空隙的大小和多少。对于颗粒粗大的松散岩土、裂隙比较宽大的坚硬基岩以及具有溶穴的可溶性岩石，在重力释水过程中，滞留于岩土空隙中的结合水与毛细水较少，理想条件下给水度的值接近于孔隙率、裂隙率和岩溶率。而对于空隙细小的黏土或具有闭合裂隙的岩石等，由于重力释水时大部分以结合水或毛细水形式滞留于空隙中，给水度往往比较小。

地下水水位埋深小于最大毛细上升高度时，地下水水位下降后，一部分重力水将转化为支持毛细水保留于地下水面以上，从而也使给水度偏小。

当含水层为松散沉积物时，颗粒粗且大小均匀，给水度大。当潜水面深度小于岩土中毛细水最大上升高度时，给水度是一个变数。潜水埋深越浅，给水度越小。只有当潜水埋深较深时，给水度才是常数。地下水位降速大时给水度偏小，降速小时给水度较稳定。常见松散岩土介质的给水度如表 2-5 所示。

表 2-5 松散岩土介质给水度

岩土名称	给水度/%	岩土名称	给水度/%
粗砂	20~35	粉砂	10~15
中砂	15~30	亚砂土	7~10
细砂	10~20	亚黏土	4~7

2.4 地下水的赋存形式

地下水泛指存在于地表以下的水体。地下水一部分赋存于岩土空隙中，一部分存在于岩石骨架中。根据水在空隙中的物理状态，水与岩土颗粒的相互作用等特征，可将地下水按照赋存形式分为三大类：液态水、气态水和固态水，其中液态水包括结合水、重力水和毛细水。

2.4.1 液态水

2.4.1.1 结合水

在松散岩土颗粒表面及坚硬岩石空隙壁面均带有电荷，水分子是偶极体，一端带正电，另一端带负电，由于静电引力作用，固相表面便具有吸附水分子的能力。根据库仑定律，电场强度与距离平方成正比，因此离固相表面越近的水分子，受到的静电引力越大，而随着距离增大，吸引力渐渐减弱。受到固相表面的吸引力大于其自身重力的水称为结合水，该部分水被静电引力束缚于固相表面，不能在重力作用下运动，如图 2-8 所示。固相表面对水分子的吸引力自内向外逐渐减弱，因此结合水的物理性质也随之发生变化。最接近固相表面的结合水称为强结合水，其外层称为弱结合水。一般认为强结合水的厚度相当

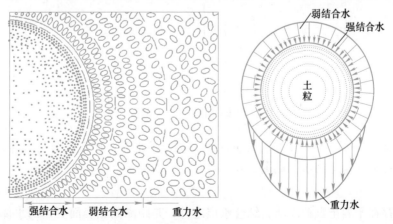

图 2-8 颗粒表面结合水与重力水

于几个、几十个或上百个水分子的直径，排列紧密而规则，平均密度达 $2g/cm^3$。强结合水不能流动，不能被植物吸收，但可转化为气态水而移动。弱结合水厚度相当于几百或上千个水分子直径，受到固相表面的引力较弱，水分子排列不如强结合水规则和紧密，溶解盐类的能力较低，其外层能被植物吸收利用。

结合水区别于普通液态水的最大特征是其具有抗剪强度，在一定的外力作用下才能使其发生变形和流动。由于结合水的抗剪强度由内层向外层减弱，所以当施加的外力超过其抗剪强度时，最外层的结合水首先发生流动，随着施加的外力增大，发生流动的结合水厚度相应增大。

2.4.1.2　毛细水

岩土介质中细小通道可构成毛细管，在毛细力的作用下，地下水沿着毛细管上升到一定高度，这种经受重力及毛细力双重作用的水称为毛细水。毛细水存在以下形式：

（1）支持毛细水：由于毛细力作用，水从地下水面沿细小岩土空隙上升到一定高度，形成一个毛细水带，称为上升毛管水。因毛细水带中的毛细水有地下水面支持，故也称为支持毛细水。支持毛细水在岩土介质中的分布见图 2-9，通常越靠近地下水面含水率越大。

（2）悬挂毛细水：在忽略地下水补给的情况下，岩土介质由于毛细作用所能保持的地表入渗水体，称为悬挂毛细水。悬挂毛细水在岩土介质中的分布见图 2-9。通常是越靠近地表含水率越大，而且悬挂毛细水所达到的深度，随地表水补给量的增加而加大。

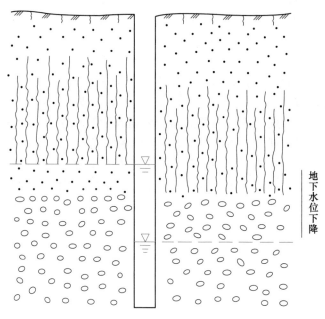

图 2-9　支持毛细水和悬挂毛细水示意图

（3）孔角毛细水：在岩土颗粒接触间隙间构成毛细管，使得水分得以滞留在孔角上，这部分水体称为孔角毛细水，见图 2-10。

2.4.1.3　重力水

重力水存在于岩土颗粒之间，结合水层之外，是距离固相表面更远的水体，重力对其的影响大于固体表面对它的吸引力，因此能在重力作用下移运，具有液态水的一般特征，如图 2-11 所示。深部金属矿水文地质学研究的地下水主要是重力水，可传递静水压力，并能产生孔隙水压力。重力水具有溶解能力，能够对岩土介质进行化学腐蚀，导致岩土的成分及结构的变化。

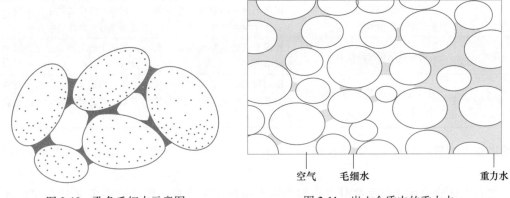

| 图 2-10　孔角毛细水示意图 | 图 2-11　岩土介质中的重力水 |

靠近固体表面的重力水仍受到引力的影响，分子排列较为整齐，流动时呈层流状态。远离固体表面的重力水，不再受到固体表面引力的影响，只受重力控制，因此在流速较大时有可能呈现紊流运动状态。

2.4.2　气态水与固态水

气态水是指以水蒸气状态存在于非饱和含水岩土空隙中的水。气态水可以随空气的流动面移运，但即使空气不流动，它也能从水汽压力（或绝对湿度）大的地方向小的地方迁移。气态水在一定温度、压力条件下可与液态水相互转化，两者之间保持动态平衡。当岩土空隙内水汽增多而达饱和时，或是当周围温度降至露点时，气态水即开始凝结形成液态水。气态水对岩土中水的重分布具有一定影响。

当温度低于0℃时，岩土空隙中的液态水转化为固态水。我国北方冬季常形成冻土，东北及青藏高原，有一部分地下水常年保持固态，形成常年冻土。

2.5　地下水的分类

地下水可分为广义地下水与狭义地下水。广义地下水是指赋存于地面以下岩土空隙中的水，包气带及饱水带中所有含于岩石空隙中的水均属于广义地下水。狭义地下水仅指赋存于饱水带岩土空隙中的水。

地下水的赋存特征对其水量、水质时空分布有决定性意义，其中最重要的是埋藏条件与含水介质类型。地下水可按地下水的某一特征进行分类，也可综合考虑地下水的某些特征进行分类。地下水按埋藏条件分为上层滞水、潜水和承压水，按含水层的空隙性质又分为孔隙水、裂隙水和岩溶水。通过这两种分类的组合，得出九类不同特点的地下水，如孔隙上层滞水、裂隙潜水、岩溶承压水等，详见表 2-6。

注意上述地下水分类主要涉及透水层中的地下水。岩土层按其渗透性可分为透水层与不透水层。饱含水的透水层便是含水层，不透水层通常称为隔水层。含水层是指能够透过

表 2-6   地下水分类

埋藏条件	含水层空隙性质		
	孔隙水（松散介质中的水）	裂隙水（坚硬基岩裂隙中的水）	岩溶水（可溶岩溶隙中的水）
上层滞水	包气带中局部隔水层上的重力水，主要是季节性存在	裸露于地表的裂隙岩层浅部季节性存在的重力水	裸露岩溶化岩层上部溶洞通道中季节性存在的重力水
潜水	各类松散沉积物浅部的水	裸露于地表的坚硬基岩上部裂隙中的水	裸露于地表的岩溶化岩层中的水
承压水	山间盆地及平原松散沉积物深部的水	组成构造盆地、向斜构造或单斜断块的被掩覆的各类裂隙岩层中的水	组成构造盆地、向斜构造或单斜断块的被掩覆的岩溶化岩层中的水

并给出相当数量水的岩层。隔水层则是不能透过与给出水，或者透过与给出的水量微不足道的岩层。

注意上述定义中未明确区分含水层与隔水层的定量指标，因此这些定义具有相对性。在对各种水文地质过程进行理论分析时经常涉及含水层与隔水层的概念，然而在不同情况下，含水层与隔水层在含义上有所不同。岩性相同、渗透性一致的岩土层，很可能在某些条件下被当作含水层，而在其他条件下被当作隔水层。即使在同一个地点，渗透性相同的某一岩土层，在涉及某些问题时被看作透水层，在涉及另一些问题时则可能被看作隔水层。含水层、隔水层与透水层的定义取决于具体条件。

在利用与治理地下水的实际工作中区分含水层与隔水层，应当考虑岩层所能给出水的数量大小是否具有实际意义。例如某一岩层能够给出的水量较小，对于水源丰沛、需水量很大的地区，由于远不能满足供水需求，而被视作隔水层。但在水源匮乏、需水量小的地区，同一岩层能在一定程度上满足用水需求，甚至充分满足实际需要，在后一地区，这种岩层便可看作含水层。

传统水文地质学把隔水层看作绝对不透水与不释水的岩土介质。当代水文地质学则认为现实中的隔水层可能包含弱透水层。弱透水层是指渗透性极差的岩土层，在一般的供排水中所能提供的水量微不足道，可以看作隔水层；但是在发生越流时，由于驱动水流的水力梯度大且发生渗透的过水断面大，相邻含水层通过弱透水层交换的水量相当大，这时不适宜将其称作隔水层。松散沉积物中的黏性土，坚硬基岩中裂隙稀少而狭窄的岩层（如砂质页岩、泥质粉砂岩等）都可以归为弱透水层。

2.5.1 潜水

2.5.1.1 潜水基本概念

潜水是地表以下埋藏在饱水带中具有自由水面的重力水，见图 2-12。潜水没有隔水顶板或只有局部隔水顶板。潜水的表面为自由表面，称作潜水面。含水层底部的隔水层称为隔水底板，潜水面上任意一点的高程称为潜水位。从潜水面到隔水底板的距离称为潜水含水层厚度，从潜水面到地面的距离称为潜水埋深。潜水含水层厚度与潜水埋深随潜水面的升降而发生相应的变化。

潜水含水层上部不存在完整的隔水或弱透水顶板，与包气带直接相连。因此，潜水可以通过包气带直接接受大气降水、地表水的补给。潜水在重力作用下由水位高的地方向水位低的地方流动，见图2-12。潜水主要来源于大气降水和地表水的入渗，主要分布于松散岩土的孔隙及坚硬基岩的裂隙和溶洞之中。

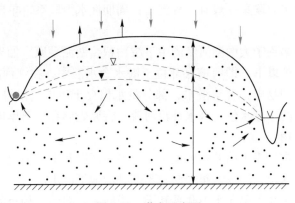

图 2-12　潜水示意图

2.5.1.2　潜水特征

水力学性质方面：潜水是具有自由水面的稳定无压水。潜水是地面之下饱水带中第一个稳定隔水层以上的地下水，含水层之上没有稳定的隔水层，所以存在自由水面，在重力作用下可以自潜水面高处向低处缓慢流动，形成地下径流，一般为无压水流。

埋藏条件方面：潜水埋深较小，潜水埋深和潜水含水层厚度的时空变化较大，受到地质构造、地貌和气候条件的影响。潜水易于开采，但极易受到地表污染源的污染，应注意加强防护。潜水埋深和含水层厚度各处不一，变化较大，降低了作为水源的稳定性。

分布、补给和排泄条件方面：潜水的分布区与补给区一致。潜水面之上没有稳定的隔水层，潜水通过包气带和地面直接相通，分布区和补给区几乎完全一致，可以在其分布范围内直接接受大气降水和地表水体的入渗补给，在农灌区还可以接受灌溉水的入渗补给。

动态变化方面：受降水、气温等气候因素的影响，潜水位、水量、含水层厚度以及水质具有明显的季节变化，与气候条件年内变化的周期性规律完全吻合。多雨季节或多水年份降水补给量增多，潜水面上升，含水层厚度增大，埋深变小，水质相应改善；少雨季节或少水年份则相反，降水补给量减少，潜水面下降，含水层厚度减小，埋深加大，水质也随之变差。

水力联系方面：潜水与大气降水以及地表水有着密切的相互补给关系。大气降水是潜水的主要补给源，随着降雨的发生和结束，潜水水量会发生剧烈变化。地表水则与潜水互为补给，汛期河流等地表水体为地下水的补给源；在枯水季节，地下水补给河流等地表水体，构成河流等地表水体的基流。

2.5.1.3　潜水与地表水的关系

潜水与地表水之间存在密切的相互补给与排泄关系。在靠近江河、湖库等地表水体的地带，潜水常以潜水流的形式向这些水体汇集，成为地表径流的重要补给水源，特别在枯水季节，降水稀少，许多河流依靠潜水补给。但在洪水期，江河水位高于潜水位时，河水向两岸松散沉积物中渗流，补给潜水。汛期过后江河水位回落，储存在河床两岸的地下水又重新回归河流。上述现象称为地表径流的河岸调节，此种调节过程往往经历整个汛期，并具有周期性规律。通常距河流越近，潜水位的变幅越大，河岸调节作用越明显。在平原地区，这种调节作用影响范围可从河岸延伸 1~2km。

潜水与地表水的水力联系一般有三种类型：周期性水力联系、单向的水力联系和间歇性水力联系。

周期性水力联系多见于大中型河流的中下游冲积、淤泥平原。如果平原上地下水含水层处于河流最低枯水位以下，即河槽底部位于潜水含水层中，在江河水高涨的洪水时期，河水渗入两岸松散沉积物中，补给潜水，部分洪水储存于河岸，使得河槽洪水有所消减。枯水期江河水位低于两岸潜水位，潜水补给河流，将原先储存于河岸的水量归流入河，起着调节地表径流的作用。

单向的水力联系常见于山前冲积扇地区、河网灌区以及干旱沙漠区。这些地区的地表江河水位常年高于潜水位，河水常年渗漏，不断补给地下潜水。

间歇性水力联系是介于单向水力联系和无水力联系之间的一种过渡类型。通常出现在丘陵和低山山区潜水含水层较厚的地区。如果含水层的位置介于河流洪枯水位之间，地下潜水与地表河水之间就可能存在间歇性水力联系。当洪水期时河水位高于潜水位，河流与地下水之间发生水力联系，河流成为潜水的间歇性补给源；而在枯水期，地表水与地下水脱离接触，水力联系中断，此时潜水仅在出露点以泉的形式出露地表。因此，间歇性水力联系仅发挥部分水文调节作用。

2.5.2   承压水

2.5.2.1   承压水基本概念

充满于两个稳定隔水层之间的含水层中，承受一定压力的地下水称为承压水。承压水上部的隔水层称为隔水顶板，下部的隔水层称为隔水底板，隔水顶板底面与隔水底板顶面之间的垂直距离称为承压含水层的厚度。当钻孔揭穿含水层的隔水顶板时，即可在钻孔揭穿顶板底面处见到水面，该水面的高程称为初见水位。受到静水压力的作用，钻孔中的初见水位会不断上升，直至升到水柱重力和静水压力相平衡时，水位趋于稳定，此时的静止水位称为承压水位（或测压水位）。某点的承压水位与初见水位之间的高差称为该点的承压高度。

2.5.2.2   承压水的特征

承压性是承压水的一个主要特征。图 2-13 表示一个基岩向斜盆地，由于隔水顶板的存在，含水层分布范围内能明显区分出补给区、承压区和排泄区三个部分。含水层从出露位置较高的补给区获得补给，向另一侧排泄区排泄，当地下水位于中间承压区时，由于受到隔水顶板的限制，含水层中的水承受压力并反作用于隔水顶板，压力越高，揭穿顶板后水位上升越高，承压水水头越大。

承压水由于受到连续分布的隔水层的限制，与大气水、地表水的联系较弱，主要通过含水层出露地表的补给区获得补给，并通过范围有限的排泄区进行排泄。当顶底板为弱隔水层时，承压水可通过弱隔水层从上部或下部含水层获得越流补给，或向上、下部含水层越流排泄。由于受隔水层的限制，承压水受气候、水文因素的影响较小，参与水循环程度

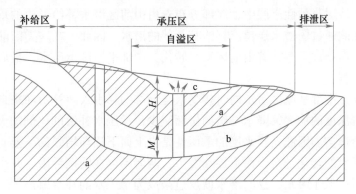

图 2-13　承压水示意图

a—隔水层；b—含水层；c—自溢井；*H*—承压水头；*M*—承压含水层厚度

不如潜水，不像潜水资源那样容易补充和恢复。承压含水层厚度一般较大，往往具有良好的多年调节性。

承压含水层在接受补给或排泄时，对水量的增减反应与潜水不同。潜水含水层当水量发生增减时，潜水水位随之发生变动，表现为含水层厚度增大或减小。承压含水层由于水体充满整个含水层并呈承压状态，其上覆岩层的压力由岩土骨架与水体共同承受。当承压含水层接受补给时，由于水量增加，静水压力加大，含水层中的水对上覆岩层的压力也随之增大。此时，上覆岩层的压力并未改变，含水层骨架原来所承受的一部分上覆岩层的压力即转移至水体，导致测压水位上升，承压水水头增加，同时含水层骨架所受压力减轻，致使含水层空隙扩大。可见当承压含水层接受补给时，主要表现为测压水位的上升，而含水层的厚度几乎不会增加，所增加的水量是通过水的压密及空隙的扩大而储存于含水层中。当承压含水层由于排泄而减少水量时，将导致承压含水层的测压水位降低，这时上覆岩层的压力并无改变，由水体所承受的压力将转移至含水层骨架。由于压力增加，含水层骨架被压缩，空隙收缩，同时由于减压，水的体积膨胀。因此，承压含水层排泄时，主要表现为测压水位的降低，所排泄的水量即为空隙减少而挤出的水量，以及水体由于减压膨胀而产生的水量。

承压水的水质变化很大，可表现为淡水到含盐量很高的卤水，取决于承压水参与水循环的程度。在承压含水层的补给区，地下水接近潜水，水循环较强烈，故多分布含碳酸盐类的淡水。越靠近承压区深部，水循环越慢，水的含盐量升高，为含硫酸盐类或者卤化物类的高含盐量水。此外，承压水埋藏深度较大，且上部有隔水层的阻隔，不易受地表水及大气降水的污染，但承压水参与水循环较弱，一旦污染则不易自净。

2.5.2.3　潜水与承压水的相互转化

在自然与人为条件下，潜水与承压水经常处于相互转化中。除构造封闭条件下与外界没有水力联系的承压含水层外，所有承压水基本上都是由潜水转化而来，或由补给区的潜水侧向流入，或通过弱透水层接受潜水的补给。

孔隙含水系统中不存在严格意义的隔水层，只有作为弱透水层的黏性土层，其中的承压水与潜水的转化较为频繁。山前倾斜平原缺乏连续、厚度较大的黏性土层，地下水基本上均具潜水性质。进入中部平原区后，作为弱透水层的黏性土层与砂层交互分布。浅部发育的潜水赋存于砂层与黏性土层中，深部分布着由山前区潜水补给形成的承压水。由于承压水水头高，在此通过弱透水层越流补给其上部的潜水。因此，在这类山前倾斜平原孔隙含水系统中，自然条件下存在着山前区潜水转化为中部平原区承压水，最后又转化为中部平原区潜水的过程。

天然条件下，中部平原区潜水同时接受来自上部的降水入渗补给和来自下部的承压水越流补给。随着深度的加大，降水补给的份额减少，承压水补给的比例加大。同时，黏性土层向下也逐渐增多。因此，含水层的承压性是自上而下逐渐增强的。换句话说，中部平原区潜水与承压水的转化是自上而下逐渐发生，两者不存在明确界限。开采条件下，深部承压水的水位可以低于潜水，这时潜水便反过来成为承压水的补给源。

基岩组成的自流斜地中，天然条件下潜水及相邻的承压水均通过共同的排泄区以泉的形式排泄，含水层深部的承压水基本上是停滞的。如果在含水层的承压部分大量取水，井孔周围承压水位下降，潜水便全部转化为承压水而通过井孔排泄。

2.5.3　上层滞水

地表以下地下水面以上的岩土层，其空隙未被水分所充满，仍包含着部分空气，该岩土层称为包气带。包气带水泛指贮存在包气带中的水，包括通称为土壤水的吸着水、薄膜水、毛细水、气态水和渗透的重力渗入水，以及由特定条件所形成的属于重力水状态的上层滞水。包气带居于大气水、地表水和地下水相互转化、交替的地带，包气带水是水转化的重要环节，研究包气带水的形成及运动规律，对于剖析水的转化机制及掌握浅层地下水的补排、均衡和动态规律具有重要意义。

当包气带存在局部隔水层时，其上部会积聚具有自由水面的重力水，称为上层滞水，如图 2-14 所示。上层滞水分布最接近地表，接受大气降水的补给，通过蒸发或向隔水底板的边缘下渗排泄。雨季获得补给，积存一定水量，旱季水量逐渐耗失。当分布范围小且补给不足时，不能终年保持有水。由于其水量小，动态变化显著，只有在缺水地区才能成为小型供水水源或暂时性供水水源。包气带中的上层滞水，对其下部潜水的补给与蒸发排泄，起到一定的滞后调节作用。上层滞水极易受到污染，利用其作为饮用水源时要格外注意卫生防护。

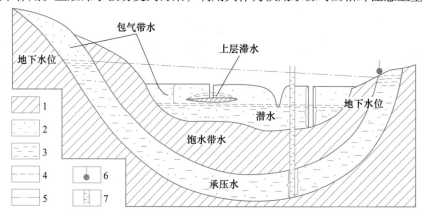

图 2-14　上层滞水示意图

1—隔水层；2—包水带；3—含水层；4—地下水位；5—承压水位；6—上升泉；7—观测井

2.6　地下水分布类型和特征

赋存地下水的岩土体称为含水介质。含水介质内部的空隙按其性质可分为孔隙、裂隙和溶隙。据此，将赋存于其中的地下水相应称为孔隙水、裂隙水和岩溶水三类。由于含水介质的岩层经历的地质历史和地质作用不同，赋存其间的地下水的富集程度和分布规律也各异。

2.6.1　孔隙水

孔隙水是指赋存于松散沉积物颗粒或颗粒集合体构成的孔隙网络中的地下水。按含水层埋藏条件可分为孔隙潜水和孔隙承压水。

孔隙水呈层状分布，空间上连续均匀，含水系统内部水力联系良好。因此，在孔隙含水系统中打井取水，成功率非常高。通常，孔隙水顺层渗透性好，垂直于层面的渗透性差，为层状非均质介质。不同成因类型的松散沉积物，其空间分布、岩性结构以及地下水赋存特点均有不同。残积物和坡积物多不构成含水层。分布最广、最有水文地质意义的是水流沉积物，包括洪积物、冲积物、湖积物、滨海三角洲沉积物，以及冰水沉积物等。

水流搬运与堆积颗粒的能力取决于流速。流速由大变小时，颗粒自大而小依次沉积。因此水流的动力环境决定着颗粒的空间分布，从而控制含水层和相对隔水层的空间展布，决定孔隙水系统的结构。水流动力环境的变化不但控制着岩性结构，还控制着堆积地貌，从而影响孔隙水系统的补给、径流与排泄。

在特定的气候与新构造运动条件下，由山前到盆地中心，或由山前经平原到滨海，孔隙水系统的水量水质呈现有规律的演变。沉积物堆积至今，区域地质背景（如基底构造、构造运动等）及自然地理背景（如气候、地貌等）的演变，直接或间接影响松散沉积物及赋存于其中的地下水的特征。回溯地质、自然地理演变史，重塑沉积水流的动力环境，是掌控孔隙水系统地下水形成演变规律的关键。

2.6.1.1　冲洪积扇中的孔隙水

冲洪积扇是指干旱半干旱山区河流出山口处由冲积洪积物组成的扇形堆积地貌。暴雨或冰雪消融季节，流速极大的洪流经由山区河槽流出山口，进入平原或盆地后不受固定河槽的约束，加上地势突然转为平坦，集中的洪流转变为树枝状的散流，搬运能力急剧降低，洪流携带的物质以山口为中心堆积呈扇形，称为洪积扇。间歇性水流往往同时伴随常年性水流，此时山前形成冲洪积扇，如图 2-15 所示。山前地带各个出山口形成的冲洪积扇相连，形成冲洪积扇群，扇群沿山麓分布形成山前倾斜平原。其宽度从数米到数千米，纵向延伸数千米到数十千米，甚至一二百千米。冲洪积扇边缘与中部冲积平原衔接，没有明确的界线。在中国干旱半干旱的北方地区冲洪积扇特别发育，因为这些地区降水总是以暴雨形式出现，洪流量大，冲刷能力强，再加上地表植被稀疏，岩石风化强烈，可搬运物质数量巨大且分布广泛。

作为堆积地貌，冲洪积扇的地形与岩性，由扇顶向前缘及两侧呈有规律性变化。地形最高的扇顶，多堆积砾石、卵石、漂砾等，层理不明显；沿着水流方向地形降低，过渡为砾及砂，开始出现黏性土夹层，层理明显；没入平原或盆地的部分，则为砂与黏性土的夹

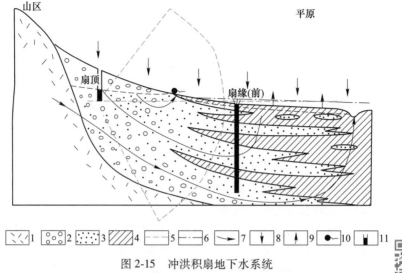

彩色原图

图 2-15　冲洪积扇地下水系统

1—基岩；2—砾石；3—砂；4—黏性土；5—潜水水位；
6—承压水测压水位；7—地下水流动方向；8—地下水补给；
9—地下水蒸发排泄；10—泉；11—观测井

层或团块，并出现黏性土与砾石的混杂沉积物，随着水流方向分选程度提升。

干旱半干旱气候下，冲洪积扇中地下水的水量水质均呈明显分带性。冲洪积扇顶部，属潜水埋深带或盐分溶滤带。接受大气降水及山区流出地表水的补给，是主要的补给区；潜水埋深大，地下水水位变幅大，地下径流强烈，为低矿化度水。干旱内陆盆地中此区域地表水全部转入地下。冲洪积扇前缘，属潜水溢出带或盐分过渡带。随着地形变缓，颗粒变细，地下径流受阻，潜水溢出地表，形成泉与沼泽，此区域地下水水位变幅小。干旱内陆盆地，此区域地下水重新转向地表，形成荒漠中的绿洲，是主要农牧带。冲洪积扇前缘以下，属潜水下沉带或盐分积聚带。潜水埋深比溢出带有所增大，由于岩性变细，地势平坦，潜水埋深不大，蒸散成为主要排泄方式，地下水矿化度明显增大，土壤容易发生盐碱化。干旱内陆盆地是区域性地下水流系统的终点：盐湖。由洪积扇顶部到盆地中心，显示良好的地貌-岩性-地下水分带。地形坡度由陡变缓，岩性由粗变细，地下水水位由深到浅，补给条件由好变差，排泄由径流为主变化到以蒸发为主，水化学成分形成作用由溶滤作用转为浓缩作用。

2.6.1.2　湖积物中的地下水

湖积物属于静水沉积，颗粒分选良好，层理细密，单层厚度大，延伸广，岸边浅水处沉积沙砾等粗粒物质，向湖心逐渐过渡为黏土，平面上岩层呈不规则同心圆状分布，如图 2-16 所示。

湖积物的特点与其沉积动力环境有关。河流带来泥沙汇入湖，入湖后进入静水区域，流速降低导致泥沙淤积在湖口。当没有河流穿越湖泊时，波浪力是唯一的分选营力。近岸浅水带波浪力影响所及的范围，波浪反复淘洗沉积物质，粗粒留在岸边，细粒落在远岸。波浪力影响不及的湖心，则被细小的黏粒所占据，湖心黏土层层理十分细密。

气候与构造运动是改变湖盆沉积条件的主要因素，湿润期湖盆变大，干燥期湖盆缩

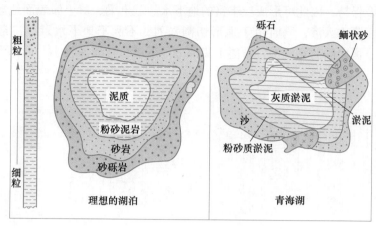

彩色原图

图 2-16　湖积物中的地下水

小。构造沉降迅速时湖盆变大，构造沉降缓慢或停顿时湖盆变小，湖盆规模的变化控制着湖积物的岩性构造。当构造沉降速率与沉积速率相等时，湖盆同一位置不断沉积同等粒径的物质，形成延伸范围大、厚度巨大的砂砾层或黏土层。当气候干湿交替或构造迅速下降与停顿交替时，湖盆同一部位形成多个砂砾和黏土互层。

大型湖泊可形成厚度大、展布广的砂砾层，剖面上为长透镜体状。湖积砂砾分选良好，厚度及分布规模大；井孔揭露湖积砂砾后涌入水量很大，往往给人留以地下水丰富的印象。实际上湖积砂砾层被厚层黏土隔离，主要通过进入湖泊的冲积砂层接受侧向补给，水循环交替缓慢，地下水资源远不如冲积砂层丰富。我国的平原或盆地，第四纪早期多发育具有厚层砂砾的湖积物，开采后迅速形成大范围地下水降落漏斗，说明其补给资源相当贫乏。

2.6.1.3　黄土中的孔隙水

黄土是第四纪形成的风成堆积物，我国黄土主要分布在黄河中游的山西、陕西、宁夏和甘肃及其邻近省。黄土层连续延展成为完整统一的地表覆盖层，一般厚度达数十米，陕西和陇东局部地区达 150m。黄土区大部分地带海拔较高，因此称为黄土高原。

黄土区地下水的赋存和分布与黄土岩性特征和地貌条件密切相关。黄土以粉砂颗粒为主，占土样总重量的 60%以上。黄土的孔隙极其微小，因此其透水性和给水性较弱，持水性较强。但在堆积过程中有多次间断和成壤作用，土中富含的盐类易于溶解，从而在内部形成许多空洞和垂直裂隙，为地下水的赋存和运移提供了有利条件。黄土中的空洞和裂隙在垂直方向特别发育，而在水平方向发育较差，其垂向渗透性远超水平渗透性，有利于接受降水、灌溉水的渗入而形成地下水。黄土岩性越向下越密实，孔隙随深度加大而减小，渗透性总体减弱。黄土下部多埋藏着多层古土壤及钙层结核层，透水性较弱，成为相对隔水层，常可阻碍入渗的水分形成上层滞水和潜水。

黄土厚度大，土质疏松，导致黄土高原不断隆升，在水流侵蚀作用下，纵横的沟壑将黄土区切割成黄土塬、黄土梁、黄土峁和黄土杖地等地貌，如图 2-17 所示。黄土中地下水的分布与黄土地貌、地质条件等有密切的关系。黄土高原上范围较大的高平地称为黄土塬，长条状的垄岗为黄土梁，浑圆形的土丘为黄土峁。黄土塬由于表面较为宽阔平坦，有利于降水入渗及保持，因此可形成较丰富的地下水。黄土梁、黄土峁表面地形起伏，受水面积小，不利于降水入渗，同时由于地形切割强烈，不利于地下水赋存，常为严重缺水区。但黄土梁、峁之间的宽浅沟谷常能汇集部分地下水，且埋深较小，可作为生活用水的小型水源。

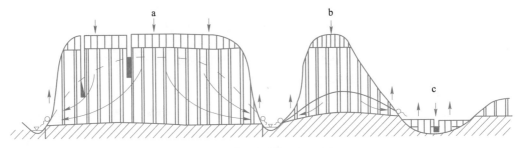

图 2-17　黄土高原中的地下水
a—黄土塬；b—黄土梁与黄土峁；c—沟谷

2.6.2　裂隙水

2.6.2.1　裂隙水的分布

裂隙水存在于岩石裂隙中，裂隙的规模、密度、开度、连通率具有空间差异，因此裂隙水的分布不均匀。裂隙水水力联系较差，水运动受裂隙方向及其连通率制约，因而在不同部位的富水程度相差悬殊。裂隙发育密集、均匀且相互连通，则水的分布相对均匀，可联系成为整体，有统一的水位，称为层状裂隙水；裂隙稀疏且分布不均匀，彼此隔绝或仅局部连通，则地下水呈脉状分布，一般缺乏统一的水位，称为脉状裂隙水。裂隙水埋藏深浅不一，承受压力取决于埋藏条件。根据成因类型将裂隙水分为以下三类。

A　风化裂隙水

暴露于地表的岩石，在温度、水、空气和生物等风化营力作用下，形成风化裂隙。风化裂隙常在成岩裂隙或构造裂隙的基础上进一步发育，形成密集均匀、无明显方向性、连通良好的裂隙网格。风化裂隙呈壳状包裹于地面，一般厚度达数米到数十米，未风化的母岩往往构成隔水底板。因此风化裂隙水一般为潜水，被后期沉积物覆盖的古风化壳可储存承压水或半承压水。

风化裂隙的发育受岩性、气候以及地形的控制。单一稳定的矿物组成的岩层风化裂隙很难发育。泥质岩石虽易风化，但裂隙易被土状风化物充填而不导水。由多种矿物组成的粗粒结晶岩，不同矿物热胀冷缩不一，因而风化裂隙发育，风化裂隙水主要发育于此类岩石中。

气候干燥而温差大的地区，岩石热胀冷缩及水的冻胀等物理风化作用强烈，有利于形成导水的风化裂隙。温热气候区以化学风化为主，泥质次生矿物及化学沉淀常填充裂隙而降低其导水性。这类地区上部强风化带的导水性反而不如下部的半风化带，如福建漳州花岗岩中一个钻孔资料显示，地面以下 25m 深度内强风化带的涌水量仅为 0.0125L/s，而 25~45m 半风化带涌水量却达到 0.45L/s。

地形比较平缓，剥蚀及堆积作用微弱的地区，有利于风化壳的发育与保存。如果地形条件利于汇集降水，则可能形成规模稍大，能常年提供一定水量的风化裂隙含水层。通常风化壳规模有限，风化裂隙含水层水量不大，就地补给与排泄，旱季泉流量变小或干涸。

在水流切割或人工开挖的影响下，岩体侧向压力减小，原有闭合及隐蔽的成岩裂隙与构造裂隙，因减压而扩张形成卸荷裂隙。在沟谷两侧常可见到与边岸平行的卸荷裂隙，有时可宽达数厘米至数十厘米。剥蚀作用使原来处于深部的岩层卸去上覆地层的荷载，因而浅部的裂隙扩张，张开性及裂隙率均较深部大，透水性也比深部好。

B　成岩裂隙水

成岩裂隙是岩石在成岩过程中受内部应力作用而产生的原生裂隙。沉积岩固结脱水，岩浆岩冷凝收缩等均可形成成岩裂隙。沉积岩及深成岩浆岩的成岩裂隙多呈闭合状，储水及导水意义不大，喷溢地表的玄武岩成岩裂隙最为发育。岩浆冷凝收缩时，由于内部应力变化产生垂直于冷凝面的六方柱状节理以及层面节理。此类节理大多张开且密集均匀，连通良好，常构成储水丰富、导水良好的储水层。岩脉及侵入岩接触带，由于冷凝收缩，以及冷凝较晚的岩浆流动产生应力，张裂隙发育。熔岩流冷凝时，留下喷气孔道，或表层凝固，下部未冷凝的熔岩流走，从而形成熔岩孔洞或管道。这类孔道洞穴直径可达数米，往往可以获得可观的水量。

C　构造裂隙水

构造裂隙是岩石在构造应力作用下形成，是最为常见的、分布范围最广的裂隙，也是裂隙水研究的主要对象。构造裂隙水具有强烈的非均匀性及各向异性。

构造裂隙的张开度、延伸长度、密度，以及由此决定的导水性等，很大程度上受岩层性质（岩性、单层厚度、相邻岩层的组合情况）的影响。塑性岩层如页岩、泥岩、凝灰岩、千枚岩等，常形成闭合乃至隐蔽的裂隙。这类岩石的构造裂隙往往密度很大，但张开性差，缺少储存及运输的有效裂隙，多构成相对隔水层。只有当其暴露于地表，经过卸荷及风化改造后，才具有一定的储水及导水能力。

脆性岩层如致密的石灰岩、钙质胶结砂岩等，其构造裂隙一般比较稀疏，但张开性较好、延伸远，具有较好的导水性。沉积碎屑岩的裂隙发育程度与其粒度及胶结物有关，粗颗粒的砂砾岩裂隙张开性一般优于细颗粒的粉砂岩；钙质胶结岩石其裂隙发育显示脆性岩石的特征，泥质胶结岩石裂隙发育呈现塑性岩石特点。

构造裂隙的发育受构造应力场控制，具有明显而稳定的方向性。处于同一构造应力场中的岩层，通常发育相同或相近方向的裂隙组。一般在一个地区岩层中的主要裂隙按产状可划分3~5组。按其与地层的关系可分为纵裂隙、横裂隙和斜裂隙；层状岩体中还包括层面裂隙与顺层裂隙。纵裂隙与岩层走向大体平行，一般延伸较长，在褶皱翼部为压剪性，在褶皱核部为张性，在背斜核部常形成延伸几十米至上百米的大裂隙密集带。纵裂隙方向与岩层走向一致，在层面裂隙的共同作用下，纵裂隙的延伸方向往往是岩层导水能力最大的方向。横裂隙一般为张性的，张开度较大，但一般延伸不远，呈两端尖灭的透镜体状。斜裂隙是剪应力作用下形成的，延伸长度及张开性都相对差一些。斜裂隙一般包括两组共轭剪节理，往往一组发育，另一组发育较弱。

在构造作用下，岩性差异的层面发生错动并张开。因此，层面裂隙是沉积岩中延伸范围最广、连通性最好的裂隙组，构成裂隙网络的主要连接性通道。除少数大裂隙外，裂隙一般不切穿上下层面。层面裂隙的发育还决定着其他各组裂隙的发育。由于层面是岩层中的软弱面，构造应力作用下，岩层首先沿着层面破坏发生顺层位移。顺层位移导致顺层剪切应力以及次生应力，形成其他各组裂隙。岩层的单层厚度决定层面裂隙的密集度，从而决定其他各组裂隙发育程度。单层厚度越薄，层面裂隙越密集，次生应力分布越均匀，因此，薄层沉积岩中的脆性岩层裂隙密集而均匀；巨厚或块状岩层次生应力集中释放，裂隙稀疏而不均匀。受构造应力作用，塑性岩层可沿层面方向流展，对夹于其间的脆性岩层施加顺层的拉张力，脆性岩层被拉断而形成张裂隙。脆性岩层夹层越薄，抗拉能力越小，张开裂隙就越密集。夹于塑性岩层中较薄的脆性夹层，常是小型供水的理想布井层位。

应力集中的部位裂隙常较发育，岩层透水性良好。同一裂隙含水层中，背斜轴部常较两翼渗透性良好，倾斜岩层较平缓岩层渗透性好，断层带附近往往格外富水。

岩性无明显变化的岩体（如花岗岩、片麻岩等），裂隙发育及透水性通常随深度增大而减弱。一方面，随着深度加大，围压增加，地温上升，岩石的塑性增强，裂隙的张开性变差。另一方面，靠近地表的岩石往往受到风化及卸荷作用的影响，构造裂隙进一步张开，导水能力增强。因此，岩体裂隙发育以及渗透性总体随深度衰减。

2.6.2.2　裂隙水的一般特征

岩层中裂隙的发育和分布错综复杂，主要表现在空间分布的不均匀性和方向性。因此，裂隙水的分布和运动与孔隙水有很大的差异。

空间分布的不均匀性和方向性是裂隙水的主要分布特征。同一岩层由于裂隙发育的差异性，不同地点的导水性和储水性相差很大，甚至同一地段同一层位打井，遇主要含水裂隙的井可获得丰富的地下水，而未遇含水裂隙的井可能是干井或出水量很小。

裂隙水的埋藏和分布很不均匀，主要受地质构造、岩性、地貌等条件的控制。由于裂隙发育的不均匀性和方向性，导致裂隙水运动呈明显的各向异性。岩层中往往沿某个方向的裂隙发育程度高，裂隙开启性好且充填物少，导水性强；而另一些方向则裂隙不发育，导水性很差。

2.6.3　岩溶水

赋存并运移于岩溶化岩层中的水称为岩溶水（或喀斯特水）。由于介质的可溶性，岩溶水在流动过程中不断扩展改造介质，从而改变自身的补给、径流和排泄条件以及动态特征。岩溶水就埋藏条件而言，可以是上层滞水，也可以是潜水或承压水。岩溶上层滞水的形成与岩溶岩层中透水性极小的个别透镜体有关。这些透镜体可以是不透水的夹层，也可以是溶蚀残余物充填了裂隙和溶洞而形成。当岩溶岩层大面积出露地表时，储存并运移于其中的岩溶水主要为潜水。如我国云贵高原石灰岩区及广西石灰低山丘陵区，广泛发育着岩溶潜水。当岩溶岩层被不透水岩层覆盖，并被地下水充满后，便形成岩溶承压水。我国北方奥陶纪石灰岩和南方石炭纪、二叠纪及三叠纪石灰岩中都埋藏有岩溶承压水。

2.6.3.1　岩溶发育的基本条件及影响因素

A　岩溶发育的基本条件

岩溶发育必不可少的两个基本条件是：岩层具有可溶性和地下水具有侵蚀能力，由此派生出四个必备条件：可溶性岩的存在、可溶性岩必须透水、具有侵蚀能力的水以及水具有流动性。

溶蚀是指有侵蚀性的水将可溶性岩的某些组分转入水中，扩展可溶性岩空隙的作用。可溶性盐无疑是岩溶发育的前提，但是，如果可溶性岩没有裂隙，地下水不能进入岩石，溶蚀作用便无法进行。纯水对钙镁碳酸盐的溶解能力很低，只有当二氧化碳溶入水中形成碳酸时，才对可溶性岩具有侵蚀性。如果水是停滞的，在溶解过程中将丧失侵蚀能力，流动的水不断更新侵蚀能力，才能保证溶蚀的连续性。因此，水的流动是岩溶发育的充分条件。

在以上四个基本条件中，最根本的是可溶性岩及水流。可溶性岩或多或少发育空隙，只要存在水的流动，侵蚀性就有保证。因此，水流状况是决定岩溶发育强度及其空间分布的决定性因素。

B　影响岩溶发育的因素

首先是可溶性岩的存在，可溶性岩的成分与结构是控制岩溶发育的内因。可溶性岩必须是透水的，水流才能进入岩石内部进行溶蚀；其次是水具有侵蚀能力，含 CO_2 或其他酸类，侵蚀能力才能明显增强；水是流动的，水的流动是保持岩溶发育的充要条件，水不流动，终究会达到饱和而停止发展；气候也影响岩溶发育，因为岩土中的 CO_2 是决定水的侵蚀性的主要因素，而岩土中 CO_2 取决于气候，湿热气候下 CO_2 含量高，使地下水有较高的侵蚀性，这正是我国南方岩溶比北方岩溶发育的主要原因之一。生物作用对岩溶作用的影响也不可忽视。植物产生 CO_2 补充地下水，能够有效促进岩溶作用。通过野外观察及室内试验证明，藻类以及碳酸酐酶、细菌、放线菌、真菌等，均可促进溶蚀作用以及钙化沉淀作用。此外，构造作用产生的裂隙影响岩石的透水性和水的流动等，对岩溶的发育也产生影响。

2.6.3.2　岩溶水系统的演变

地下水流对可溶性岩石具有不同程度的改造作用。具有化学侵蚀的水进入可溶岩层，对原来的狭小通道（原生裂隙和构造裂隙）进行拓展，水流不断溶蚀裂隙壁面，溶于水的岩石成分被流动的水流带走，裂隙通道不断加宽。岩溶发展的过程实质上就是介质的非均质化过程和水流的集中过程。图2-18为岩溶水的演化过程，包括起始阶段、快速发展阶段及停滞衰亡阶段。

（1）起始阶段。地下水对介质以化学溶蚀作用为主，水流通道比较狭小，地下水几乎没有机械搬运能力、岩溶发育比较缓慢。所需时间取决于环境因素和初始裂隙水流场。隔水边界对地下水径流的分散或集中起重要的控制作用。介质不均匀或者水流不均匀，有利于岩溶的快速演化。

（2）快速发展阶段。差异性溶蚀使少数通道优先拓展成为主通道，岩溶水系统的水主要进入主通道流动。当主体通道宽度达 5～50mm 时，开始出现紊流，地下水开始具有一定的机械搬运能力，水流越来越向少数通道集中，并使其优先发展，形成较畅通的径流排泄网，水流的机械侵蚀能力也增强。介质场和流场发生如下变化：

1）地下水流对介质的改造由化学溶蚀为主变成以机械侵蚀和化学溶蚀共存，机械侵蚀变得越加重要。

2）地下出现各种规模的洞穴。

3）地表形成溶斗及落水洞，并以它们为中心形成各种规模的洼池，汇集降水。

4）随着介质导水能力迅速提高，地下水水位总体下降，新的地下水面以上溶洞干涸，

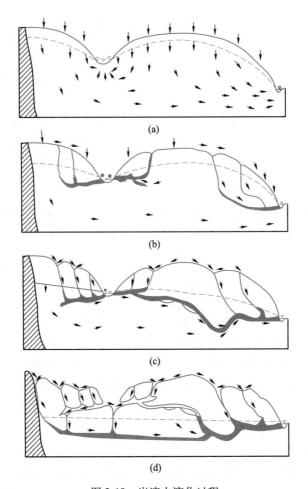

图 2-18　岩溶水演化过程

（a）未溶蚀；（b）局部溶蚀；（c）溶蚀加剧；（d）岩溶含水系统形成

失去进一步发展的能力。

5）争夺水流的竞争变得更加剧烈，最后只剩下少数几个大的管道优先发展，其余皆依附于这些大管道而成为支流。

6）不同地下河系发生袭夺，地下河系不断归并，流域扩大。溶洞起集水、导水作用，主要储水空间仍为裂隙与溶隙。

（3）停滞衰亡阶段。溶蚀作用发展到一定阶段，介质场的演化停滞，地下水流场偏离初始状态，完整的岩溶水系统形成。

2.6.3.3　岩溶水的特征

（1）岩溶含水介质的特征：岩溶含水介质具有很大的不均匀性，有规模巨大的管道溶洞，又有十分细小的裂隙及孔隙，实际为尺寸不等的空隙所构成的多级次空隙系统。广泛分布的细小孔隙裂隙是主要的储水空间，大的岩溶管道与开阔的溶蚀裂隙构成主要导水通道，介于两者之间的裂隙网络兼具储水空间和导水通道的作用。

（2）岩溶水的分布特征：岩溶水量分布极不均匀，宏观上统一的水力联系与局部水力联系不良，是由岩溶含水介质的多级次性与不均匀性决定的。岩溶含水层是一种极不均匀的含水层。因此，岩溶含水层的富水性无论在水平方向还是在垂直方向均变化很大。有些地段可能无水，而有些地段则可能形成水量极为丰富的岩溶地下水脉或岩溶地下暗河。岩溶地下水脉指岩溶发育比较强烈的、呈脉络状的富水条带。如地下水通过众多的裂隙和小溶洞汇流于巨大的岩溶通道之中，则成为岩溶地下河。其流量可达每秒数立方米到数百立方米，流动速度也较其他类型地下水快，此类地下水具有重要的开采价值。

（3）岩溶水的运动特征：通常为层流与紊流共存，细小孔隙与裂隙中的地下水一般为层流运动，在宽大管道中的地下水一般呈紊流运动。在岩溶水系统中，局部流向与整体流向常常不一致。岩溶水可以是潜水，也可以是承压水。

（4）岩溶水动态特征：强烈的岩溶化地区，降水易汇集于低洼的溶斗、落水洞等，以灌入式补给岩溶水。灌入式的补给、畅通的径流、集中的排泄（大泉、泉群）加上较小的岩溶含水介质空隙率，决定了岩溶水水位动态变化非常强烈。补给区水位变化达到几米到几十米，变化迅速而无滞后现象，泉流量变化也很大。因而作为补给区的岩溶化山区，岩溶水的埋深可达数百米，无泉水与地表水，为严重的缺水区。

（5）岩溶水的水化学特征：岩溶水径流迅速，溶滤作用强烈，由于长期的强烈溶滤作用，水中以难溶离子为主，化学成分通常比较稳定，一般为低矿化度水。在自流盆地或自流斜地中，水的化学成分也可表现出垂直分带的现象。

2.6.3.4　我国南北方岩溶水的差异

我国南方与北方的岩溶水存在一系列的差别。总体而言，南方岩溶发育比较充分，岩溶现象较典型，地表有峰丛、峰林、溶蚀洼地、溶斗、落水洞等，地下多发育较为完整的地下河系；北方岩溶发育多不完整，地表少有溶斗、落水洞等，地表多呈常态的山形；地下以溶蚀裂隙为主，有个别管道洞穴，地下河系一般不发育。

南方岩溶含水介质呈高度管道化与强烈不均质性，岩溶水对降水的响应十分灵敏，流量随季节变化很大；北方岩溶含水介质相对均匀，岩溶大泉汇水面积大，流量相对稳定。南方岩溶区多分布巨厚到块状的纯净碳酸盐岩，多发育有裸露型岩溶，介质可溶性强，受构造应力作用时易形成稀疏而宽大的裂隙；北方碳酸盐岩一般成层较薄，夹泥质与硅质夹层，碳酸盐岩多与非可溶性岩互层，一般发育覆盖型岩溶；介质可溶性差，形成密集、均匀而短小的构造裂隙。

──────── **本 章 小 结** ────────

（1）地球上的水主要存在于大气圈、水圈、岩石圈及生物圈中，其中水圈中的水大部分为海洋水，水文地质学研究的陆地地下水只占水圈水量的极小部分。

（2）岩土储水介质包括孔隙、裂隙及溶隙。孔隙空间分布较均匀，表现出均质各向同性特征；裂隙空间分布不均匀，表现出非均质各向异性特征；溶隙介质空间分布极不均匀，与岩性及地下水循环密切相关。

（3）容水度是指岩土完全饱水时，所容纳最大水的体积与岩土总体积的比值；持水度为饱水岩土经重力排水后所能保持的水的体积与岩土体积之比；给水度定义为饱水岩土在重力作用下能够自由排出水的体积与岩土体积之比。

（4）潜水是地表以下埋藏在饱水带中具有自由水面的重力水，一般不承受明显压力，在重力作用下可以自潜水面高处向低处缓慢流动，形成地下径流。承压水则指充满于两个稳定隔水层之间的含水层中，具有承压水头的地下水。

（5）孔隙水是指赋存于松散沉积物颗粒或颗粒集合体构成的孔隙网络中的地下水，孔隙水呈层状分布，空间上连续均匀，含水系统内部水力联系良好。裂隙水存在于岩石裂隙中，裂隙的规模、密度、开度、连通率具有空间差异，因此裂隙水的分布不均匀，水力联系较差，水的运动受裂隙方向及连通率制约。岩溶水指赋存并运移于岩溶化岩层中的水。岩溶水量分布极不均匀，宏观上统一的水力联系与局部水力联系极差。

思　考　题

1. 简述自然界中水循环概念及特征。
2. 详细描述自然界储水介质类型及特征。
3. 比较潜水与承压水在赋存环境、补给排泄、动态、重力释水等方面的差异。
4. 区分孔隙水、裂隙水与岩溶水。

3 地下水运移规律

本章课件

本章提要

　　地下水在多种外力作用下在岩土介质空隙中的渗透流动称为渗流，渗流按照运动状态可分为层流和紊流。达西定律是描述饱和岩土介质中水的渗流速度与水力梯度之间线性关系的定律，又称线性渗流定律。流网是指渗流场某一典型剖面或平面上，由一系列等水头线与流线组成的网格。本章以达西定律为基础，进一步介绍了地下水在均质、非均质及竖井中的运动方程及基本规律，地下水含水层参数的率定模型、实验方法及数值方法。

3.1 渗 流

　　地下水运动一般是指地下水在重力、毛细力、分子吸力等外力作用下，在岩土介质空隙中的渗透流动，通常称为渗流。根据地下水渗流方向不同，可区分为三维流（空间运动）、二维流（平面运动）和一维流（单向运动）。地下水的运动状态可区分为层流和紊流两种流态，层流表示在运动过程中地下水的流线呈规则层状流动，紊流则表示流线相互混杂无规则的流动。由于岩土空隙的形状、尺度和连通性不同，地下水在不同空隙中或同一空隙的不同部位，其运动状态均有所区别。

　　根据地下水运动要素随时间变化的特征，地下水运动还可以分为稳定流和非稳定流。前者是指渗流场中任意点的运动要素变化与时间无关，后者则随时间而变化。自然界的地下水运动始终处于非稳定流状态，而稳定流运动只是一种相对的、暂时的动平衡状态。只有在特定条件下，由于运动要素变化幅度小，方可近似把非稳定流作为稳定流处理。例如地下水的补给排泄条件保持平衡不变，在其径流过程中不发生水量增减现象，此时渗流场中任一点的运动要素将不随时间而变化，地下水则表现为稳定流运动。

　　地下水的流动可用流线及迹线来具体描述，如图 3-1 所示。流线是指渗流场中某一瞬时由所有流体质点组成的一条线，线上各流体质点在此瞬时的流向均与此线相切。流线不能彼此相交，不能是折线，只能是光滑的曲线或直线。迹线则是指渗流场中某一时段内某一质点的运动轨迹，迹线只随质点不同而异，与时间无关。流线和迹线都是流场中的一簇曲线，都与流体的运动有关，但各自代表了不同的概念：流线反映的是某时刻流体的流速向量，迹线是反映流体中某一质点不同时间走过的轨迹。因此，流线可看作水质点运动的摄影，迹线则可看作对水质点运动所拍摄的电影。水文地质学中将垂直于所有流线的横截面，称为过水断面，单位时间内通过渗流断面的地下水体积称为渗透流量。

　　地下水渗流与地表水流相比有许多不同之处：含水介质中的导水通道一般不规则，它

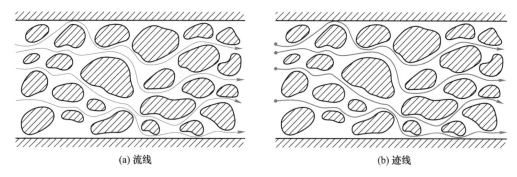

(a) 流线　　　　　　　　　　　(b) 迹线

图 3-1　渗流场流线与迹线示意图

由大小不等、形状不同的孔隙、裂隙、溶隙连接组合而成的。因此，实际的水流通道空间形态与方向是相当复杂的，使得地下水流动时水质点运动的速度大小与方向不断变化。由于固体骨架的阻隔，地下水流动呈不连续状态。因此在渗流场中，地下水的运动要素往往不是空间的连续函数，这一特点对裂隙水与岩溶水更为明显。

　　微观研究水流质点在各类介质中的运动规律，对于查明地下水化学成分的形成与分布，追溯某些污染源及根据地下水的化学异常寻找原生矿体等许多实际的问题很有意义，但是通常而言从微观水平上研究地下水的运动是很困难的，因此，水文地质学一般不去直接研究单个地下水质点的运动特征，而是利用平均化的方法研究地下水运动的宏观规律。由于实际的地下水流仅存在于空隙空间，其余部分则是固体骨架。为此要设计一个假想的流场，这个流场首先不能将水约束在空隙之中，否则不仅涉及复杂固体表面边界的刻画，而且由于水流在空间是不连续的，使得一切基于连续函数的微积分手段都不能利用。因此需要引进一个假想的水流代替真实的水流。这种假想水流的物理性质（如密度、黏滞性等）和真实的地下水相同，是充满了整个含水介质（包括空隙和固体部分）的连续体。这种假想水流的阻力与实际水流在任意空隙体积内中所受的阻力相同，其任意一点压强和任一断面的流量与实际水流在该点周围一个小范围内的平均值相等。实际上是在渗透阻力、渗透压强以及渗透流量保持等效的原则下，把实际渗流速度平均到包括固体颗粒骨架在内的整个渗流场中，如图 3-2 所示。

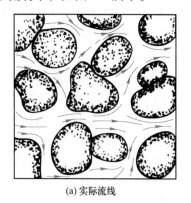
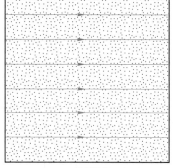

(a) 实际流线　　　　　　　　　(b) 等效流线

图 3-2　地下水运移分析的等效法

　　现代水文地质学在分析地下水的运移时通常采用一种假想的渗流来代替复杂的实际渗流。这个假想的水流便是宏观的地下渗流，其所占据的空间称为渗流场。假想的水流具有以下特点：

（1）假想水流的物理性质（如密度、黏滞性等）和真实地下水相同；

（2）假想水流充满含水层的整个空间；

（3）假想水流运动时，在任意岩石体积内所受的阻力等于真实水流所受的阻力；

（4）通过任一断面的流量及任一点的压力或水头均和实际水流相同；

（5）假想水流所占据的空间为渗流区或渗流场。

将假想渗流作为连续的水流来看待，其优点是可以把实际上非连续的水流当作连续的水流来进行研究，渗流场中的运动要素则是时间和空间的连续函数，从而可以利用一般水力学、流体力学中研究液体运动的方法来分析渗流问题。这种方法既避开了研究个别空隙中液体质点运动规律的困难，得到的流量、阻力、压强等与实际水流相同，可满足实际需要。因此，等效法是水文地质学所采用的传统方法，在有关地下水水量、水质定量评价方面应用极其广泛。

3.2 达 西 定 律

3.2.1 达西定律公式

1856 年，法国水利学家达西（H. Darcy）通过大量的实验，得到水在多孔介质中的线性渗透定律。实验是在装有砂的圆筒中进行的，水由圆筒的上端加入，流经砂柱，由下端流出。上游用溢水设备控制水位，使实验过程中水头始终保持不变。在圆筒的上下端各设一根测压管，分别测定上下两个过水断面的水头，在下端出口处测定流量（图 3-3）。

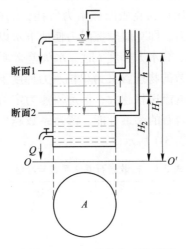

图 3-3　Darcy 定律实验装置图

根据实验结果确定了下列关系：

$$Q = KA \frac{h}{L} = KAI \tag{3-1}$$

或

$$v = \frac{Q}{A} = KI \tag{3-2}$$

式中　Q——渗透流量，m^3/s；

　　　A——断面横截面积，m^2；

　　　h——水头损失（$h = H_1 - H_2$，即上下游过水断面的水头差），m；

　　　L——渗透距离，m；

　　　I——水力梯度（相当于$\frac{h}{L}$，即水头差除以渗透距离）；

　　　K——渗透系数，m/s；

　　　v——渗流速度，m/s。

关于达西定律需注意以下内容：

（1）渗流速度v。断面横截面积A为岩石颗粒和空隙所占据的总面积，而水流实际通过的面积为孔隙所占据的面积A'，即：

$$A' = nA \tag{3-3}$$

因此有：

$$v = nv' \tag{3-4}$$

式中　n——岩土的孔隙度。

由于孔隙度n总是小于1，所以渗流速度v总是小于实际平均速度v'。

（2）水力梯度I。水力梯度I为沿渗透途径水头损失与相应渗透途径长度的比值。水在空隙中运动时，必须克服水与空隙以及流动快慢不同的水质点之间的摩擦阻力，这种摩擦阻力随地下水流速增加而增大，消耗机械能并造成水头损失。因此，水力梯度可以理解为地下水流通过单位长度渗透途径为克服摩擦阻力所耗失的机械能。从另一个角度分析，也可以将水力梯度理解为驱动力，即克服摩擦阻力使地下水以一定速度流动的驱动力。机械能消耗于渗透途径上，因此求算水力梯度I时，水头差必须与相应的渗透途径相对应。

（3）渗透系数K。渗透系数的物理含义为单位水力梯度下地下水渗透流速。水力梯度为定值时，渗透系数越大，渗透流速就越大；渗透流速为定值时，渗透系数越大，水力梯度越小。渗透系数可定量说明岩石的渗透性能，渗透系数越大，岩石的透水能力越强。常见的松散岩石渗透系数的值如表3-1所示。

表3-1　松散岩石渗透系数参考值

名称	渗透系数/$m \cdot d^{-1}$	名称	渗透系数/$m \cdot d^{-1}$
亚黏土	0.001~0.1	中砂	5~20
亚砂土	0.10~0.50	粗砂	20~50
粉砂	0.50~1.0	砾石	50~150
细砂	1.0~5.0	卵石	100~500

3.2.2　达西定律适用性

地下水的流动状态可以用量纲为1的雷诺数（Reynolds number）来判别，其表达式为：

$$Re = \frac{\rho v d}{\mu} \tag{3-5}$$

式中　Re——雷诺数；

ρ——流体密度，kg/m^3；

v——流体速度，m/s；

d——流体特征长度，例如流体流过圆形管道，则 d 为管道的当量直径，在地下水流动中，d 为含水层颗粒的平均粒径，m；

μ——黏滞系数，$Pa \cdot s$。

满足达西定律的雷诺数范围可归纳如下：

（1）存在一个临界雷诺数 Re_c，范围在 $1 \sim 10$ 之间，当 $Re < Re_c$ 时，流体为低速流，此时流动状态可忽略惯性力，为黏滞力占优势的层流。

（2）当 $Re_c < Re < 20 \sim 60$ 时，从黏滞力占优势的层流运动过渡到非线性的层流运动。当渗透速度增大后，惯性力也逐渐增大，当惯性力接近摩擦阻力的数量级时，由于惯性力与速度的平方成正比，使渗透速度与水力梯度的关系不再呈线性关系，不再满足达西定律。

（3）高雷诺数时流体运动为紊流，达西定律失效。

根据达西定律，只要水力梯度 $I > 0$，即有 $v > 0$。但实际上在细颗粒介质中，当 I 过小时并无地下水运动发生。因此，存在一个临界水力梯度 I_c。只有 $I > I_c$ 时，达西定律才适用，该 I_c 即为达西定律适用的下限。大量现场实验证实当水力梯度在 $0.00005 \sim 0.05$ 之间变动时，达西定律成立。现有研究表明除了多孔介质渗流，地下水在裂隙及溶隙中的渗流往往也服从达西定律。因此，达西定律的适用范围实际上相当广泛。

当地下水在溶洞、大尺度裂隙中运动时，不再符合线性渗透定律，属于非线性渗透运动的范畴，即地下水紊流运动。此时，可用下面公式计算：

$$v = K_c \sqrt{I_c} \tag{3-6}$$

式中　K_c——紊流运动渗透系数。

其他常见的非线性运动方程还有 Forchheimer 公式：

$$I = av + bv^2 \tag{3-7}$$

式中　a，b——实验室确定的常数。

3.3　流　网

流网是指渗流场某一典型剖面或平面上，由一系列等水头线与流线组成的网格，其中流线是指渗流场中某一瞬时由所有流体质点组成的一条线，线上各水质点在此瞬时的流向均与此线相切；等水头线则是某时刻渗流场中水头相等各点的连线，其反映了渗流场中水势场的分布特征。精确绘制定量流网需要充分掌握有关的边界条件及参数，但在实测资料很少的情况下，也可绘制定性信手流网。这种信手流网并不精确，但往往可以提供许多有用的水文地质信息。

绘制流网时首先应根据边界条件绘制容易确定的等水头线或流线。边界包括定水头边界、隔水边界及地下水面边界。地表水体的断面一般可看作等水头面，因此，河流的湿周必定是一条等水头线（图 3-4（a））。隔水边界无水流通过（通量为零），而流线本身就是零通量边界，因此平行隔水边界可绘出流线（图 3-4（b））。地下水面边界比较复杂，当无入渗补给及蒸发排泄，有侧向补给，稳定流动时地下水面是一条流线（图 3-4（c））；当有入渗补给时则既不是流线，也不是等水头线（图 3-4（d））。

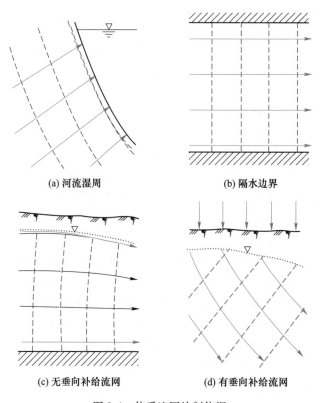

(a) 河流湿周   (b) 隔水边界

(c) 无垂向补给流网   (d) 有垂向补给流网

图 3-4   信手流网绘制依据

流网绘制的具体步骤如下：

（1）绘制流网时，首先根据边界条件绘制容易确定的等水头线和流线；

（2）流线总是由源指向汇的，因此根据补给区和排泄区可以判断流线的趋向；

（3）画出渗流场周边流线，中间内插画其他流线；

（4）等单宽流量控制流线根数，等水头差确定等水头线间隔，则流线的疏密反映地下径流强度，等水头线的疏密则说明水力梯度的大小；

（5）根据流线与等水头线正交的规则，在已知流线与等水头线间插补其余部分。

信手流网的绘制可通过典型的河间地块地下水运移来具体说明。图 3-5 表示了一个下部为水平隔水底板的均质各向同性河间地块，有均匀稳定的入渗补给，两河排泄地下水，河水位相等且保持不变。此时大体上可按图 3-5 上所标的顺序绘制流网。在地下分水岭到河水位之间引出等间距的水平线，从该水平线与潜水面的交点引出各条等水头线。

从这张简单的流网图可以获得以下信息：

（1）由分水岭到河谷，流向从由上向下到接近水平再向上；

（2）在分水岭地带打井，井中水位随井深加大而降低，河谷地带井水位则随井深加大而抬升；

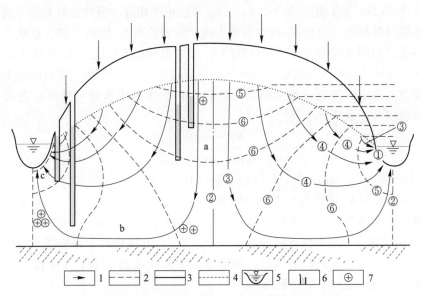

图 3-5 均匀各向同性河间地块信手流网绘制说明图

1—流线；2—等水头线；3—分流线；4—潜水面；5—河水位；6—观察井；7—矿化度

①~⑥—信手流网绘制顺序

（3）由分水岭到河谷，流线越来越密集，流量增大，地下径流加强；

（4）由地表向深部，地下径流减弱；

（5）由分水岭出发的流线，渗透途径最长，平均水力梯度最小，地下水径流交替最弱，近流线末端河谷下方，地下水的矿化度最高；

（6）流网中渗流场的等水头线和流线，可以判断出图 3-5 中 a、b、c 三点的水头 H、水力梯度 I 和流速 v 的大小关系：$H_a > H_b > H_c$，$I_c > I_a > I_b$，$v_c > v_a > v_b$。

工程实际中经常遇到非均质含水介质，因此有必要进一步介绍非均质介质中地下水流网的分布特点。如图 3-6 所示，设有两岩层渗透系数分别为 K_1 及 K_2，满足 $K_2 = 3K_1$。则在图 3-6（a）的情况下，当两含水层厚度相等，流线平行于层面流动时，两层中的等水头线间隔分布一致，但在 K_2 层中流线密度为 K_1 层的 3 倍，意味着更多的流量通过渗透性好的

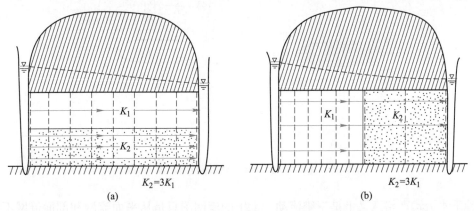

图 3-6 非均质性含水介质信手流网绘制说明图

K_2 层运移。在图 3-6（b）的情况下，K_1 与 K_2 两层长度相等，流线恰好垂直于层面，这时通过两层的流线数相等，但在 K_1 层中等水头线的间隔数为 K_2 层的 3 倍，意味着通过流量相等，渗透途径相同情况下，在渗透性差的 K_1 层中消耗的机械能是 K_2 层的 3 倍。

如图 3-7 所示，当流线与岩层界线既不平行，也不垂直，而以一定角度斜交时，当地下水流线通过具有不同渗透系数的两层边界时，必然像光线通过一种介质进入另一种一样，发生折射现象，服从以下规律：

$$\frac{K_1}{K_2} = \frac{\tan\theta_1}{\tan\theta_2} \tag{3-8}$$

式中　θ_1——流线在 K_1 层中与层界法线间的夹角；

　　　θ_2——流线在 K_2 层中与层界法线间的夹角。

从物理角度不难理解上述现象：为了保持流量相等（$Q_1 = Q_2$），流线进入渗透性好的 K_2 层后将更加密集，等水头线的间隔加大（$dl_2 > dl_1$）。流线趋向于在强透水层中走最长的途径，而在弱透水层中走最短的途径。强透水层中流线接近于水平（接近于平行层面），而在弱透水层中流线接近于垂直层面。

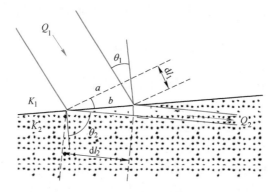

图 3-7　流线在不同渗透性岩层层界上的折射

同理，当含水层中存在强渗透性透镜体时，流线将向其汇聚；存在弱渗透性透镜体时，流线将绕流，如图 3-8 所示。

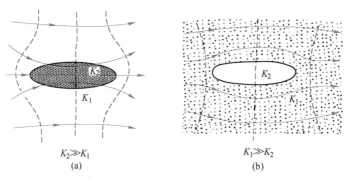

$K_2 \gg K_1$　　　　　　　　　　　　$K_1 \gg K_2$

(a)　　　　　　　　　　　　　　　(b)

图 3-8　流线经过不同的透镜体时的汇流与绕流

地下水流动严格意义上是三维流动，二维的流网图只是从平面流网和剖面流网不同角度绘制结果，如图 3-9 所示的潜水井抽水的平面和剖面的流网对照图。

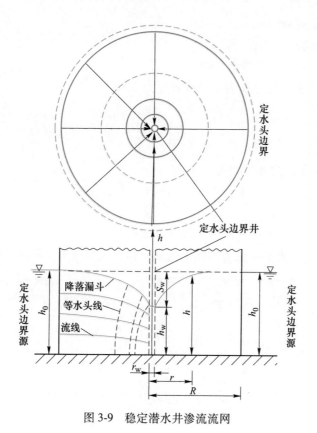

图 3-9　稳定潜水井渗流流网

3.4　地下水运动方程及基本规律

地下水在岩土空隙中的运动称为渗流，发生渗流的区域称为渗流场。由于受到介质的阻滞，地下水的流动远较地表水缓慢。在岩土空隙中渗流时，水的质点有秩序地、互不混杂地流动，称作层流运动。在狭小空隙的岩土介质中流动时（如砂、含细小裂隙的基岩），重力水受介质的吸引力较大，水的质点排列较有秩序，因此均作层流运动。水的质点无秩序地、互相混杂地流动，称为紊流运动。紊流运动时水流所受阻力比层流状态大，消耗的能量较多。在宽大的空隙中（大尺度溶隙、宽大裂隙）水的流速较大，容易呈紊流运动。

当各个运动要素如水位、流速、流向等不随时间改变时，水在渗流场内的运动称为稳定流。运动要素随时间变化的水流运动则称为非稳定流。严格来讲，自然界中地下水都属于非稳定流，为了便于分析和运算，也可以将某些运动要素变化微小的渗流，近似看作稳定流。研究地下水的稳定流运动如同非稳定流运动一样，目的是要计算地下水的流量、水面下降曲线以及渗透水流的水力梯度和渗透速度。

研究地下水稳定流运动的基本方程是裘布依公式，本质上是水力梯度采用导数形式表示的达西定律：

$$Q = -KA\frac{\mathrm{d}H}{\mathrm{d}x}$$

（3-9）

式中 Q——稳定流流量，m^3/s；

         K——渗透系数，m/s；

         A——地下渗流的过水断面，m^2；

   dH/dx——水力梯度，其中 H 为水位或者压力水头。

用单宽流量表示：

$$q = - Kh \frac{dH}{dx} \tag{3-10}$$

式中 h——过水深度或含水层厚度，m。

3.4.1 均质岩层地下水运动

3.4.1.1 隔水底板水平时的潜水稳定流运动

假设地下水在近似水平的垂直剖面上流动，即过水断面为一平面，如图 3-10 所示。

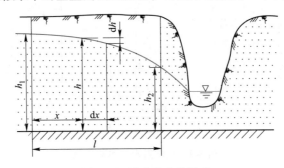

图 3-10   潜水稳定流运动

依据达西定律：

$$q = - Kh \frac{dh}{dx} \tag{3-11}$$

用分离变量法求解：

$$q dx = - Kh dh \tag{3-12}$$

等式左右两侧积分得：

$$q \int_0^l dx = - K \int_{h_1}^{h_2} h dh \tag{3-13}$$

积分后简化则可得裘布依方程：

$$q = K \frac{h_1^2 - h_2^2}{2l} = K \frac{h_1 + h_2}{2} \frac{h_1 - h_2}{l} \tag{3-14}$$

式中 $\frac{h_1 + h_2}{2} = \bar{h}$——含水层的平均厚度，m；

       $\frac{h_1 - h_2}{l} = \bar{I}$——含水层的平均水力梯度。

因此，可以将式（3-13）改写为：

$$q = K \bar{h} \, \bar{I} \tag{3-15}$$

当已知渗透系数 K 以及 h_1、h_2、l 的值时，可以根据式（3-14）计算出单宽流量 q。若要求出任意断面位置 L 处的水位 h，只要改变积分上下限，即可得：

$$q = K \frac{h_1^2 - h^2}{2L} \tag{3-16}$$

由于式（3-13）和式（3-15）中的 q 和 K 等价，所以：

$$\frac{h_1^2 - h_2^2}{2l} = \frac{h_1^2 - h^2}{2L} \tag{3-17}$$

解得：

$$h = \sqrt{h_1^2 - \frac{L}{l}(h_1^2 - h_2^2)} \tag{3-18}$$

由式（3-18），可根据不同的 L 值计算出对应的不同的 h 值，进而获得地下水的浸润曲线。

3.4.1.2 承压含水层厚度不变的地下水稳定流运动

隔水底板为水平、等厚的均质承压含水层，如图 3-11 所示。

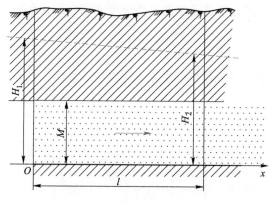

图 3-11 承压水稳定流运动

其单宽流量可用裴布依方程表示为：

$$q = -Kh \frac{\mathrm{d}H}{\mathrm{d}x} \tag{3-19}$$

同理可求解：

$$q = KM \frac{H_1 - H_2}{l} \tag{3-20}$$

当含水层底板倾斜或者等厚时，仍可应用式（3-19），其中含水层的厚度 M 用顶底板的铅直距离来表示。这种表示是含水层厚度的近似值，但当含水层底板倾角 $\theta \leqslant 10°$ 时，由此产生的 M 值的误差将不会大于 1.5%，这在地下水渗流计算中是允许的。

地下水稳定流运动的基本微分方程可用下式表示：

$$\frac{\partial^2 H}{\partial x^2} + \frac{\partial^2 H}{\partial y^2} + \frac{\partial^2 H}{\partial z^2} = 0 \tag{3-21}$$

在一维流情况下为：

$$\frac{\partial^2 H}{\partial x^2} = 0 \tag{3-22}$$

上式的通解为：

$$H = C_1 x + C_2 \tag{3-23}$$

将图 3-11 的边界条件代入后，求得：

$$x = 0, \quad C_2 = H_1 \tag{3-24}$$

$$x = l, \quad C_1 = \frac{H_2 - H_1}{l} \tag{3-25}$$

再将解得的 C_1 和 C_2 代入式（3-22）可得：

$$H = H_1 - \frac{H_1 - H_2}{l} x \tag{3-26}$$

因此，该情境下承压水头线是一条斜线。

3.4.2　非均质岩层地下水运动

渗透系数 K 值各处不相等的含水层称为非均质含水层，大致可分为三类：各层渗透系数不相等的层状含水层，渗透系数沿流向发生突变或渐变的含水层，以及渗透系数无规则变化的含水层。

3.4.2.1　地下水平行于层面的渗流

在河谷冲积含水层中，经常存在多层含水层结构，如图 3-12 所示。

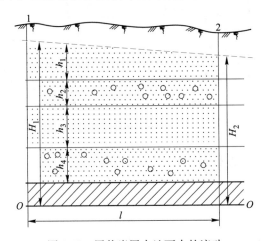

图 3-12　层状岩层中地下水的流动

假设地下水平行于层面流动，各含水层同一过水断面位置上的水力梯度 I 相等，通过整个断面的单宽流量为各含水层断面单宽流量之和，即：

$$q = q_1 + q_2 + q_3 + q_4 + \cdots + q_n \tag{3-27}$$

由式（3-10）得：

$$-q = K_1 h_1 \frac{\mathrm{d}H}{\mathrm{d}x} + K_2 h_2 \frac{\mathrm{d}H}{\mathrm{d}x} + \cdots + K_i h_i \frac{\mathrm{d}H}{\mathrm{d}x} + \cdots + K_n h_n \frac{\mathrm{d}H}{\mathrm{d}x} \tag{3-28}$$

即：

$$q = \left(\sum_{i=1}^{n} K_i h_i \right) \frac{H_1 - H_2}{l} \qquad (3\text{-}29)$$

整个含水层的渗透系数 $\overline{K}$ 可采用加权平均求得：

$$\overline{K} = \frac{\sum_{i=1}^{n} K_i h_i}{\sum_{i=1}^{n} h_i} \qquad (3\text{-}30)$$

图 3-13 为典型的冲积层二元结构。通常其下部为河床相沉积，颗粒粗大；上部为河漫滩相沉积，颗粒细小，因此 $K_2 > K_1$。

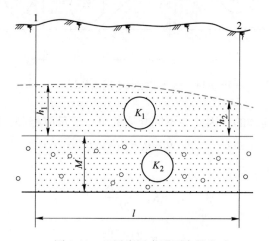

图 3-13　双层岩层中地下水的流动

设隔水底板为水平时，整个断面的单宽流量为：

$$q = q_1 + q_2 \qquad (3\text{-}31)$$

上层：

$$q_1 = - K_1 h \frac{\mathrm{d}h}{\mathrm{d}x} \qquad (3\text{-}32)$$

下层：

$$q_2 = - K_2 h \frac{\mathrm{d}h}{\mathrm{d}x} \qquad (3\text{-}33)$$

因此：

$$q = - K_1 h \frac{\mathrm{d}h}{\mathrm{d}x} - K_2 h \frac{\mathrm{d}h}{\mathrm{d}x} \qquad (3\text{-}34)$$

分离变量积分后得：

$$q = - K_1 \frac{h_1^2 - h_2^2}{2l} + K_2 M \frac{h_1 - h_2}{l} \qquad (3\text{-}35)$$

3.4.2.2   地下水垂直于层面的渗流

地下水垂直于层面的流动可出现在上下岩层间，也可发生在断层、阶地和滑坡地带。图 3-14 为地下水垂直于由两种不同介质组成的阶地的交界面流动示意图。

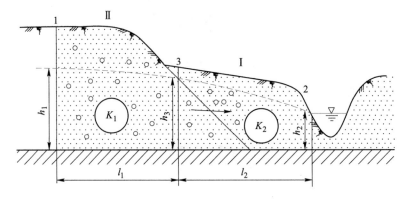

图 3-14   地下水垂直于层面的运动

由于通过的流量是连续的，因此在不同介质的单宽流量应相等，即：

$$q = q_1 = q_2 \tag{3-36}$$

由式（3-15）可知：

$$q_1 = K_1 \frac{h_1^2 - h_3^2}{2l_1} \tag{3-37}$$

$$q_2 = K_2 \frac{h_3^2 - h_2^2}{2l_2} \tag{3-38}$$

整理得：

$$h_3^2 = \frac{-2l_1 q_1}{K_1} + h_1^2, \quad h_3^2 = \frac{2l_2 q_2}{K_2} + h_2^2 \tag{3-39}$$

从而：

$$\frac{-2l_1 q_1}{K_1} + h_1^2 = \frac{2l_2 q_2}{K_2} + h_2^2 \tag{3-40}$$

进而：

$$q = \frac{h_1^2 - h_2^2}{2\left(\dfrac{l_2}{K_2} + \dfrac{l_1}{K_1}\right)} \tag{3-41}$$

对于有 n 层结构的岩层可推导出如下公式：

$$q = \frac{h_1^2 - h_2^2}{2\left(\sum\limits_{i=1}^{n} \dfrac{l_i}{K_i}\right)} \tag{3-42}$$

3.4.2.3   透水性变化复杂岩层中的渗流

在自然界，岩层的结构往往比较复杂，无论是在洪积扇、河漫滩地区，以及断层破碎带，岩性变化可能较复杂。例如在洪积冲积层中，可夹有许多透镜体、尖灭层等，渗透系

数 K 的变化无规律，隔水底板也不是水平分布，如图 3-15 所示。

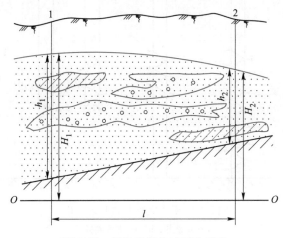

图 3-15 复杂岩层的地下水运动

在这些区域，地下水稳定流运动仍符合裴布依方程式（3-9），式中 K 为断面的平均渗透系数，由于岩性变化复杂，K 和厚度 h 都是变量，令 Kh 为新变量，且 $Kh = f(H)$，因此式（3-10）变为：

$$q = -f(H) \frac{\mathrm{d}H}{\mathrm{d}x}$$ (3-43)

对上式分离变量，并积分：

$$-\int_{H_1}^{H_2} f(H) \mathrm{d}H = q \int_0^l \mathrm{d}x$$ (3-44)

根据积分中值定理：

$$f(H_{\mathrm{m}})(H_1 - H_2) = ql$$ (3-45)

式中，$f(H_{\mathrm{m}})$ 为中值，这里采用算数平均值代替，即：

$$f(H_{\mathrm{m}}) = \frac{K_1 h_1 + K_2 h_2}{2}$$ (3-46)

代入上式后得：

$$q = \frac{(K_1 h_1 + K_2 h_2)(H_1 - H_2)}{2l}$$ (3-47)

3.4.3 竖井地下水运动

竖井是人类开发地下水的主要工程措施之一。以竖井的结构和含水层的关系可将其分为完整井和非完整井。凡是竖井打穿整个含水层，而且在整个含水层的厚度上都安置了滤水管的，称为完整井，如图 3-16a 所示；如果竖井只打穿部分含水层，或者只在部分含水层中设置了滤水管，则称为非完整井，如图 3-16b~d 所示。

当水井开始抽水时，竖井中的水位迅速下降，周围的地下水位也随之下降，整个水面形状同漏斗相似，称为降落漏斗。竖井中心的水位下降值 S 称为降深，随着抽水持续进行，降深 S 加大，漏斗逐渐扩大，竖井的涌水量 Q 渐渐减少，最终涌水量 Q 稳定不变，S

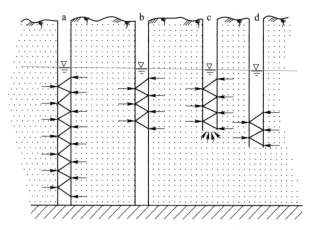

图 3-16 潜水完整井和非完整井

a—完整井；b~d—非完整井

不再下降，漏斗范围也不扩大，这时地下水向竖井的运动为稳定流运动。从竖井中心到漏斗边缘的距离 R 称为影响半径，如图 3-17 所示。

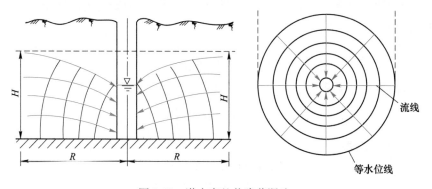

图 3-17 潜水完整井降落漏斗

如果在一个地区有多个竖井同时开采，致使许多单井漏斗互相叠加，造成大范围的地下水面下降，即使停止抽水，地下水位也难以迅速恢复。这种水位下降代表了区域性降落漏斗。

3.4.3.1 地下水向潜水完整井的运动

假设隔水底板水平，含水层为均质、各向同性，延伸范围很大，同时假设过水断面为近似的圆柱形（图 3-16），该条件下裴布依公式为：

$$Q = KA \frac{\mathrm{d}h}{\mathrm{d}r} \tag{3-48}$$

式中 A——圆柱形过水断面，$A = 2\pi rh$，m^2。

代入上式后：

$$Q = 2K\pi rh \frac{\mathrm{d}h}{\mathrm{d}r} \tag{3-49}$$

采用分离变量法求解得：

$$Q = \pi K \frac{H^2 - h_0^2}{\ln\left(\dfrac{R}{r_0}\right)} \tag{3-50}$$

设稳定的水位降深为 S_0，$S_0 = H - h_0$，则式（3-50）可以写成：

$$Q = 1.366K \frac{(2H - S_0)S_0}{\lg\left(\dfrac{R}{r_0}\right)} \tag{3-51}$$

式（3-51）中 Q、H、S_0、r_0、R 都是可测量值，因此利用此式可以计算渗透系数 K。但在生产实践中，观测井往往不会很多，因此 R 无法从实测中求得，只能由计算求得。这时，就需要有观测井的资料（如图 3-18 中的观测井），利用以下公式计算 K 和 R。

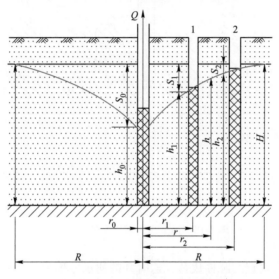

图 3-18　带观测井的潜水完整井
1，2—观测井

对式（3-50）用分离变量积分：

$$\frac{Q}{\pi K} = \int_{r_1}^{R} \frac{\mathrm{d}r}{r} = 2\int_{h_1}^{H} h\,\mathrm{d}h \tag{3-52}$$

得：

$$Q = \pi K \frac{H^2 - h_1^2}{\ln\left(\dfrac{R}{r_1}\right)} \tag{3-53}$$

为了求得漏斗的浸润曲线，可改变一下积分限，得计算公式：

$$h^2 = \frac{Q}{\pi K}\ln\left(\frac{r}{r_0}\right) + h_0^2 \tag{3-54}$$

注意：从式（3-51）可确定 Q 和 S 是二次方关系，即 $Q = f(S)$ 是一条抛物线。从式（3-50）可知，当 $h = 0$ 时，井的涌水量最大。但从物理概念而言，当 $h_0 = 0$ 时，过水断面为 0，流量应为 0，若要流量不为 0，则必须是水力坡度 $\mathrm{d}h/\mathrm{d}r = \infty$，逻辑上不成立。其原因是公式推导时的假设条件所造成的，当 S 值较大时，过水断面不是圆柱形，所以式（3-51）对于小降深较为适用，或者利用离抽水井较远的观测井资料进行计算较为合理。在计算时，要注意水跃值的影响。水跃值是指抽水时井壁内和井壁外的水位差 Δh，即井内稳定水位为 h_0 时，井壁外则为 $h_0 + \Delta h$。在实际计算水面曲线时，应当采用井壁外的水位。

3.4.3.2　地下水向承压完整井的运动

假设承压含水层水平、均质、各向同性，含水层分布范围很大，抽水时降落漏斗为轴对称分布，如图 3-19 所示。

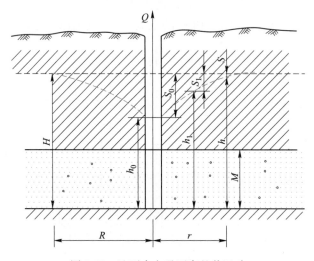

图 3-19　地下水向承压完整井运动

假设过水断面可用垂直的圆柱代替，这时井的涌水方程为：

$$Q = K 2\pi r M \frac{\mathrm{d}h}{\mathrm{d}r} \tag{3-55}$$

分离变量后积分：

$$\int_{h_0}^{H} \mathrm{d}h = \frac{Q}{2\pi KM} \int_{r_0}^{R} \frac{\mathrm{d}r}{r} \tag{3-56}$$

得到：

$$Q = \frac{2\pi KM (H - h_0)}{\ln\left(\dfrac{R}{r_0}\right)} \tag{3-57}$$

因降深 $S_0 = H - h_0$，则式（3-57）可以写成：

$$Q = \frac{2\pi KM S_0}{\ln\left(\dfrac{R}{r_0}\right)} \tag{3-58}$$

由上式可知，承压完整井的流量同降深是直线关系。同潜水完整井一样，可求得承压完整井流量与任一点地下水位 h 的关系式：

$$Q = 2.73 \frac{KM(h - h_0)}{\lg\left(\dfrac{r}{r_0}\right)} = 2.73 \frac{KM(S_0 - S)}{\lg\left(\dfrac{r}{r_0}\right)} \tag{3-59}$$

式中　　r——任一点至抽水井中心的距离；

　　　　S——与抽水井中心距离为 r 的任一点的压力水位降深。

在承压完整井附近有观测井时，若观测井与抽水井的距离为 r_1，水位降深为 S_1，则可将 $r = r_1$，$S = S_1$ 代入式（3-59），从而计算承压完整井的出水量。自式（3-59）还可得承压完整井降落曲线的表达式：

$$h = h_0 + \frac{Q}{2\pi KM} \ln\left(\frac{r}{r_0}\right) \tag{3-60}$$

3.5　地下水含水层参数

地下水含水层参数是反映水文地质本质特性的定量指标，也是地下水资源评价和系统管理模型求解的基础。含水层参数的确定直接影响到地下水资源评价的效果和系统管理模型的应用。因此，开展含水层参数确定方法的研究，在理论上和实践上均具有十分重要的意义。

含水层参数主要包括地下水文参数的潜水蒸发系数 C、潜水蒸发临界埋深 Δ_0、降雨入渗补给系数 α、灌溉回归入渗系数 β 与渗漏补给系数 m 等，以及水文地质参数的给水度 μ、渗透系数 K、导水系数 T、水位（或压力）传导系数 a、弹性释水系数 μ_e 与越流因素 B 等。确定上述这些参数的方法很多，一般可利用地下水动态长期观测资料参数确定法和利用试验实测资料参数确定法两大类。

3.5.1　含水层参数率定模型

3.5.1.1　含水层参数率定模型的物理机制

含水层参数率定模型是建立在地下水长期观测资料基础上，以地下水水量均衡原理为依据，考虑地下水位的动态变化以及地表水和地下水及大气降水相互作用的结果。在一定时间内，在所研究区域的含水层系统中，作为水循环的地下水其补给量与消耗量之差必恒等于含水层系统中储存量的变化量。这就是地下水水均衡的基本原理，即水体积守恒原理。地下水水均衡的表达式可用下式表示：

$$\mu F \Delta H = R(t) - D(t) \tag{3-61}$$

式中　　μ——研究区地下含水层的给水度；

　　　　F——研究区计算面积；

　　　ΔH——计算时段内地下水位的平均变幅；

　　$R(t)$——计算时段内进入含水层系统各项补给量之和；

　　$D(t)$——计算时段内脱离含水层系统各项消耗量之和。

3.5.1.2　不同条件下的率定计算模型

在大面积浅层地下水分布区域，一般 $R(t)$ 包括降雨入渗补给量和侧向径流量，而 $D(t)$ 包括地下水开采量、潜水蒸发量和侧向排泄量等。于是式（3-61）可表示为：

$$\mu F \Delta H = \alpha P F + K_1 A_1 I_1 \Delta t - V_{\text{开}} - \mu \Delta h F - K_2 I_2 A_2 \Delta t \tag{3-62}$$

式中　α——降雨入渗补给系数；

　　　　P——时段内区域平均降雨量；

K_1，K_2——入流断面和出流断面的渗透系数；

A_1，A_2——Δt 时段内，入流和出流平均过水断面面积；

I_1，I_2——Δt 时段内，入流和出流断面平均水力梯度；

　　Δt——计算时段长度；

　　$V_{\text{开}}$——F 区域内在 Δt 时段中地下水的开采体积；

　　Δh——Δt 时段内潜水蒸发引起地下水位的下降值。

将式（3-62）改写为：

$$\Delta H = \frac{\alpha}{\mu} P + \frac{K_1}{\mu}\left(\frac{A_1 I_1 \Delta t}{F}\right) - \frac{1}{\mu}\left(\frac{V_{\text{开}}}{F}\right) - \Delta h - \frac{K_2}{\mu}\left(\frac{A_2 I_2 \Delta t}{F}\right) \tag{3-63}$$

令

$$\frac{\alpha}{\mu} = a_1, \quad \frac{1}{\mu} = a_2, \quad \frac{K_1}{\mu} = a_3, \quad \frac{K_2}{\mu} = a_4$$
$$\frac{A_1 I_1 \Delta t}{F} = h_{\text{入}}, \quad \frac{A_2 I_2 \Delta t}{F} = h_{\text{出}}, \quad \frac{V_{\text{开}}}{F} = h_{\text{开}} \tag{3-64}$$

将以上各式代入式（3-63），对于各时段 i 满足：

$$\Delta H_i = a_1 P_i - a_2 h_{\text{开}i} + a_3 h_{\text{入}i} - a_4 h_{\text{出}i} - \Delta h_i \tag{3-65}$$

式中　$h_{\text{开}}$——开采模数；

$h_{\text{入}}$，$h_{\text{出}}$——地下径流流进、流出的单位渗透模数。

式（3-65）表明 ΔH 与变量 P、$h_{\text{开}}$、$h_{\text{入}}$、$h_{\text{出}}$、Δh 之间呈线性关系。由于观测误差以及各种偶然因素的影响，各变量之间不满足严格的函数关系，而只能是相关关系，因此可以将该式看成多元线性回归方程：

$$\Delta H = a_1 P - a_2 h_{\text{开}} + a_3 h_{\text{入}} - a_4 h_{\text{出}} - \Delta h + a_0 \tag{3-66}$$

式中，a_0 为常数项；a_1、a_2、a_3、a_4 为待定回归系数，可以使用最小二乘法求得。利用 a_1、a_2、a_3、a_4 与 μ、α、K_1、K_2 之间的关系式，就可以获得 μ、α、K_1 和 K_2 的具体数值。

在具体计算中，一方面根据实际的均衡要素，列出包括全部均衡要素的回归方程。另一方面，为了达到简化计算的目的，应尽量挑选均衡要素少的时段，以便于列出自变量少的回归方程。例如，在地下径流微弱地区，地下径流项可以忽略不计，则回归方程为：

$$(\overline{\Delta H + \Delta h}) = a_1 P - a_2 h_{\text{开}} + a_0 \tag{3-67}$$

由于 Δh 的系数为 1，因此可将其移至左端，这样式（3-67）即成为二元线性回归方程。在地下径流微弱，地下水埋深大的地区，径流和潜水蒸发可忽略不计时，则回归方程为：

$$\overline{\Delta H} = a_1 P - a_2 h_{\text{开}} + a_0 \tag{3-68}$$

式（3-68）仍为二元线性回归方程。

在开发漏斗区，地下水埋深大，$\Delta h = 0$，有地下径流流入漏斗区，如所选用的时段内无降雨，则回归方程为：

$$\overline{\Delta H} = - a_2 h_{\text{开}} + a_3 h_{\text{入}} + a_0 \tag{3-69}$$

式（3-69）为二元线性回归方程，其中 $h_入$ 的计算根据漏斗实际情况而定。如选用时段中有降雨量，则回归方程为：

$$\overline{\Delta H} = a_1 P - a_2 h_开 + a_3 h_入 + a_0 \tag{3-70}$$

式（3-70）为三元线性回归方程。

当地下径流可以忽略不计时，且选取无降雨但有人工开采和潜水蒸发的时段，将 Δh 项移至左端，则回归方程转化为一元线性回归方程：

$$\overline{(\Delta H + \Delta h)} = -a_2 h_开 + a_0 \tag{3-71}$$

若选取无降雨补给、地下径流微弱、地下水埋深大，且无潜水蒸发时段，则回归方程为：

$$\overline{(\Delta H)} = -a_2 h_开 + a_0 \tag{3-72}$$

式（3-72）为一元线性回归方程。

总之，按实际均衡要素情况，可将公式中的某些项忽略不计，但必须强调指出，开采量一项不可或缺，通过开采量才能计算 μ（$\mu = 1/a_2$），进而获取 K_1、K_2 等含水层参数。对于无开采地区，虽无开采量项，但有其他实际水量等项，例如某时段内区域排入河流的基流量 $V_基$，用以代替 $V_开$，也可达到求参数的目的。否则，只能算出回归系数 a_1、a_3、a_4 等，不能最终获得 α、μ、K_1、K_2 等值，就失去了计算的意义。

3.5.2 含水层参数确定试验方法

3.5.2.1 稳定流抽水试验法

A 单井稳定流抽水试验

利用裘布依稳定流公式进行渗透系数计算时，若没有观测孔而只能根据抽水井的出水量、水位下降等数据，则应消除抽水井附近产生的三维流、紊流的影响，特别是在抽水井水位下降值较大的情况下，最好采用下列消除渗透阻力的方法：

首先根据单井内水位下降值 S_0 与相应的出水量 Q 绘制出 $Q\text{-}S_0$ 关系曲线，如图 3-20 所示，再按所得曲线类型选择适当的计算公式。当 $Q\text{-}S_0$（或 Δh^2）关系曲线为直线时（Δh^2 是潜水含水层在自然情况下的厚度 H 和抽水试验时厚度 h_0 的平方差，即 $\Delta h^2 = H^2 - h_0^2$），表明地下水流通过过滤器及在过滤器内的流动阻力适中，从而

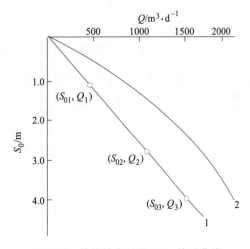

图 3-20 单井抽水试验 $Q\text{-}S_0$ 关系曲线

在井壁附近产生的三维流、紊流区的影响不明显，这时可直接应用公式进行计算：

承压完整井：

$$Q = 2.73 \frac{KMS_0}{\lg\left(\dfrac{R}{r_0}\right)} \tag{3-73}$$

$$K = 0.366Q \frac{\lg R - \lg r_0}{MS_0} \tag{3-74}$$

潜水完整井：

$$Q = 1.366K \frac{(2H - S_0)S_0}{\lg\left(\dfrac{R}{r_0}\right)} \tag{3-75}$$

$$K = 0.733Q \frac{\lg R - \lg r_0}{(2H - S_0)S_0} = 0.733Q \frac{\lg R - \lg r_0}{H^2 - h_0^2} \tag{3-76}$$

式中　Q——抽水井出水量；

K——含水层渗透系数；

M——承压含水层厚度；

S_0——抽水井的水位降深；

R——影响半径；

r_0——抽水井半径；

H——潜水含水层自然情况下的厚度；

h_0——抽水试验时潜水含水层厚度，即抽水井内的水柱高度。

当 Q-S_0（或 Δh^2）关系曲线为抛物线时，表明过滤器及管内水流阻力较大，在井壁附近水流呈现明显的三维流、紊流状态，不符合裘布依公式的基本假定条件（井壁附近水流呈二维流态的假定），所以不能直接应用稳定流公式进行计算。为了消除三维流、紊流的影响，计算时应采用消除阻力法。首先，绘制 $\dfrac{S_0}{Q}$-Q 或 $\dfrac{\Delta h^2}{Q}$-Q 关系曲线，如图 3-21 所示。

其次，根据三次水位下降的 Q、S_0 值所制的 $\dfrac{S_0}{Q}$-Q 或 $\dfrac{\Delta h^2}{Q}$-Q 关系曲线呈直线时，可以读出直线在纵轴上的截距 α_0 值，分别代入竖井稳定流计算公式，由式（3-59）可得承压水完整井计算渗透系数 K 的公式为：

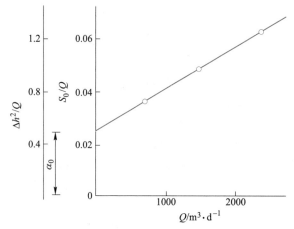

图 3-21　单井抽水试验 $\dfrac{S_0}{Q}$-Q 或 $\dfrac{\Delta h^2}{Q}$-Q 关系曲线

$$K = \frac{\lg\left(\frac{R}{r_0}\right) Q}{2.73 M S_0} = 0.366 \frac{\lg R - \lg r_0}{M \alpha_0} \quad (3\text{-}77)$$

由式（3-51）可得潜水完整井计算渗透系数 K 的公式为：

$$K = \frac{\lg\left(\frac{R}{r_0}\right) Q}{1.366(H^2 - h_0^2)} = 0.733 \frac{\lg R - \lg r_0}{\alpha_0} \quad (3\text{-}78)$$

B　带观测孔的单井稳定流抽水试验

带观测孔的单井抽水试验是当主井中抽水时，在主井附近至少设置两个观测孔，以获得主井抽水时其附近的水位变化资料。为了避免抽水井附近的三维流、紊流影响，要求最近的观测孔距主井一般为含水层厚度的 1.6 倍，而最远的观测孔距第一个观测孔的距离不宜太远，以保证各观测孔内一定的水位下降值，并使各观测孔的水位下降值在 S（或 Δh^2）-$\lg r$ 关系曲线的直线段上，如图 3-22 所示。

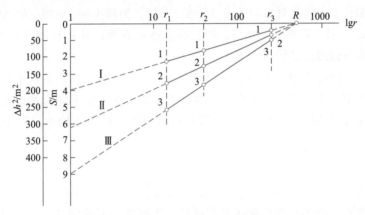

图 3-22　S（或 Δh^2）-$\lg r$ 关系曲线

承压完整井抽水具备两个观测孔时满足：

$$K = 0.366 \frac{Q(\lg r_2 - \lg r_1)}{M(S_1 - S_2)} \quad (3\text{-}79)$$

潜水完整井抽水具备两个观测孔时，则：

$$K = 0.733 \frac{Q(\lg r_2 - \lg r_1)}{\Delta h_1^2 - \Delta h_2^2} \quad (3\text{-}80)$$

式中　r_1，r_2——观测孔 1、2 分别距抽水井的距离，m；

　　　S_1，S_2——主井抽水时观测井 1、2 的水位下降值，m；

　　Δh_1^2，Δh_2^2——在 Δh^2-$\lg r$ 关系曲线上的直线段上任意两点的纵坐标值，m^2。

C　影响半径 R 的确定

影响半径 R 是反映含水层补给能力大小的一个参数，它是一个不受抽水降深 S 和出水量 Q 影响的常数值，一般通过抽水试验后采用公式计算或图解法确定。实践证明利用具有两个或两个以上观测孔的资料求得的结果较为实用和可靠。具体求法有下列两种：

a　公式计算法

对于分布广阔的含水层，求影响半径 R 时可用下列公式：

承压水含水层：

$$lgK = \frac{S_1 lgr_2 - S_2 lgr_1}{S_1 - S_2} \tag{3-81}$$

潜水含水层：

$$lgR = \frac{S_1(2H - S_1) lgr_2 - S_2(2H - S_2) lgr_1}{(S_1 - S_2)(2H - S_1 - S_2)} \tag{3-82}$$

式中　S_1，S_2——主井抽水时观测井 1、2 的水位下降值，m；

　　　r_1，r_2——观测孔 1、2 分别距抽水井的距离，m；

　　　H——潜水含水层厚度，m。

b　图解法

由于利用裴布依公式进行计算时要求 S-lgr 或 Δh^2-lgr 呈直线关系，所以在抽水试验时可先确定各观测孔的 r 值及对应的 S 或 Δh^2 值，以 lgr 为横坐标，S 或 Δh^2 为纵坐标，便能获取坐标点（lgr，S）或（lgr，Δh^2），把这些点连成直线，并延长使其交于 lgr 轴，其截距为 R，这便是理想的圆柱状含水层的半径。

影响半径是不随出水量 Q 和水位下降值 S 变化的一个常数值，各次水位下降值 R 应相同。因此，根据第二次水位下降值做成的曲线Ⅱ及第三次水位下降值做成的曲线Ⅲ都应在 lgr 轴上交于一点，如果不能交于一点，需分析其原因，是否在抽水过程中补给条件发生了变化。

3.5.2.2　非稳定流抽水试验法

A　无越流补给时的非稳定流抽水试验

在无越流含水层中进行非稳定流抽水试验，主要是为了确定含水层的导水系数 T、释水系数 μ_e 或压力传导系数 a，计算这些参数的方法很多，常用的有配线法、直线解析法、恢复水位法、试算法、直线斜率法等，以下介绍前两种方法。

a　配线法

通过实测抽水试验曲线与理论曲线对比确定含水层参数的方法，又称标准曲线法。此方法又分为时间-水位降深配线法和距离-水位降深配线法两种。当只有一个观测井资料时应采用前者，若有两个以上观测井资料时可采用后者。

时间-降深配线法：承压完整井的非稳定流公式为：

$$S = \frac{Q}{4\pi T} W(u) \tag{3-83}$$

且

$$u = \frac{r^2}{4at} \tag{3-84}$$

即

$$t = \frac{r^2}{4a} \frac{1}{u} \tag{3-85}$$

分析式（3-84）及式（3-85），可以看出在一个具体的抽水过程中，由于 r、Q、T 和 a 都为常数，那么 t 与 $\dfrac{1}{u}$，及 S 与 $W(u)$ 都为正比关系。为了进一步确定 t 与 $\dfrac{1}{u}$ 及 S 与 $W(u)$ 的关系，对以上两式分别取对数：

$$\lg S = \lg W(u) + \lg \frac{Q}{4\pi T} \tag{3-86}$$

$$\lg t = \lg \frac{1}{u} + \lg \frac{r^2}{4a} \tag{3-87}$$

根据式（3-86）和式（3-87）可知，$\dfrac{1}{u}$ 和 $W(u)$ 的关系曲线与抽水时间 t 和水位降深 S 的关系曲线的形状应当是相同的，所不同的只是坐标移动了一个常量 $\lg \dfrac{Q}{4\pi T}$ 和 $\lg \dfrac{r^2}{4a}$。在以上两条曲线重合后，两坐标的距离即分别为 $\lg \dfrac{Q}{4\pi T}$ 和 $\lg \dfrac{r^2}{4a}$。由此可见，当两曲线重合后，读出对应的 $W(u)$、S 和 t、$\dfrac{1}{u}$ 值，再根据上述公式即可解出 T 和 a 值，同时可计算 $\mu_e = \dfrac{T}{a}$，如图 3-23 所示。

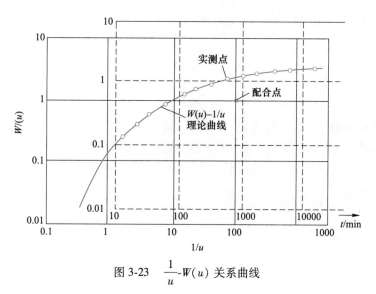

图 3-23　$\dfrac{1}{u}$-$W(u)$ 关系曲线

距离-降深配线法：如已获取带观测孔抽水试验资料，可采用距离-降深配线法，其所求得的参数可代表观测井所控制范围内含水层参数的平均值。

由式（3-84）可以看出，当时间 t 为定值时，u 与 r^2 成正比，即：

$$u = \frac{1}{4at}r^2 \tag{3-88}$$

式中的 $\dfrac{1}{4at}$ 为一常数，对式（3-88）两边取对数，得：

$$\lg u = \lg r^2 + \lg \frac{1}{4at} \tag{3-89}$$

另外由式（3-86）可知：

$$\lg W(u) = \lg S - \lg \frac{Q}{4\pi T} \tag{3-90}$$

以上两公式形式一致，绘制曲线重合后任选一配合点，并读出对应的 $W(u)$、S 和 t、$\frac{1}{u}$，将其代回式（3-83）和式（3-88），解出 T 和 a 值，同时可计算 $\mu_e = \frac{T}{a}$。

b 直线解析法

如前所述，当非稳定流抽水观测井满足 $u = \frac{1}{4at} r^2 \leqslant 0.01$ 时，承压完整井非稳定流基本方程可简化为：

$$S = \frac{2.3Q}{4\pi T} \lg \frac{2.25at}{r^2} = 0.183 \frac{Q}{T} \lg \frac{2.25at}{r^2} \tag{3-91}$$

取用两次试验数据 (t_1, S_1) 和 (t_2, S_2) 代入上式，有：

$$S_1 = \frac{0.183Q}{T} \left(\lg \frac{2.25a}{r^2} + \lg t_1 \right) \tag{3-92}$$

$$S_2 = \frac{0.183Q}{T} \left(\lg \frac{2.25a}{r^2} + \lg t_2 \right) \tag{3-93}$$

联解上两式，得：

$$T = \frac{0.183Q}{\Delta S} \tag{3-94}$$

$$\Delta S = S_2 - S_1 \tag{3-95}$$

其中，当 $S = 0$ 时，$t = t_0$，代入式（3-91）得：

$$\frac{0.183Q}{T} \lg \frac{2.25at_0}{r^2} = 0 \tag{3-96}$$

又因为 $\frac{2.25at_0}{r^2} = 1$，所以：

$$a = \frac{r^2}{2.25t_0} \tag{3-97}$$

B 有越流补给时的非稳定流抽水试验

越流含水层进行非稳定流抽水试验，同样可采用配线法：

$$S = \frac{Q}{4\pi T} W\left(u, \frac{r}{B} \right) \tag{3-98}$$

$$t = \frac{r^2}{4a} \frac{1}{u} \tag{3-99}$$

对上两式两边取对数，得：

$$\lg S = \lg \frac{Q}{4\pi t} + \lg W\left(u, \frac{r}{B} \right) \tag{3-100}$$

$$\lg t = \lg \frac{r^2}{4a} + \lg \frac{1}{u} \qquad (3\text{-}101)$$

绘制资料曲线 $S\text{-}t$，并重叠在标准曲线 $W\left(u, \dfrac{r}{B}\right) - \dfrac{1}{u}$ 上，保持坐标轴平行移动，直至资料曲线与某一条标准曲线重合为止。此时，记录下该标准曲线的 $\dfrac{r}{B}$，并读出任意配合点的下列四个数据，即 $W\left(u, \dfrac{r}{B}\right)$、$\dfrac{1}{u}$、$S$、$t$。按照 $T = \dfrac{Q}{4\pi S} W\left(u, \dfrac{r}{B}\right)$ 及 $a = \dfrac{r^2}{4t} \dfrac{1}{u}$ 可以计算出 T 和 a，同时可计算 $\mu_e = \dfrac{T}{a}$。与此同时，越流因素 $B = \dfrac{r}{\dfrac{r}{B}}$，越流系数 $\dfrac{K'}{m'} = \dfrac{T}{B^2}$，弱透水层

的渗透系数 $K' = \dfrac{T}{B^2} m'$ 均可确定。

C 潜水非稳定流抽水试验

同前述配线法类似，首先将资料数据（$S\text{-}t$）点绘在双对数坐标系上，保持坐标轴平行，将抽水开始阶段的 $S\text{-}t$ 曲线与 A 类曲线中的一条重合，记录该曲线的 r/D 值，任意选一配合点，记下配合点坐标值 $W\left(u_a, \dfrac{r}{B}\right)$、$\dfrac{1}{u_a}$、$S$、$t$，将上述已知坐标值代入即可求出 T 和 S：

$$T = \frac{QW\left(u_a, \dfrac{r}{D}\right)}{4\pi S} \qquad (3\text{-}102)$$

$$\mu_e = \frac{4Ttu_a}{r^2} \qquad (3\text{-}103)$$

然后用抽水末期阶段的 $S\text{-}t$ 曲线与 B 类标准曲线（其 r/D 已经确定）进行拟合，当曲线重合时，任意定出配合点，记下坐标值 $W\left(u_y, \dfrac{r}{B}\right)$、$\dfrac{1}{u_y}$、$S$、$t$，将上述已知坐标值代入即可求出 T 和 μ 值：

$$T = \frac{QW\left(u_y, \dfrac{r}{D}\right)}{4\pi S} \qquad (3\text{-}104)$$

$$\mu = \frac{4Ttu_y}{r^2} \qquad (3\text{-}105)$$

于是潜水含水层的总给水度为 $\mu_e + \mu$。

3.6 地下水渗流数值方法

以上各节主要讨论了地下水数学模型的解析解，其优点在于获取的地下水运动情况无论在时间或空间方面都是连续的。但解析解具有一定的局限性，只能处理比较简单的数学

模型，并需要将含水层理想化为均质、各向同性、形状简单的含水层。这些假设对现实的含水层作了较大的简化，降低了解析公式的实用价值。为真实反映现实含水层的复杂面貌及地下水渗流规律，可采用数值分析方法，将含水层边界和初值条件复杂的偏微分方程简化为简单的线性方程组，近年来数值分析法在水文地质学领域的应用案例已证明了其有效性，应用较多的数值方法主要有两种，包括有限差分法及有限单元法。

3.6.1　有限差分法

有限差分法就是将微分近似地用差分来表示，从而将微分方程转化为差分方程。设某一函数 H 的自变量为 x 和 t，记为 $H = H(x,\ t)$，则有：

$$\frac{\mathrm{d}H}{\mathrm{d}x} = \lim_{\Delta x \to 0} \frac{H(x + \Delta x, t) - H(x,t)}{\Delta x} \approx \frac{H(x + \Delta x, t) - H(x,t)}{\Delta x} (向前差商)$$

$$\frac{\mathrm{d}H}{\mathrm{d}x} \approx \frac{H(x,t) - H(x - \Delta x, t)}{\Delta x} (向后差商)$$

$$\frac{\mathrm{d}H}{\mathrm{d}x} \approx \frac{1}{2} \left[\frac{H(x + \Delta x, t) - H(x,t)}{\Delta x} + \frac{H(x,t) - H(x - \Delta x, t)}{\Delta x} \right]$$

$$= \frac{H(x + \Delta x, t) - H(x - \Delta x, t)}{2 \Delta x} (中心差商)$$

$$\frac{\partial^2 H}{\partial x^2} = \frac{\partial}{\partial x} \left(\frac{\partial H}{\partial x} \right)$$

$$= \lim_{\Delta x \to 0} \frac{1}{\Delta x} \left[\frac{H(x + \Delta x, t) - H(x,t)}{\Delta x} - \frac{H(x,t) - H(x - \Delta x, t)}{\Delta x} \right]$$

$$\approx \frac{H(x + \Delta x, t) + H(x - \Delta x, t) - 2H(x,t)}{(\Delta x)^2} \tag{3-106}$$

同理

$$\frac{\partial H}{\partial t} \approx \frac{H(x, t + \Delta t) - H(x,t)}{\Delta t} \tag{3-107}$$

对于二维流，在进行差分计算时，需要将研究区域划分为许多网格，如图 3-24 所示，在时间上分成许多时段。网格的交点称为结（节）点，应用有限差分法计算的是节点上的水位，而不是整个研究区域内任意点的水位，这是数值法同解析法的根本差别。在计算前要对节点进行编号，在 x 方向上用 i 表示，在 y 方向上用 j 表示，节点的距离分别为 Δx、Δy；设时段的顺序号为 K，时段步长为 Δt，则节点 i、j 的坐标为 $x = i\Delta x$、$y = j\Delta y$；第 K 时段的时间为 $t = K\Delta t$，节点 i、j 第 K 时序的水位用 $H_{i,j}^{K}$ 表示，节点 i、j 与节点 $i+1$、j 之间的平均导水系数以 $T_{i+1/2, j}^{K}$ 表示，其余依此类推。

由式（3-106）和式（3-107），对于承压含水层非稳定流运动，可以确定节点 i、j 的显式差分方程：

$$T_{i+\frac{1}{2}, j} \frac{H_{i+1, j}^{K} - H_{i,j}^{K}}{(\Delta x)^2} + T_{i-\frac{1}{2}, j} \frac{H_{i-1, j}^{K} - H_{i,j}^{K}}{(\Delta x)^2} + T_{i, j+\frac{1}{2}} \frac{H_{i, j+1}^{K} - H_{i,j}^{K}}{(\Delta y)^2} + T_{i, j-\frac{1}{2}} \frac{H_{i, j-1}^{K} - H_{i,j}^{K}}{(\Delta y)^2}$$

$$= \mu_{i,j} \frac{H_{i,j}^{K+1} - H_{i,j}^{K}}{\Delta t} - \varepsilon_{i,j}^{K} \tag{3-108}$$

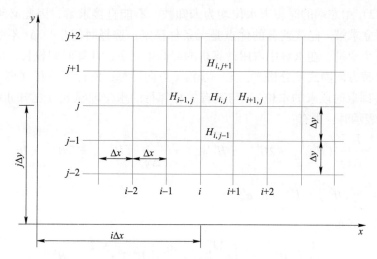

图 3-24 差分网格示意图

当导水系数变化不大时，可统一用 $T_{i,j}$ 表示，则上式可简化为：

$$H_{i,j}^{K+1} = \frac{T_{i,j}\Delta t}{\mu_{i,j}(\Delta x)^2}(H_{i+1,j}^{K} - 2H_{i,j}^{K} + H_{i-1,j}^{K}) +$$

$$\frac{T_{i,j}\Delta t}{\mu_{i,j}(\Delta y)^2}(H_{i,j+1}^{K} - 2H_{i,j}^{K} + H_{i,j-1}^{K}) + \frac{\varepsilon_{i,j}^{K}\Delta t}{\mu_{i,j}} + H_{i,j}^{K} \qquad (3\text{-}109)$$

式中，$\varepsilon_{i,j}$ 为在节点 i、j 处的垂直交换量，例如当 i、j 处进行抽水时，$\varepsilon_{i,j}$ 即为抽水强度。

差分方程式（3-109）的右端各项都是第 K 时序的水位，等号的左边为下一时序（$K+1$）的水位，当节点的各项参数 T、μ、ε 为已知数，可以由第 K 时序的水位直接计算求出下一时序的水位，这种差分格式称为显式差分。显式差分的优点是可以直接引用上一时刻的水位推算下一时刻的水位。这样逐个时段往下推算，便可算出任意要求时刻的水位，计算比较方便。但采用显式差分法计算时，对 Δx、Δy 以及 Δt 的大小有一定的要求，从理论上讲，Δx、Δy 以及 Δt 越小越精确，但计算工作量随之增加。在选择 Δx、Δy、Δt 时应满足下列关系：

$$\frac{T}{\mu}\left[\frac{1}{(\Delta x)^2} + \frac{1}{(\Delta y)^2}\right]\Delta t \leqslant \frac{1}{2} \qquad (3\text{-}110)$$

当 $\Delta x = \Delta y$ 时：

$$\frac{\mu(\Delta x)^2}{4T} \geqslant \Delta t \qquad (3\text{-}111)$$

当采用时段末水位的差商代替微商时，差分方程式具有"隐式差分"的格式。当导水系数可以统一用 $T_{i,j}$ 表示时有：

$$\frac{T_{i,j}}{(\Delta x)^2}(H_{i+1,j}^{K+1} - 2H_{i,j}^{K+1} + H_{i-1,j}^{K+1}) + \frac{T_{i,j}}{(\Delta y)^2}(H_{i,j+1}^{K+1} - 2H_{i,j}^{K+1} + H_{i,j-1}^{K+1}) - \mu_{i,j}\frac{H_{i,j}^{K+1}}{\Delta t}$$

$$= \mu_{i,j}\frac{H_{i,j}^{K}}{\Delta t} - \varepsilon_{i,j}^{K} \qquad (3\text{-}112)$$

式（3-112）中左端的时段末水位均为未知数，不能直接求解，因此必须列出全部节点的方程组联立求解。隐式差分的优点是无条件稳定，选择时间步长 Δt 不受限制。但每个方程均有五个变量，在求解中占用计算机的存储单元多，计算时间较长，因此在实际应用中常采用交替方向隐式差分格式：第一步沿 x 方向计算，所计算的行（即 j 行）的节点水位取隐式（即取时段末的水位），与其有关相邻行的水位取显式（已知水位），当 T 可用统一值 $T_{i,j}$ 表示时，则有：

$$\frac{T_{i,j}}{(\Delta x)^2}(H_{i+1,j}^{K+1} - 2H_{i,j}^{K+1} + H_{i-1,j}^{K+1}) + \frac{T_{i,j}}{(\Delta y)^2}(H_{i,j+1}^K - 2H_{i,j}^K + H_{i,j-1}^K)$$

$$= \frac{\mu_{i,j}}{\Delta t}(H_{i,j}^{K+1} - H_{i,j}^K) - \varepsilon_{ij}^K \tag{3-113}$$

合并同类项后得：

$$\frac{T_{i,j}}{(\Delta x)^2}H_{i-1,j}^{K+1} - \left[\frac{2T_{i,j}}{(\Delta x)^2} + \frac{\mu_{i,j}}{\Delta t}\right]H_{i,j}^{K+1} + \frac{T_{i,j}}{(\Delta x)^2}H_{i+1,j}^{K+1}$$

$$= -\frac{T_{i,j}}{(\Delta y)^2}(H_{i,j-1}^K - 2H_{i,j}^K + H_{i,j+1}^K) - \frac{\mu_{i,j}}{\Delta t}H_{i,j}^K - \varepsilon_{i,j}^K \tag{3-114}$$

式（3-114）中左端仅有三个未知数 $H_{i-1,j}^{K+1}$、$H_{i,j}^{K+1}$、$H_{i+1,j}^{K+1}$，其余为已知水文地质参数。或上一时段（或前次迭代结果）的水位均是已知数据。上式可以写成如下简单形式：

$$A_i H_{i-1,j}^{K+1} + B_i H_{i,j}^{K+1} + C_i H_{i+1,j}^{K+1} = D_i \tag{3-115}$$

沿 x 方向第 j 行共有 m 个节点，列出 m 个线性方程组，即可进行求解。沿 x 方向逐行水位取显式（已知水位），即有：

$$\frac{T_{i,j}}{(\Delta x)^2}(H_{i-1,j}^K - 2H_{i,j}^K + H_{i+1,j}^K) + \frac{T_{i,j}}{(\Delta y)^2}(H_{i,j-1}^{K+1} - 2H_{i,j}^{K+2} + H_{i,j+1}^{K+1}) = \frac{\mu_{i,j}}{\Delta t}(H_{i,j}^{K+1} - H_{i,j}^K) - \varepsilon_{i,j}^K$$

$$\tag{3-116}$$

上式同样可以简化成类似式（3-115）的形式：

$$A_j H_{i,j-1}^{K+1} + B_j H_{i,j}^{K+1} + C_j H_{i,j+1}^{K+1} = D_j \tag{3-117}$$

沿 y 方向第 i 行共有 n 个节点，列出 n 个线性方程组，即可求解。

对于每个时段开展交替计算，逐个时段计算到所求的时刻为止。交替方向隐式差分法的优点是把一个研究区域所有节点的联立方程组变成许多小的方程组求解，大大节约了计算时间和贮存单元，所以被广泛利用。计算时要依据不同边界条件，第一类边界是边界节点的水位是已知的，即由水位控制的边界，如图 3-25 中河边的节点水位等于已知的 H_a；第二类边界侧向补给的流量 q 为已知的，也就是由流量控制的边界，即：

$$q = T\frac{\partial H}{\partial n} \quad 或 \quad q \approx T\frac{\Delta H}{\Delta n} \tag{3-118}$$

式中，n 表示边界的法线方向，当 y 方向与边界平行时，法线方向即为 x 方向，因此：

$$q = T\frac{\partial H}{\partial x} \quad 或 \quad q \approx T\frac{\Delta H}{\Delta x} \tag{3-119}$$

如果边界点位于 j 行 m 列，则由上式可得：

$$H_{m,j} - H_{m-1,j} = \frac{q\Delta x}{T} \tag{3-120}$$

当该边界为隔水边界时，$q = 0$，则有 $H_{m,j} = H_{m-1,j}$。

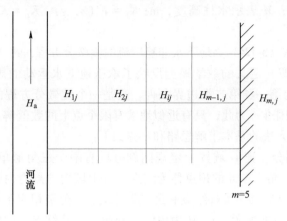

图 3-25 地下水边界条件示意图

列出差分方程式时，必然将边界节点的水位包括在内。以交替方向隐式差分法为例，沿 x 方向写出图 3-25 中第 i 行各节点的方程如下：

对于 $i = 1$，有 $A_1 H_{0,j} + B_1 H_{1,j} + C_1 H_{2,j} = D_1$，由于不存在节点 $(0, j)$，可令 $A_1 = 0$；而第一个节点，$H_{1,j} = H_a$，因而上式变成：

$$C_1 H_{2,j} = D_1 - B_1 H_a \tag{3-121}$$

由上式可立即求出 $H_{2,j}$，因为 C_1、B_1、D_1 及 H_a 均为已知值。

对于 $i = 2$：

$$A_2 H_{1,j} + B_2 H_{2,j} + C_2 H_{3,j} = D_2 \tag{3-122}$$

式中，$H_{1,j} = H_a$，而 $H_{2,j}$ 已经求出，仅有 $H_{3,j}$ 是未知的，因此可直接求解。

对于 $i = 3$：

$$A_3 H_{2,j} + B_3 H_{3,j} + C_3 H_{4,j} = D_3 \tag{3-123}$$

仅有 $H_{4,j}$ 是未知的，因此可直接求解。若右边为隔水边界，则有 $H_{4,j} = H_{5,j}$。总之，将边界已知条件列入交替方向隐式差分法的差分方程中，使求解更加直接和简便。

3.6.2 有限单元法

根据水量均衡原理建立一个特定区域的地下水非稳定流问题的数学模型（流入量−流出量＝储存量的变化量），实际上是一个偏微分方程的混合边值问题，表述如下：

$$\frac{\partial}{\partial x}\left(T_1 \frac{\partial h}{\partial x}\right) + \frac{\partial}{\partial y}\left(T_2 \frac{\partial h}{\partial y}\right) + \varepsilon - \sum_{r=1}^{n} Q_r(x - x_r, y - y_r) = \mu_e \frac{\partial h}{\partial t}$$

$$(x, y) \in G, t > 0 \tag{3-124}$$

$$h(x, y, t)\big|_{t=t_0} = h_0(x, y), \quad (x, y) \in G \tag{3-125}$$

$$h(x, y, t)\big|_{r_1} = h_1(x, y, t), \quad (x, y) \in \Gamma_1, \ t > t_0 \tag{3-126}$$

$$\left[T_1 \frac{\partial h}{\partial x}\cos(\bar{n}, x) + T_2 \frac{\partial h}{\partial y}\cos(\bar{n}, y)\right]_{\Gamma_2} = -q(x, y, t)$$

$$(x, y) \in \Gamma_2, \ t > t_0 \tag{3-127}$$

式中，$h = h(x, y, t)$ 表示 G 区域内任一时刻的水头或水位标高，m；$T_1 = K_1 M$、$T_2 = K_2 M$ 表示导水系数，m^2/d；M 表示水柱高度，m；$K_1 = K_1(x, y)$、$K_2 = K_2(x, y)$ 表示渗透系数，m/d。

在上述模型中，式（3-124）为地下水非稳定流的偏微分方程，式（3-125）为初始条件。式（3-124）~式（3-127）定义的数学模型反映了承压地下水运动的规律，式（3-126）和式（3-127）则分别为第一和第二类边界条件。这是一个偏微分方程的混合边值问题，采用解析法求解还十分困难。为此，只有近似地求有限个点上的数值解，采用数值方法中的有限单元法。有限单元法的基本求解思路和步骤如下：

（1）有限单元剖分。把 G 域按一定规则剖分成有限个三角形单元 $\Delta_i (i = 1, 2, \cdots, m, m+1, \cdots, n)$。三角形单元的顶点称为结点，其中域内结点为内结点，边界上的结点为外结点，外结点又分成第一类外结点和第二类外结点，分别相应于第一类边界和第二类边界上的结点。如图 3-26 所示，$1 \sim M$ 为内结点和第二类外结点，$(M+1) \sim N$ 为第一类外结点。

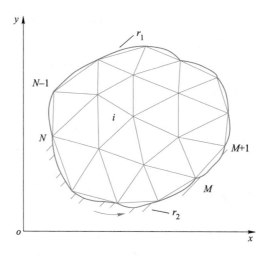

图 3-26　有限单元剖分示意图

（2）水头离散。将每个三角形单元 Δ_i 的水头 h_i，应用线性插值函数 $h_i = a_i + b_i x + c_i y$ 和 Galerkin 法进行离散，并构造面积坐标函数 $\varphi_i(x, y)$，这样把上述数学模型化为积分方程：

$$\iint_G \left[T \left(\frac{\partial \varphi_i}{\partial x} \frac{\partial h_i}{\partial x} + \frac{\partial \varphi_i}{\partial y} \frac{\partial h_i}{\partial y} \right) + \left(q' + \mu_e \frac{\partial h_i}{\partial t} \right) \varphi_i \right] \mathrm{d}x\mathrm{d}y$$

$$= -\int_\Gamma T \left[\frac{\partial h_i}{\partial x} \cos(n, x) + \frac{\partial h_i}{\partial y} \cos(n, y) \right] \varphi_i \mathrm{d}\Gamma_i \qquad (3\text{-}128)$$

式中，$q'(x, y, t) = \varepsilon - \sum\limits_{r=1}^{n} Q_r \delta(x - x_r, y - y_r)$。

（3）地下水位预报方程组的建立。对式（3-128）中的面积坐标函数 φ_i 和水头离散函数 h_i 进行运算，又可将积分方程式（3-128）转化为线性矩阵方程：

$$\sum_{i=1}^{n} T_i (B_i B_i' + C_i C_i') \Delta_i H_n(t) + \sum_{i=1}^{n} \mu_{ei} \int_{\Delta_i} \int N_i N_i' \mathrm{d}x\mathrm{d}y \frac{\mathrm{d}}{\mathrm{d}t} H_n(t)$$

$$= \sum_{i=1}^{n} \varepsilon_i \int_{\Delta_i}\!\!\int N_i \mathrm{d}x\mathrm{d}y - \sum_{i=1}^{n} \int_{\Delta_i}\!\!\int \Big[\sum_{r=1}^{n} Q_r \delta(x - x_r,\ y - y_r) \Big] N_i \mathrm{d}x\mathrm{d}y + \sum_{i=1}^{n} \int_{r_i} Q_i N_i \mathrm{d}\Gamma_i \qquad (3\text{-}129)$$

式中，N、B 和 C 均为（$n\times1$）维矩阵，其元系分别由 φ、$\dfrac{\partial\varphi}{\partial x}$ 及 $\dfrac{\partial\varphi}{\partial y}$ 组成，而 N'、B' 和 C' 则分别为 N、B 和 C 的转置。$H_n(t)$ 为（$n\times1$）维的水头矩阵。Δ_i 为第 i 个三角形单元的面积。

$$A_n = \sum_{i=1}^{n} T_i (B_i B_i' + C_i C_i') \Delta_i \qquad (3\text{-}130)$$

$$B_n = \sum_{i=1}^{n} \mu_e \int_{\Delta_i}\!\!\int N_i N_i' \mathrm{d}x\mathrm{d}y \qquad (3\text{-}131)$$

$$C_n = \sum_{i=1}^{n} \varepsilon_i \int_{\Delta_i}\!\!\int N_i \mathrm{d}x\mathrm{d}y - \sum_{i=1}^{n} \int_{\Delta_i}\!\!\int \Big[\sum_{r=1}^{n} Q_r \delta(x - x_r,\ y - y_r) \Big] N_i \mathrm{d}x\mathrm{d}y + \sum_{i=1}^{n} \int_{r_i} Q_i N_i \mathrm{d}\Gamma_i$$

$$(3\text{-}132)$$

则式（3-129）可以改写成：

$$A_n H_n(t) + B_n \frac{\mathrm{d}}{\mathrm{d}t} H_n(t) = C_n(t) \qquad (3\text{-}133)$$

考虑了给定的初值条件，即构成了常微分方程组的初值问题，这一问题的解也就是原模型式（3-124）~式（3-127）的解。本模型作为混合边值问题来处理，此时 N 个结点水头值中，前 M 个是未知的，而后（$N-M$）个则是已知的边界水头值。这样可把 A、B、C 与 H 各矩阵均分成两块，即未知块 A_M、B_M、C_M 和 H_M 及已知块 A_{NM}、B_{NM}、C_{NM} 和 H_{NM}，进而再把未知函数 $H_M(t)$ 和已知函数 $H_{NM}(t)$ 分开，采用数值法中的梯形法求解得到与原模型等价的代数方程组及其初值问题，这就是有限单元法所使用的水头计算方程组，即：

$$\Big(\frac{A_M}{2} + \frac{B_M}{\Delta t}\Big) H_M(t_1) = \Big(\frac{B_N}{\Delta t} - \frac{A_N}{2}\Big) H_N(t_0) - \Big(\frac{A_{NM}}{2} + \frac{B_{NM}}{\Delta t}\Big) N_{NM}(t_1) + C_N \qquad (3\text{-}134)$$

$$H_M(t) \big|_{t=t_0} = H_M(t_0) \qquad (3\text{-}135)$$

式中，$\Big(\dfrac{A_M}{2} + \dfrac{B_M}{\Delta t}\Big)$ 为 M 维对称正定矩阵，因此其解 $H_M(t_1)$ 存在且唯一，可用消去法求得。利用式（3-134）的水头（或水位）预报方程组，在已知边界结点的水头条件下，即可预报未知结点的水头值。此外，它也可用于验证区域含水层参数和预报开采量等。

—— 本 章 小 结 ——

（1）地下水在岩土介质空隙中的渗透流动称为渗流。地下水的运动状态可区分为层流和紊流两种流态，层流表示在运动过程地下水的流线呈规则层状流动，紊流则表示流线相互混杂无规则的流动，由层流过渡到紊流式的临界雷诺数在 60~150 范围内。

（2）流网是指渗流场某一典型剖面或平面上，由一系列等水头线与流线组成的网格，其中流线是指渗流场中某一瞬时由所有流体质点组成的一条线，线上各水质点在此瞬时的流向均与此线相切；等水头线则是某时刻渗流场中水头相等各点的连线，其反映了渗流场中水势场的分布特征。

（3）达西定律是描述饱和岩土介质中水的渗流速度与水力梯度之间线性关系的定律，又称线性渗流定律。渗透系数即为单位水力梯度下地下水渗透流速。水力梯度为定值时，渗透系数越大，渗透流速就越大；渗透流速为定值时，渗透系数越大，水力梯度越小。渗透系数可定量说明岩土介质的渗透性能，渗透系数越大，岩土介质的透水能力越强。

（4）研究地下水稳定流运动的基本方程是裘布依公式，本质上是水力梯度采用导数形式表示的达西定律，以此为基础可进一步推导地下水在均质岩层、非均质岩层及竖井等地质环境中的运动方程及基本定律。

（5）含水层参数率定模型是建立在地下水长期观测资料基础上，以地下水水量均衡原理为依据，而且考虑到地下水位的动态变化是地表水和地下水及大气降水相互作用后的综合效应的结果。含水层稳定流及非稳定流参数可通过对应的抽水实验来确定。

（6）为真实反映现实含水层的复杂面貌及地下水渗流规律，可采用数值分析方法，将含水层边界和初值条件复杂的偏微分方程简化为简单的线性方程组，进而借助有限差分法或者有限单元法模拟地下水在复杂地质环境下的渗流规律。

思　考　题

1. 简述达西定律内容、适用条件及实验方法。
2. 阐述流网绘制原则，能够绘制特定地质环境下的流网并比较不同空间位置流量、水位及水力梯度。
3. 比较均质岩层与非均质岩层中地下水运动方程的差异。
4. 简述含水层参数确定试验方法。
5. 图 3-27 示为一非均质河间地块，设河间断面是 K_1 和 K_2 的分界面，且 $K_1 > K_2$，均匀入渗，平面上流线平行，隔水底板水平。两河的河水位相等，即 $h_1 = h_2$。绘制流网并分析分水岭位置。

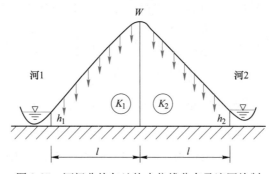

图 3-27　河间非均匀地块水位线分布及流网绘制

6. 图 3-28 中承压含水层中，绘制流网并判断 A、B、C、D、E、F 位置水头大小排序。

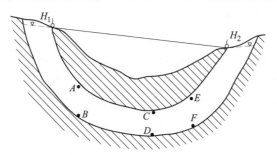

图 3-28　承压含水层中水头分布

7. 图 3-29 中河间地块两侧河流水位不等，绘制水位分布线及流网。

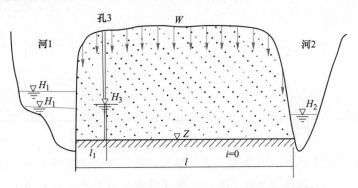

图 3-29 河间地块两侧河流水位不等条件下流网绘制

8. 图 3-30 中河间地块降雨不均匀条件下水位分布及流网绘制。

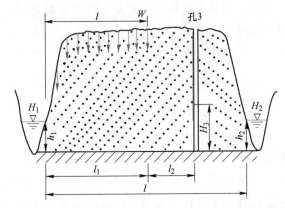

图 3-30 河间地块降雨不均匀条件下水位分布及流网绘制

4 地下水化学特征与生态环境

本章课件

本章提要

　　地下水是地球元素迁移、分散与富集的载体。地下水化学成分是地下水与环境长期相互作用的产物，一个地区地下水化学面貌反映了该地区地下水的历史演变。地下水化学作用包括溶滤作用、浓缩作用、脱碳酸作用和脱硫酸作用。溶滤水、沉积水和内生水在离子成分方面具有显著差异。地下水化学分类及离子特征可通过舒卡列夫分类法和派珀图解法来表示。地下水污染评价以污染物质随地下水流运动特征为基础，为系统分析研究矿山地下水与生态环境，以及矿山地下水循环利用提供依据。

4.1　地下水的化学成分及其形成作用

　　地下水与岩石发生化学反应，与大气圈、水圈和生物圈进行水量交换和化学成分交换。地下水是良好溶剂，在渗流沿途不断溶解和搬运岩土组分，并在特定情况下从水中将某些组分析出。地下水是地球元素迁移、分散与富集的载体，许多地质过程都涉及地下水的化学作用。

　　地下水化学成分是地下水中各类化学物质的总称，包括离子、气体、有机物、微生物、胶体以及同位素等成分。地下水化学成分是地下水与环境长期相互作用的产物。一个地区地下水化学面貌，反映了该地区地下水的历史演变。人类活动对地下水化学成分的影响，虽然只占悠长地质历史极短的时间，然而在许多情况下这种影响已深刻改变了地下水的化学面貌。研究地下水的化学成分，可以帮助了解一个地区的水文地质历史，阐明地下水的起源形成与分布规律，形成一个完整的地下水质量评价体系。

　　地下水化学成分的演变具有时间上的继承性和空间上的差异性，自然地理与地质历史深刻影响地下水化学面貌。因此，不能从纯化学角度，孤立、静止地研究地下水化学成分及其形成过程，必须从地下水与环境长期相互作用的角度，去揭示地下水化学成分演变的内在依据与规律。

　　由于地下水存在不同的离子、分子、化合物、气体等成分，使地下水具有各种化学性质。地下水中经常出现、分布较广、含量较多并能决定地下水化学基本类型和特点的元素称为常量元素；地下水中出现较少、分布局限、含量较低的化学元素称为微量元素，其不能决定地下水的化学类型，但可赋予地下水一些特殊性质和功能。

4.1.1 地下水的主要气体成分

地下水中常见的气体成分有 O_2、N_2、CO_2、CH_4，以及 H_2S 等，尤其以前三种为主。通常情况下地下水中气体含量不高，每升水中只有几毫克到几十毫克，但意义十分重要。一方面，气体成分能够说明地下水所处的地球化学环境；另一方面，地下水中的某些气体会增加水溶解盐类的能力，促进某些化学反应。

（1）氧（O_2）、氮（N_2）。地下水中的氧气和氮气主要来源于大气，随同大气降水及地表水补给进入地下水。因此，以入渗补给为主，且与大气圈关系密切的地下水中含 O_2、N_2 较多。

溶解氧含量越多，说明地下水处于氧化地球化学环境。O_2 的化学性质较 N_2 活泼，在较封闭的环境中，O_2 将耗尽而只留下 N_2。因此，N_2 单独存在，通常可说明地下水起源于大气并处于还原环境。大气中的惰性气体（Ar、Kr、Xe）与 N_2 的比例恒定，即（Ar+Kr+Xe）$/N_2 = 0.0118$。如果比值等于 0.0118，说明 N_2 是大气起源；小于 0.0118，则表明地下水含有生物起源或者变质起源的 N_2。

（2）硫化氢（H_2S）、甲烷（CH_4）。地下水中出现 H_2S 和 CH_4，其意义恰好与出现 O_2 相反，说明处于还原地球化学环境。这两种气体形成于与大气隔绝的环境中，且与有机物及微生物参与的生物化学过程有关。其中，H_2S 是 SO_4^{2-} 的还原产物。

（3）二氧化碳（CO_2）。作为地下水补给源的降水和地表水虽然也含 CO_2，但其含量通常较低。地下水中的 CO_2 主要来源于岩土介质。有机质残骸的发酵作用与植物的呼吸作用使岩土体中源源不断产生 CO_2，并溶入流经的地下水中。地下水中含 CO_2 越多，其溶解碳酸盐岩的能力便越强。

含碳酸盐类的岩石，在深部高温下，也可以变质生成 CO_2：

$$CaCO_3 \longrightarrow CaO + CO_2 \tag{4-1}$$

工业与生活中应用化学燃料（煤、石油、天然气），使大气中人为产生的 CO_2 明显增加，由此引起了温室效应并使气温上升。

4.1.2 地下水中的离子成分

地下水中常见的、含量较多的离子成分中，阴离子主要有 Cl^-、SO_4^{2-}、HCO_3^-，阳离子主要有 Ca^{2+}、Mg^{2+}、Na^+ 和 K^+。构成这些离子的元素，或者是地壳中含量较多，且较易溶于水的（如 Ca^{2+}、Mg^{2+}、Na^+ 和 K^+），或是地壳中含量虽然不是很大，但极易溶于水的（Cl^-、以 SO_4^{2-} 形式出现的 S）。地壳中含量很高的 Si、Al、Fe 等元素，由于难溶于水，在地下水中含量通常不大。

4.1.2.1 氯离子（Cl^-）

氯离子在地下水中分布广泛，其特点是不为植物和细菌摄取，且不被岩土颗粒表面吸附。氯盐溶解度较大，不易沉淀析出，在地下水中稳定存在，通常随地下水流程的增加而增大，因而常用来说明地下水化学演变过程。一般在低矿化水中含量仅数毫克/升到数十毫克/升，高矿化水中可达数克/升乃至 100g/L 以上（表 4-1）。

表 4-1　地下水中常见盐类的溶解度　　　（g/L）

盐类	溶解度	盐类	溶解度
NaCl	350	$MgSO_4$	270
KCl	290	$CaCO_3$	1.9
$MgCl_2$	558.1（18℃）	$NaCO_3$	193.9（18℃）
$CaCl_2$	731.9（18℃）	$MgCO_3$	0.1
Na_2SO_4	50		

地下水中的 Cl^- 主要有以下几种来源：

（1）来自沉积岩中所含岩盐或其他氯化物的溶解；

（2）来自岩浆岩中含氯矿物的风化溶解；

（3）来自海水：海水补给地下水，或者来自海面的风将细沫状的海水带到陆地，使地下水中的 Cl^- 增多；

（4）人为污染：工业、生活污水中含有大量 Cl^-。因此，居民点附近矿化度不高的地下水中，如发现 Cl^- 的含量超过寻常，则说明很可能已受到污染。

4.1.2.2　硫酸根离子（SO_4^{2-}）

在高矿化水中，硫酸根离子的含量仅次于 Cl^-，可达数克/升，个别达数十克/升；在低矿化水中，一般含量仅数毫克/升；中等矿化的水中，SO_4^{2-} 常成为含量最多的阴离子。

地下水中的 SO_4^{2-} 来自硫酸盐成分的可溶岩。硫化物的氧化则使本来难溶于水的 S 以 SO_4^{2-} 形式大量进入水中。例如流经黄铁矿地层的地下水往往以 SO_4^{2-} 为主，金属硫化物矿床附近的地下水也常含大量 SO_4^{2-}。化石燃料的燃烧给大气提供了人为产生的 SO_2，可形成酸雨降至地表入渗，从而使地下水中的 SO_4^{2-} 增加。由于 $CaSO_4$ 的溶解度较小，限制了 SO_4^{2-} 在水中的含量。地下水中的 SO_4^{2-} 远不如 Cl^- 来得稳定，最高含量也远低于 Cl^-。

$$2FeS_2 + 7O_2 + 2H_2O \longrightarrow 2FeSO_4 + 4H^+ + 2SO_4^{2-} \tag{4-2}$$

4.1.2.3　重碳酸根离子（HCO_3^-）

地下水中的重碳酸离子有几个来源。首先来自含碳酸盐的沉积岩与变质岩（如大理岩）：

$$CaCO_3 + H_2O + CO_2 \longrightarrow 2HCO_3^- + Ca^{2+} \tag{4-3}$$

$$MgCO_3 + H_2O + CO_2 \longrightarrow 2HCO_3^- + Mg^{2+} \tag{4-4}$$

$CaCO_3$ 和 $MgCO_3$ 难溶于水，当水中有 CO_2 存在时方有一定数量溶解于水，水中 HCO_3^- 的含量取决于与 CO_2 含量的平衡关系。

岩浆岩与变质岩地区，HCO_3^- 主要来自铝硅酸盐矿物的风化溶解，如钠长石和钙长石：

$$Na_2Al_2Si_6O_{16} + 2CO_2 + 3H_2O \longrightarrow 2HCO_3^- + 2Na^+ + H_4Al_2Si_2O_9 + 4SiO_2 \tag{4-5}$$

$$CaO \cdot 2Al_2O_3 \cdot 4SiO_2 + 2CO_2 + 5H_2O \longrightarrow 2HCO_3^- + Ca^{2+} + 2H_4Al_2Si_2O_9 \tag{4-6}$$

地下水中 HCO_3^- 的含量一般不超过数百毫克/升，HCO_3^- 几乎总是低矿化水的主要阴离子成分。

4.1.2.4　钠离子（Na^+）

钠离子在低矿化水中的含量一般很低，仅数毫克/升到数十毫克/升，但在高矿化水中则是主要的阳离子，其含量最高可达数十克/升。

Na⁺来自沉积岩中岩盐及其他钠盐的溶解，还可以来自海水。在岩浆岩和变质岩地区，则来自含钠矿物的风化溶解。酸性岩浆岩中有大量含钠矿物，如钠长石，因此，在 CO_2 和 H_2O 的参与下，将形成低矿化的 Na^+ 及 HCO_3^- 为主的地下水。由于 Na_2CO_3 的溶解度比较大，故当阳离子以 Na^+ 为主时，水中 HCO_3^- 的含量可超过与 Ca^{2+} 伴生时的上限。

4.1.2.5 钾离子（K^+）

钾离子的来源以及在地下水中的分布特点与钠离子相近，它来自含钾盐类沉积岩的溶解，以及岩浆岩、变质岩中含钾矿物的风化溶解。在低矿化水中含量很少，而在高矿化水中含量较多。虽然在地壳中钾的含量与钠相近，钾盐的溶解度也相当大。但是在地下水中 K^+ 的含量要比 Na^+ 少得多，这是因为 K^+ 大量参与形成不溶于水的次生矿物（水云母、蒙脱石、绢云母），并易为植物所摄取。由于 K^+ 的性质与 Na^+ 相近，含量少，一般情况下将 K^+ 归并到 Na^+ 中，不另区分。

4.1.2.6 钙离子（Ca^{2+}）

钙离子是低矿化地下水中的主要阳离子，其含量一般不超过数百毫克/升。在高矿化水中，由于阴离子主要是 Cl^-，而 $CaCl_2$ 的溶解度相当大，故 Ca^{2+} 的绝对含量显著增大，但通常仍远低于 Na^+。矿化度格外高的水，钙离子也可成为主要离子。

4.1.2.7 镁离子（Mg^{2+}）

镁的来源及其在地下水中的分布与钙相近。来源于含镁的碳酸盐类沉积（白云岩、泥灰岩）。此外，还来自岩浆岩、变质岩中含镁矿化物的风化溶解，如：

$$(Mg \cdot Fe)SiO_4 + 2H_2O + 2CO_2 \longrightarrow MgCO_3 + FeCO_3 + Si(OH)_4 \qquad (4-7)$$

$$MgCO_3 + H_2O + CO_2 \longrightarrow Mg^{2+} + 2HCO_3^- \qquad (4-8)$$

Mg^{2+} 在低矿化水中含量通常较 Ca^{2+} 少，通常不成为地下水中的主要离子，部分原因是地壳组成中 Mg^{2+} 比 Ca^{2+} 少。

4.1.3 地下水中的其他成分

除了以上主要离子成分外，地下水中还有一些次要离子及其他组分，如 H^+、Fe^{2+}、Fe^{3+}、Mn^{2+}、NH_4^+、OH^-、NO_2^-、NO_3^-、CO_3^{2-}、SiO_3^{2-}，以及 PO_4^{3-} 等。地下水中的微量组分，有 Br、I、F、B、Sr 等。地下水中以未离解的化合物构成的胶体，主要有 $Fe(OH)_3$、$Al(OH)_3$ 及 H_2SiO_3 等，有时可占到相当比例。有机质也经常以胶体方式存在于地下水中，有机质的存在常使地下水酸度增加，有利于还原作用。地下水中还存在各种微生物，例如在氧化环境中存在硫细菌、铁细菌等，在还原环境中存在脱硫细菌等。此外，在污染水中还有各种致病细菌。

4.1.4 矿化度与硬度

地下水中所含各种离子、分子与化合物的总量称为总矿化度，以每升中所含克数（g/L）表示。为了便于比较不同地下水的矿化程度，习惯上以 105~110℃ 时将水蒸干所得的干涸残余物总量来表征总矿化度。也可以将分析所得阴阳离子含量相加，求得理论干涸残余物值。在蒸干时有将近一半的 HCO_3^- 分解生成 CO_2 及 H_2O 而逸失，因此阴阳离子相加时，HCO_3^- 只取重量的半数。按照矿化度可将地下水分为淡水、微咸水、咸水、盐水及卤水五类，见表4-2。

表 4-2   按矿化度对水的分类

矿化度/g·L^{-1}	<1.0	1~3	3~10	10~50	>50
地下水类别	淡水	微咸水	咸水	盐水	卤水

总体而言，氯盐的溶解度最大，其次是硫酸盐的溶解度，碳酸盐的溶解度最小，特别是钙、镁的碳酸盐的溶解度最小。随着矿化度的增加，钙镁的碳酸盐首先达到饱和析出，继续增大时，钙的硫酸盐也饱和析出，因此高矿化水中便以易溶的氯和钠占优，由于氯化钙的溶解度更大，因此在矿化度异常高的地下水中以氯离子和钙离子为主。

水中 Ca^{2+}、Mg^{2+} 含量的多少用硬度来表示。硬度可区分为总硬度、暂时硬度和永久硬度。水中所含 Ca^{2+}、Mg^{2+} 的总量称为总硬度；在水加热沸腾时，由于形成碳酸盐沉淀而使水失去一部分 Ca^{2+}、Mg^{2+}，这些失去的 Ca^{2+}、Mg^{2+} 的数量称为暂时硬度；水沸腾之后仍留在水中的 Ca^{2+}、Mg^{2+} 的含量，它等于总硬度与暂时硬度之差，称为永久硬度。

水的硬度的大小，可用毫克当量（meq）为单位来表示，毫克当量是某物质和1mg 氢的化学活性或化合力相当的量。按照硬度，地下水可分为极软水、软水、微硬水、硬水、极硬水五类，见表4-3。

表 4-3   地下水硬度分类

地下水类别	硬度/meq·L^{-1}
极软水	<1.5
软水	1.5~3.0
微硬水	3.0~6.0
硬水	6.0~9.0
极硬水	>9.0

4.2   地下水的化学作用

4.2.1   地下水的溶滤作用

在水与岩土介质相互作用下，岩土中一部分物质转入地下水中，称为溶滤作用。溶滤作用的结果是岩土失去一部分可溶物质，地下水则补充了新的组分。

水是由一个带负电的氧离子和两个带正电的氢离子组成的。由于氢和氧分布不对称，在接近氧离子一端形成负极，氢离子一端形成正极，成为偶极分子。岩土与水接触时，组成结晶格架的盐类离子，被水分子带相反电荷的一端所吸引，当水分子对离子的引力足以克服结晶格架中离子间的引力时，离子脱离晶架，被水分子所包围，溶入水中。

实际上当矿物盐类与水溶液接触时，同时发生两种方向相反的作用：溶解作用与结晶作用。前者使离子由结晶格架转入水中，后者使离子由溶液中固着于晶体格架上。随着溶液中盐类离子增加，结晶作用加强，溶解作用减弱。当同一时间内溶解与析出的盐量相等时，溶液达到饱和，此时溶液中某种盐类的含量即为其溶解度。

不同盐类，结晶格架中离子间的吸引力不同，因而具有不同的溶解度。随着温度上升，结晶格架内离子的振荡运动加剧，离子间引力削弱，水的极化分子易于将离子从结晶格架上拉出。盐类溶解度通常随温度上升而增大，如图 4-1 所示。但是某些盐类例外，如 Na_2SO_4 在温度上升时，由于矿物结晶中的水分子逸出，离子间引力增大，溶解度反而降低。$CaCO_3$ 及 $MgCO_3$ 的溶解度也随温度上升而降低，这与脱碳酸作用有关。

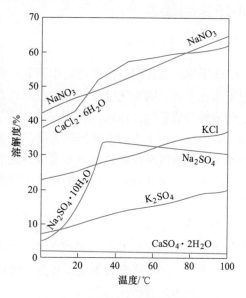

图 4-1　盐类溶解与温度的关系

溶滤作用的强度，即岩土中的组分转入水中的速率，取决于一系列因素。首先取决于组成岩土的矿物盐类的溶解度。含岩盐沉积物中的 NaCl 可迅速转入地下水中，而以 SiO_2 为主要成分的石英岩，是很难溶于水的。岩土的空隙特征是影响溶滤作用的另一因素。缺乏裂隙的致密基岩，水难以与矿物盐类接触，溶滤作用便也无从发生。水的溶解能力决定着溶滤作用的强度。如前所述，水对某种盐类的溶解能力随该盐类浓度增加而减弱。某一盐类的浓度达到其溶解度时，水对此盐类便失去溶解能力。因此总体而言，低矿化水溶解能力强而高矿化水弱。水中 CO_2、O_2 等气体成分的含量决定着某些盐类的溶解能力。水中 CO_2 含量越高，溶解碳酸盐及硅酸盐的能力越强。O_2 的含量越高，水溶解硫化物的能力越强。水的流动状况是影响其溶解能力的一个关键因素。流动停滞的地下水，随着时间推移，水中溶解盐类增多，CO_2、O_2 等气体耗失，最终将失去溶解能力，溶滤作用便告终止。地下水流动迅速时，矿化度低的、含有大量 CO_2 和 O_2 的大气降水和地表水，不断入渗更新含水层中原有的溶解能力下降的水，维持地下水的强溶解能力，岩土中的组分不断向水中转移，溶滤作用便持续发挥作用。由此可知，地下水的径流与交替强度是决定溶滤作用强度的最活跃最关键的因素。

实际应用中不应将溶滤作用等同于纯化学的溶解作用。溶滤作用是一种与一定的自然地理与地质环境相联系的历史过程。经受构造变动与剥蚀作用的岩层，接受来自大气圈及地表水圈的入渗水补给而开始其溶滤过程。设想岩层中原来包括氯化物、硫酸盐、碳酸盐及硅酸盐等各种矿物盐类，开始阶段氯化物最易于由岩层转入水中，而成为地下水中主要化学组分。随着溶滤作用延续，岩层含有的氯化物由于不断转入水中并被水流带走而贫化，相对易溶的硫酸盐成为迁入水中的主要组分。溶滤作用长期持续，岩层中保留下来的几乎只是难溶的碳酸盐及硅酸盐，地下水的化学成分当然也就以碳酸盐及硅酸盐为主。因此，一个地区经受溶滤作用越强烈，时间越长久，地下水的矿化度越低，越是以难溶离子为其主要成分。

除了时间上的阶段性，溶滤作用还显示出空间上的差异性。气候越是潮湿多雨，地质构造的开启性越好，岩层的导水能力越强，地形切割越强烈，地下径流与水交替越迅速，岩层经受的溶滤便越充分，保留的易溶盐类便越贫乏，地下水的矿化度越低，难溶离子的相对含量也就越高。

4.2.2　地下水的浓缩作用

地下水浓缩作用是指在蒸发作用下，水分不断失去，盐分相对浓集，而引起的一系列地下水化学成分的变化过程。溶滤作用将岩土中的某些成分溶入水中，地下水的流动又把这些溶解物质带到排泄区。在干旱半干旱地区的平原与盆地的低洼处，地下水位埋藏不深，蒸发成为地下水的主要排泄去路。由于蒸发作用只排走水分，盐分仍保留在余下的地下水中，随着时间延续，地下水溶液逐渐浓缩，矿化度不断增大。与此同时，随着地下水矿化度上升，溶解度较小的盐类在水中相继达到饱和而沉淀析出，易溶盐类的离子逐渐成为水中主要成分。

地下水未经蒸发浓缩前一般为低矿化水，阴离子以 HCO_3^- 为主，其次是 SO_4^{2-}，Cl^- 的含量很小。阳离子以 Ca^{2+} 与 Mg^{2+} 为主。随着蒸发浓缩，溶解度小的钙、镁的重碳酸盐部分析出，SO_4^{2-} 及 Na^+ 逐渐成为主要成分。继续浓缩导致水中硫酸盐达到饱和析出，便形成以 Cl^-、Na^+ 为主的高矿化水。

浓缩作用一般发生于干旱或半干旱的气候，低平地势控制下较浅的地下水位埋深，以及有利于毛细作用的颗粒细小的松散岩土介质。浓缩作用往往与地下水流动系统的排泄区密切相关，因为只有水分源源不断地向某一范围供应，才能从别处带来大量的盐分，并使其集聚。干旱气候下浓缩作用的规模从根本上说取决于地下水流动系统的空间尺度以及其持续的时间尺度。当上述条件都具备时，浓缩作用十分强烈，有的情况下可以形成极高矿化度的地下咸水。

4.2.3　地下水的脱碳酸作用

水中 CO_2 的溶解度受环境的温度和压力控制。CO_2 的溶解度随温度升高或压力降低而减小，一部分 CO_2 便成为游离 CO_2 从水中逸出，这便是脱碳酸作用。

$$Ca^{2+} + 2HCO_3^- \longrightarrow CO_2 \uparrow + H_2O + CaCO_3 \downarrow \tag{4-9}$$

$$Mg^{2+} + 2HCO_3^- \longrightarrow CO_2 \uparrow + H_2O + MgCO_3 \downarrow \tag{4-10}$$

脱碳酸作用导致地下水中 HCO_3^- 及 Ca^{2+}、Mg^{2+} 减少，矿化度降低。深部地下水上升成泉，泉口往往形成钙华，这便是脱碳酸作用的结果。温度较高的深层地下水，由于脱碳酸作用使 Ca^{2+}、Mg^{2+} 从水中析出，阳离子通常以 Na^+ 为主。

4.2.4　地下水的脱硫酸作用

在还原环境中，当有有机质存在时，脱硫酸细菌能使 SO_4^{2-} 还原为 H_2S：

$$SO_4^{2-} + 2C + 2H_2O \longrightarrow H_2O + 2HCO_3^- \tag{4-11}$$

结果使地下水中 SO_4^{2-} 减少以至消失，HCO_3^- 增加，pH 值变大。封闭的地质构造，如储油构造，是产生脱硫酸作用的有利环境。因此，某些油田水中出现 H_2S，而 SO_4^{2-} 含量很低，这一特征可以作为寻找油田的辅助标志。

4.3　不同类型地下水离子成分特征

4.3.1　溶滤水离子成分特征

富含 CO_2 与 O_2 的入渗成因地下水，溶滤其所流经的岩土而获得其主要化学成分，这种水称为溶滤水。溶滤水的成分受到岩性、气候、地貌等因素的影响。岩性对溶滤水的影响显而易见，石灰岩、白云岩分布区的地下水，HCO_3^-、Ca^{2+}、Mg^{2+} 为其主要成分。含石膏的沉积岩区，水中 SO_4^{2-} 与 Ca^{2+} 均较多。酸性岩浆岩地区的地下水，大都为 HCO_3^- 型水。基性岩浆岩地区地下水中常富含 Mg^{2+}。金属矿床分布区多形成硫酸盐水。

如果认为地下水流经某种岩土介质，必定具有特定化学成分，可能导致错误结论。岩土的各种组分其迁移能力各不相同，在潮湿气候下，原来含有大量易溶盐类的沉积物，经过长时期充分溶滤，易迁移的离子溶滤比较充分，随时间发展所能溶滤的主要是难以迁移的组分。因此在潮湿气候区，尽管原来地层中所含的组分很不相同，但其浅表部在丰沛降水的充分溶滤作用下，最终浅层地下水很可能是低矿化重碳酸水。另一方面，干旱气候下平原盆地的排泄区，由于地下水不断携带各种盐类，水分不断蒸发，浅部地下水中盐分不断积累，不论其初始岩性有何差异，最终都将形成高矿化的氯化物水。从大范围来说，溶滤作用主要受控于气候，显示出受气候控制的分带性。

地形因素往往会干扰气候控制的分带性。这是因为在切割强烈的山区，流动迅速、流程短的局部地下水系统发育。地下水径流条件好，水交替迅速，即使在干旱地区也不会发生浓缩作用，因此常形成低矿化的以难溶离子为主的地下水。地势低平的平原与盆地，地下水径流微弱，水交替缓慢，地下水的矿化度及易溶离子比例均较高。

干旱地区的山间堆积盆地，气候、岩性、地形表现为统一的分带性，地下水化学分带也最为典型。山前地区气候相对湿润，岩土颗粒粗大，地形坡度也大；向盆地中心，气候转为干旱，岩土颗粒细小，地势低平。因此，从盆地边缘洪积扇顶部的低矿化重碳酸盐水带，到过渡地带的中等矿化硫酸盐水，盆地中心则是高矿化的氯化物水。

绝大部分地下水属于溶滤水，包括潜水与承压水。位置较浅或构造开启性好的含水系统，由于其径流途径短，流动相对较快，溶滤作用发育，多形成低矿化的重碳酸盐水。构造较为封闭且位置较深的含水系统，则形成矿化度较高、易溶离子为主的地下水。同一含水系统的不同部位，由于径流条件与流程长短不同，水交替程度不同，从而出现水平或垂向的水化学分带。

4.3.2　沉积水离子成分特征

沉积水是指与沉积物同时形成的古地下水。河、湖、海沉积物中的水具有不同的原始成分，在漫长的地质年代中水质又经历一系列复杂的变化，以海相淤泥为例：

海相淤泥通常含大量有机质和各种微生物，处于缺氧环境，有利于生物化学作用。海水的平均化学成分是矿化度 35g/L 的氯化钠水。由于经历一系列后期变化，海相淤泥沉积水与海水比较有以下不同：

（1）矿化度很高，最高可达 300g/L；

（2）硫酸根离子减少乃至消失；

（3）钙离子的相对含量增大，钠离子相对含量减少；

（4）溴与碘的含量升高；

（5）出现硫化氢、甲烷、氮；

（6）pH 值增高。

海相沉积水矿化度的增大，一般认为是海水在潟湖中蒸发浓缩所致。脱硫酸作用使原始海水中的 SO_4^{2-} 减少以至消失，出现 H_2S，水中 HCO_3^- 增加，水的 pH 值提高。一部分 Ca^{2+}、Mg^{2+} 与 HCO_3^- 作用生成 $CaCO_3$ 与 $MgCO_3$ 沉淀析出，Ca^{2+} 与 Mg^{2+} 减少，水与淤泥间阳离子吸附平衡破坏，淤泥吸附的部分 Ca^{2+} 转入水中，水中部分 Na^+ 被淤泥吸附。溴与碘的增加是生物富集并在其遗骸分解时进入水中所致。

埋藏在地层中的海相淤泥沉积水，在经历若干时期以后，由于地壳运动而被剥蚀出露地表，或者由于开启性构造断裂使其与外界连通。经过长期入渗溶滤，沉积水有可能完全为溶滤水所替换。在构造开启性不良时，则在补给区分布低矿化的以难溶离子为主的溶滤水，较深处则出现溶滤水和沉积水的混合，而在深部仍为高矿化的以易溶离子为主的沉积水。

4.3.3　内生水离子成分特征

传统水文地质学曾把温热地下水看作岩浆分异的产物，后发现在大多数情况下，温泉是大气降水渗入到深部加热后重新升到地表形成的。某些学者通过对地热系统的热均衡分析得出，仅靠地下水渗入深部获得的热量无法解释某些高温水的出现，认为地下热水相当比例来自地球深部层圈的高热流体，源自地球深部层圈的内生水说又逐渐为人们所重视，有研究认为深部高矿化卤水的化学成分也显示了内生水的影响。

内生水的研究迄今还很不成熟，但由于它涉及水文地质学乃至地质学的一系列重大理论问题，因此，水文地质学的研究领域将向地球深部层圈扩展，更加重视内生水的研究。

4.4　地下水化学分类与表示方法

4.4.1　地下水的舒卡列夫分类法

舒卡列夫分类以地下水中六种主要离子（K^+ 合并于 Na^+ 中）及矿化度为依据进行划分，如表 4-4 所示。含量大于 25% 毫克当量的阴离子和阳离子进行组合，共分成 49 型水，每型以一个阿拉伯数字作为代号。按矿化度又划分为 4 组，A 组矿化度小于 1.5g/L，B 组矿化度为 1.5~10g/L，C 组矿化度为 10~40g/L，D 组矿化度大于 40g/L。

不同化学成分的水都可以用一个简单的符号代替，并赋以一定的成因特征。例如，1-A 型即矿化度小于 1.5g/L 的 HCO_3-Ca 型水，是沉积岩地区典型的溶滤水；而 49-D 型则是矿化度大于 40g/L 的 Cl-Na 型水，可能是与海水及海相沉积有关的地下水，或者是大陆盐化潜水。

这种分类简明易懂，在我国广泛应用。利用此图表系统整理水分析资料时，从图表的左上角向右下角大体与地下水总的矿化作用过程一致。缺点是以 25% 毫克当量为划分水型的依据带有随意性，对大于25%毫克当量的离子未反映其大小的次序，反映水质变化不够细致。

表 4-4　舒卡列夫分类图表

超过25%毫克当量的离子	HCO_3^-	$HCO_3^- + SO_4^{2-}$	$HCO_3^- + SO_4^{2-} + Cl^-$	$HCO_3^- + Cl^-$	SO_4^{2-}	$SO_4^{2-} + Cl^-$	Cl^-
Ca^{2+}	1	8	15	22	29	36	43
$Ca^{2+} + Mg^{2+}$	2	9	16	23	30	37	44
Mg^{2+}	3	10	17	24	31	38	45
$Na^+ + Ca^{2+}$	4	11	18	25	32	39	45
$Na^+ + Ca^{2+} + Mg^{2+}$	5	12	19	26	33	40	47
$Na^+ + Mg^{2+}$	6	13	20	27	34	41	48
Na^+	7	14	21	28	35	42	49

4.4.2　地下水化学的派珀三线图

派珀三线图由两个三角形和一个菱形组成，如图4-2所示。左下角三角形的三条边线分别代表阳离子中 $Na^+ + K^+$、Ca^{2+} 及 Mg^{2+} 的毫克当量百分数。右下角三角形表示阴离子 Cl^-、SO_4^{2-} 及 HCO_3^- 的毫克当量百分数。任一水样的阴阳离子的相对含量分别在两个三角形中以标号的圆圈表示，引线在菱形中得出的交点上，以圆圈综合表示此水样的阴阳离子相对含量，按一定比例尺画的圆圈的大小表示矿化度。

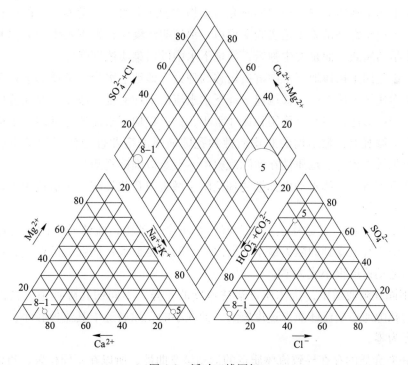

图 4-2　派珀三线图解

落在菱形中不同区域的水样具有不同化学特征（图4-3）。1区碱土金属离子超过碱金属离子，2区碱大于碱土，3区弱酸根超过强酸根，4区强酸大于弱酸，5区碳酸盐硬度超过50%，6区非碳酸盐硬度超过50%，7区碱及强酸为主，8区碱土及弱酸为主，9区任一对阴阳离子含量均不超过50%毫克当量百分数。

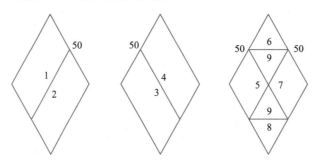

图4-3　派珀三线图解分区

这一图解的优点是不受人为影响，从菱形中可看出水样的一般化学特征，在三角形中可以看出各种离子的相对含量。将一个地区的水样标在图上，可以分析地下水化学成分的演变规律。

4.5　地下水溶质运移规律

溶质在地下水中的运移受多种因素的影响，如地下水的对流、水动力弥散和化学反应等。地下水中污染物质运移最初主要研究污染物质随地下水流运动而产生的迁移问题，但在实际中，无论是野外试验还是实验室模拟，都证明污染质在地下水中的运移并非是仅受对流控制而呈活塞式，而是发生弥散，使地下水中的污染质浓度降低。

弥散理论是用来描述地下水中溶质运移的理论，即地下水中污染质的运移存在着水动力弥散，从而使污染质点的运移偏离了地下水水流的平均速度。浓度场存在着质点的分子扩散，但分子扩散通常与对流作用相比非常小，只有在地下水流速非常缓慢地区，分子扩散才有意义。微观上孔隙结构的非均质性和孔隙通道的弯曲性导致了污染质点的弥散现象，宏观上弥散现象的非均质性在实际观察中一般难以准确观测。

有关地下水溶质运移水动力弥散的理论限于微观或孔隙尺度，一般认为水动力弥散是由下述原因造成的：

（1）孔隙中流体质点运移速度的差异。在单个孔隙中，流体质点的运动速度是不同的，在孔隙中心线上受到的阻力最小，所以质点的速度最大；而在孔隙壁上，由于阻力大而使质点的运动速度很小或为零。

（2）不同孔隙通道中，流体质点运移速度的差异。不同的孔隙通道，其内径是不同的，在大的孔隙通道中流体质点速度较大，而在小的孔隙通道中其流速较小，在封闭的孔隙中其速度为零。

（3）颗粒介质的存在导致流体质点的运动呈弯曲性，所以在不同位置，流体运动的方向和大小都可能不同。

上述因素都可能造成地下水中污染质的运移偏离地下水的平均速度。实际上，在计算地下水流速时很难考虑微观意义下的水流质点流速，而是用渗流速度或达西速度来表示：

$$v = -\frac{K}{n_e}\frac{\mathrm{d}h}{\mathrm{d}l} \tag{4-12}$$

$$q = \frac{Q}{A} = -K\frac{\mathrm{d}h}{\mathrm{d}l} \tag{4-13}$$

式中　v——渗流速度；

K——渗透系数；

n_e——有效孔隙度；

$\mathrm{d}h/\mathrm{d}l$——水力梯度；

q——达西速度；

Q——流量；

A——横截面积。

渗流速度或达西速度是平均意义上的总体水流速度，并不能反映微观上单个水流质点的速度。在实际中污染质在地下含水层中运移时，总会发生一些质点在峰值之前到达，而另一些质点在峰值之后到达。在实际中不可能了解含水层中所有的微观孔隙结构的详细情况，因而不能掌握每个渗流质点的速度分布，但是可以在渗流速度的基础上对污染质运移的速度场进行修正。实际分析中可把污染质在含水层中的运移分为两个部分：一部分可用渗流速度描述，另一部分运移速度的偏移可以认为是随机的水动力弥散。前者称为对流作用，后者称为弥散作用。

分子扩散也是影响污染质运移的因素，是指由于浓度差而导致的溶质运移。弥散系数是表示溶质通过渗透介质时弥散现象强弱的指标。弥散系数与介质的结构、渗透途径的均质性、平均渗透流速、流体的物理化学性质有关。弥散系数包含机械弥散和分子扩散。

$$D_{xx} = \alpha_L \frac{v_x v_x}{|v|} + \alpha_T \frac{v_y v_y}{|v|} + D^* \tag{4-14}$$

$$D_{xy} = \alpha_L \frac{v_y v_y}{|v|} + \alpha_T \frac{v_x v_x}{|v|} + D^* \tag{4-15}$$

式中　D_{xx}，D_{xy}——纵向、横向弥散系数；

α_L，α_T——纵向、横向弥散度；

D^*——表征分子扩散程度的视扩散系数；

v_x，v_y——x、y方向上的速度分量；

$|v|$——速度模。

微观上介质的非均质性以及介质颗粒不均匀导致空隙通道的弯曲性，致使污染质的运移速度偏离计算的渗透速度，该理论可解释实验室规模下的污染质在多孔介质中的运移现象。实验室计算的弥散度值一般较小，多数纵向弥散度为 0.01~1.0cm。野外实际观测资料所获取的弥散度可比实验室数值高 2~4 个数量级，原因在于野外污染质运移的弥散作用主要受介质的宏观非均质性控制，与岩土介质微观孔隙尺度差异关联较小。

针对野外污染质运移的数值模拟计算时，宏观上介质的非均质性首先可体现在整个研究区域渗透系数和孔隙度的确定上。实际中不可能详细区分研究区内每一点的渗透系数和孔隙度值，只能以计算单元为界限概化相关参数，因此流体质点实际所经历的运移过程与模拟计算存在差别。在野外规模上存在与孔隙结构有关的微观弥散，往往叠加在宏观弥散作用上，但与宏观弥散相比较，微观弥散作用影响很小。一般而言，污染质的宏观弥散作用随着介质非均质程度的增加而增强。

　　污染质的弥散度存在着尺度效应，污染质运移的机理和影响因素与尺度相关。在预测地下水中污染质运移规律时不能简单套用弥散参数，而应该结合研究的尺度，分析含水层介质的非均质特点，以获取真实可靠的计算结果。此外，计算单元的大小也对弥散作用产生影响，大尺寸单元导致单元中的非均质性增大，随着单元尺寸减小，其单元内部的非均质性也相对降低。因此，不同的单元剖分可导致不同的模拟结果。

　　数值计算经验表明，在开展地下水污染质运移模拟时，如果非均质的尺度与污染质运移距离或计算尺度相比较小时，往往能达到满意的模拟效果。在模型应用过程中应分析非均质介质的尺度与计算尺度问题。同时，如果模型中含水介质渗透系数变化较小，宏观弥散效果也较小。因此，在数值模型中应该尽可能确定渗透系数在三维空间的变化。

4.6　地下水污染评价

　　地下水污染评价以地下水污染调查资料为依据，结合评价区的污染源分布、土地利用分区和水质条件进行。对评价结果除利用图表达外，应提供文字综述，分析污染原因，在资料充足的情况下分析预测污染变化趋势。

　　地下水污染对于无机污染组分来说，评价标准应采用对照值，微量有机污染组分采用生活饮用水卫生标准限值为评价基准，指标不足部分参照国际公认饮用水卫生标准。在资料充分、研究程度较高地区建立的地下水质量对照值系列，可作为毗邻地区对照值参考使用。对缺乏地下水质量资料的地区，可根据区中无明显污染源部位的补充勘查资料统计确定。根据区内分析资料，用下列公式进行数理统计确定对照值：

$$Y = \overline{X} \pm 2S \tag{4-16}$$

式中　Y——对照值；

　　　$\overline{X}$——单项测定指标的算术平均值；

　　　S——标准偏差。

评价方法计算公式为：

$$I = c/C \tag{4-17}$$

式中　I——某项指标的变化指数；

　　　c——某项指标的实测含量；

　　　C——某项指标的背景值或对照值。

　　在进行地下水污染单项评价时，I 值越大，表明地下水污染程度越重。在进行地下水污染综合评价时，应对无机指标和有机指标的污染评价结果进行综合评判，同时应在阐明污染状况的前提下，强调地下水污染指标、污染程度及污染区分布等。

4.7 矿山地下水与生态环境

4.7.1 地下采矿对水及生态环境影响

矿山开采过程中的各类环境问题直接或间接影响了地下水系统，打破了其天然平衡状态，导致地下水资源量的减少与水质恶化。水资源量减少的环境问题包括：矿山疏排水和突水、水土流失、沙漠化等。开采沉陷等地面变形问题均对地表及地下水系统平衡有一定的影响和改造作用，因此也会引起水资源数量损失，而开采疏降水又可能导致或加剧地面变形问题，两者之间具有互为消长的关系。疏干排水使水环境发生变化，地表、地下水系统失衡。高强度的矿山疏干排水及矿井突水会造成矿区地下水位下降，形成大面积疏干漏斗、泉水干枯、水资源逐步枯竭、河水断流、地表水入渗或经塌陷区进入地下，影响矿区的生态环境。

地下水资源质量与矿山"三废"问题相关。废水、废渣、废气中有毒有害物质大量进入水体，超过了水体的自净能力，导致其化学、物理、生物性质的改变，造成了水质恶化。水资源质量损毁影响水的功能和效用，既危害人体健康，也导致或加剧了生态平衡破坏。固体和液体废弃物直接或间接污染是造成地下水水质恶化的主要原因，水资源数量的减少和环境自净能力的下降也会加剧水资源质量损毁的程度。水资源质量损毁程度不仅体现在地表水或地下水遭受污染的面积，还应根据污染水质成分确定。污染成分越多，往往污染程度越严重，治理难度也越大。

我国每年因采矿产生的废水、废液的排放总量约占全国工业废水排放总量的10%以上，大量未充分处理的废水排入地表水系，导致水体污染严重。在地表水汇流过程中，大量地表径流通过裂隙渗入矿井，使地表径流明显变小。同时由于河流变成了矿坑水的排泄通道，使得河道两侧浅层地下水也受到不同程度的污染。矿井疏干排水导致大面积区域性地下水位下降，破坏了矿区水均衡系统，影响了矿山地区的生态环境，使原来用井泉或地表水作为工农业供水的厂矿、村庄和城镇发生水荒。矿山废水污染的主要途径包括：

（1）矿井排水。矿山地下开采会使地表降水及含水层的水大量涌入井下，尤其是水砂充填采矿，会使矿井排水量增加。由于采矿产生的废水中含有大量的矿物颗粒及油垢、残留的炸药等污染物，因此在排放过程中会造成地表和地下水源的严重污染。

（2）渗透污染。矿山废水或选矿废水排入尾矿池后，通过土壤及岩石层的裂隙渗透进入含水层，造成地下水资源的污染，矿山废水还可能渗过防水墙造成地表水的污染。

（3）渗流污染。含硫化物废石堆直接暴露在空气中，不断进行氧化分解生成硫酸盐类物质，于是当降雨侵入废石堆后，在废石堆中形成的酸性水就会大量渗流出来，污染地表水体。

综上所述，采矿过程中地下水污染的途径是多方面的，其污染后果也相当严重。

4.7.2 矿山地下水与生态环境保护

矿山地下水预防性保护措施如下：

（1）水质监测。定期对矿区废水以及与其有联系的地下水和地表水源进行水质监测，以便了解水质变化情况。监测点要确保能控制废水的径流和排泄范围，并进行流量监测，以便计算污染物的迁移量。大多数含硫矿山是多金属伴生矿，地下水中包含有机碳、硫酸根离子、铁、锰、钾、钠等多种成分。因此，合理选择最具代表性的污染成分进行监测是非常必要的。

（2）地表水控制。拦截地表水，减少矿井的入渗补给量。尤其对露天开采的含硫矿床，阻止地表水流入采矿场，对防范水质酸化极为重要。对地下开采的矿井，应查明断层、地表塌陷与各种岩石裂隙组成的导水通道，阻止降水入渗和地表水借助导水通道渗入矿井。另外，在采空区应采取防渗和排水措施，以减少入渗量，防止酸性废水排放量增加。

（3）建立合理的排水体系。在采掘巷道内应设置专门的排水系统，把非酸性地下水引至硫化矿床外，使其不与酸性废水混合产生污染。具体措施是将废水抽入污水池净化处理，而将可利用的水由排水系统排出矿井。

（4）封闭废矿。对已停产的各种硫化矿床的巷道喷射混凝土加以封闭，以便隔绝空气，减少氧化作用，防止老窑水进入开采巷道，阻止酸性水的生成并降低其排出量。

4.8　矿山地下水循环利用

4.8.1　矿山供水系统

国内金属矿山井下常用的供水系统有三种方式，通常由管路减压阀、闸阀、压力表和减压水箱（池）组成。压力小于 4.0MPa 的减压阀品种规格较多且寿命较长，压力 6.4MPa 的减压阀品种规格较少且寿命短。设计井下消防管道的静水压力一般不超过 4.0MPa。井下供水系统的减压阀是在水流动的过程中，利用其自身的局部阻力将水压降低，达到减压的目的。当低压端停止用水，水不再流动时减压阀则失去了减压的功能。减压阀可以关闭，但在减压阀关闭以前高压端压力已经传导到低压端。总之，减压阀只可降低动水压力，而不能降低静水压力。

超深井矿山规模巨大，生产用水量也大，因此井下供水系统一般采用大直径供水管。超深井供水静压力大，且供水管直径大，常规的井下供水系统需要更多的减压分段，使系统复杂化。井下消防管道的静水压力要求一般不超过 4.0MPa，井下生产水和消防水一般共用管道，因此可以考虑每 400m 作为一个减压分段，如图 4-4 所示。

4.8.2　矿山地下水回收

矿山排水对地下水资源的耗费有其特殊性，主要表现为：

（1）矿山涌水往往视为致灾因子。采矿是从地层中获取矿物的生产活动，在开采矿床的过程中，往往会揭露含水层，使一定范围内的地下水涌入采矿场地，同时由于岩层的移动和破坏会形成地表水通往矿井的通道，使部分地表水也涌入采矿场地。为保证矿山安全生产，须将涌入井下或采坑内的涌水排出地表，矿山排水是为创造采矿条件而必须开展的工序。对于涌水及排水问题，首先应考虑的是地下涌水对采矿生产构成的威胁，以及排除威胁所采取的措施及支付的费用，在设计矿山时较少考虑矿山涌水的保护和利用问题。

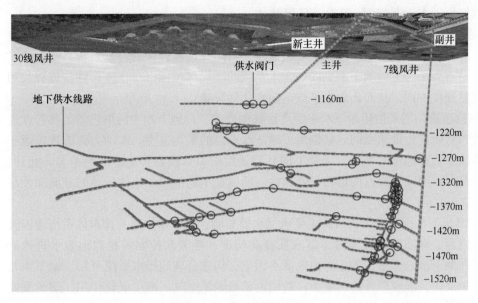

彩色原图

图 4-4　地下矿山供水系统

（2）矿山排水的原则是涌入量与排出量等同。采场涌水一般随矿井的延深和开采范围的扩大而增加。有的矿井深达数百米，开采范围达数平方千米，矿井涌水量很大。排水的结果导致产生以矿井为中心且范围广大的水位降落漏斗区。在漏斗区内，水位逐渐下降以至枯竭，对矿山附近工农业生产及居民生活造成很大的损失和困难。

（3）矿井水在涌入过程中已受到不同程度的污染，排放不合理会造成地表水系的污染。矿井水的污染与水文地质环境、矿岩的矿物成分及采矿技术条件等多种因素有关。矿床的上覆含水层及地表水，是通过上覆岩层的破坏、移动形成的裂隙涌入坑道的，在涌入过程中流经不同的岩层时其水化学成分已通过溶蚀作用发生了变化，当地下水在采场、巷道中运移时受到机械杂质、氧化作用、矿石溶蚀的进一步污染，将使矿井水水质恶化。

矿山地下水回收是一项重要工作，我国已投入使用的净化处理技术主要有沉淀、混凝沉淀、混凝沉淀过滤等。处理后直接排放的矿井水通常采用沉淀或混凝沉淀处理技术；处理后作为生产用水或其他用水的，通常采用混凝沉淀过滤处理技术；处理后作为生活用水，过滤后必须再经过消毒处理。有些含悬浮物的矿井水含盐量较高，处理后作为生活饮用水还必须在净化后再经过淡化处理。

矿山井下废水处理大多是集中到井下水仓，再抽到地表高位生产水池。选矿及其他废水集中到污水池，通过水泵进入尾矿库澄清后，回水至生产水池。生产水池的水通过供水系统，可提供采、选矿的生产用水。整个采、选矿过程中的生产废水可实现循环利用。

—————— 本 章 小 结 ——————

（1）在地下水与岩土相互作用下，岩土中一部分物质转入地下水中，称为溶滤作用。溶滤作用的结果使岩土失去一部分可溶物质，地下水则补充了新的组分。在蒸发作用下，水分不断失去，盐分相对浓集而引起的一系列地下水化学成分的变化过程称为浓缩作用。

浓缩作用致使地下水逐渐浓缩，矿化度不断增大。

（2）位置较浅或构造开启性好的含水系统，由于其径流途径短，流动相对较快，溶滤作用发育，多形成低矿化的重碳酸盐水。构造较为封闭且位置较深的含水系统，则形成矿化度较高，易溶离子为主的地下水。同一含水系统的不同部位，由于径流条件与流程长短不同，水交替程度不同，从而出现水平或垂向水化学分带。

（3）弥散理论是用来描述地下水中溶质运移的理论，即地下水中污染质的运移存在着水动力弥散，从而使污染质点的运移偏离了地下水水流的平均速度。水动力弥散现象源于孔隙中流体质点运移速度的差异，以及不同孔隙通道中流体质点移动速度的差异。此外，颗粒介质的存在致使流体质点的运动呈弯曲性，所以在不同位置，流体运动的方向和大小都可能不同。

（4）矿山地下水预防性保护措施主要包括水质监测、地表水控制、排水体系构建以及废矿封闭等内容。水质监测可实时了解水质变化情况；地表水控制可拦截地表水进入矿区，减少矿井地下水入渗量，防止矿山地下水污染；构建合理的排水系统可防止地下水与矿床发生化学反应，形成额外的污染源；封闭废矿可隔绝空气、减少氧化作用，防治酸性水形成及潜在污染。

思 考 题

1. 比较地下水溶滤作用及浓缩作用。
2. 简述不同类型地下水离子成分特征。
3. 简述地下水溶质运移规律。
4. 说明矿山地下水预防性保护措施。

5 地下水循环

本章课件

本章提要

自然界中的水按照赋存条件可分为大气水、地表水、包气带水和地下水，含水层中的地下水与其余水体间的相互转化构成了地下水循环。地下水补给形式主要包括大气降水补给及地表水补给，地下水的排泄则主要表现为蒸发排泄、泉及人工排泄等。地下水系统理论是系统思想与方法在水文地质领域的应用，包括地下水含水系统及流动系统。地下水的动态及均衡则与地下水循环密切相关，在与环境相互作用下，含水层各要素如水位、水量、水化学成分、水温等随时间的变化，称作地下水动态；某区域特定时间内地下水水量、盐量、热量的收支状况称作地下水均衡。

5.1 地下水循环基本概念

自然界中的水按照赋存条件可分为大气水、地表水、包气带水和地下水，含水层中的地下水与其余水体间的相互转化构成了地下水循环。在地下水循环中，与其他水体的相互转化主要表现为补给与排泄。地下水的补给和排泄致使含水层中的地下水持续交替、更新和流动。在补给与排泄过程中，含水层与含水系统除了与外界交换水量外，还交换能量、热量与盐量，因此补给、排泄与径流决定着地下水水量与水质在空间与时间上的分布。地下水补给与排泄的量化关系是研究地下水循环的重点，包括均衡与动态两种量化关系，其所对应的水循环过程称为地下水均衡与地下水动态。地下水补给与排泄是研究地下水动态与均衡的基础。

径流是水文循环的重要环节和水均衡的基本要素，系指降落到地表的降水在重力作用下沿地表或地下流动的水流。径流可分为地表径流和地下径流，两者具有密切联系，并经常相互转化。地表径流和地下径流均有按系统分布的特点。汇注于某一干流的全部河流的总体构成一个地表径流系统，称为水系。一个水系的全部集水区域，称为该水系的流域。流域范围内的降水均通过各级支流汇注于干流。相邻两个流域之间地形最高点的连线即为分水线，又称分水岭，这些概念同样可用于地下水。

在水文学中常用流量、径流总量、径流深度、径流模数和径流系数等特征值说明地表径流。水文地质学中也可采用相应的特征值来表征地下径流。流量（Q）的概念在前面章节已经介绍，系指单位时间内通过河流某一断面的水量，单位为 m^3/s。Q 等于过水断面面积 A 与通过该断面的平均流速 v 的乘积，即：

$$Q = vA \tag{5-1}$$

径流总量（W）系指某一时段 t 内通过河流某一断面的总水量，单位为 m^3。可由下式求得：

$$W = Qt \tag{5-2}$$

径流模数（M）系指单位流域面积 $F(\text{km}^2)$ 上平均产生的流量，以 $\text{m}^3/\text{s} \cdot \text{km}^2$ 为单位，计算式为：

$$M = \frac{Q}{F} \tag{5-3}$$

径流深度（Y）系指计算时段内的总径流量均匀分布于整个流域面积上所得到的平均水层厚度，单位为 mm，计算式为：

$$Y = \frac{W}{A} \tag{5-4}$$

径流系数（α）为同一时段内流域面积上的径流深度 $Y(\text{mm})$ 与降水量 $X(\text{mm})$ 的比值：

$$\alpha = \frac{Y}{X} \tag{5-5}$$

5.2 地下水补给

大气水与地表水转化为地下水，进而补给地下含水层的过程称为地下水的补给。地下水在补给过程中除了获得水量，还获得一定盐量或热量，使含水层或含水系统的水化学与水温发生变化。地下水补给获得水量，抬高地下水位，增加了势能，使地下水保持流动。由于构造封闭或气候干旱，地下水长期得不到补给，便将停滞而不流动。

地下水补给需研究补给来源、补给条件与补给量。地下水的补给来源有大气降水、地表水、凝结水，来自其他含水层或含水系统的水等。与人类活动有关的地下水补给有灌溉回归水、水库渗漏水，以及专门性的人工补给。本节主要介绍对地下水补给最普遍的大气降水与地表水补给。

5.2.1 大气降水补给

大气降水是地下水补给的主要途径之一，在很多地区是地下水补给的唯一方式。大气降水落至地面后一部分转化为地表径流，一部分通过蒸发返回大气圈，其余部分方可下渗补给含水层，如图 5-1 所示。地面吸收降水的能力是有限的，强度超过入渗能力的那部分降雨转化为地表径流。

渗入地面以下的水，不等于补给含水层的水。其中相当一部分将滞留于包气带中构成土壤水，通过土面蒸发与叶面蒸腾的方式从包气

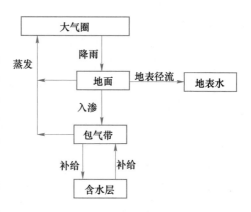

图 5-1 大气降水补给地下水

带水直接转化为大气水，以土壤水形式滞留于包气带并最终返回大气圈的水量往往相当可观。土壤水的消耗造成土壤水分亏缺，而降水必须补足全部水分亏缺后方能补给地下水。

由此可见，雨季滞留于包气带的那部分水量，相当于全年支持毛细带以上包气带水的蒸发蒸腾量。入渗水补足水分亏缺后，其余部分继续下渗至含水层时，构成地下水的补给。

5.2.1.1 降水入渗过程及其机理分析

大气降水抵达地表后开始向包气带孔隙渗入，如包气带初始含水率小，则渗水首先形成薄膜水，形成最大薄膜水后继续充填毛细孔隙形成毛细水，只有当包气带含水率超过最大持水量时，才转化为重力水下渗补给地下水。

干燥土壤表层积水入渗是最简单且具代表性的垂直入渗问题。图 5-2 为干燥土壤表层积水一段时间的剖面含水率 θ 分布图，自地表往下大致可划分为四个区：

饱和区：紧邻地表下存在数厘米厚接近饱和含水率 θ_s 的薄土层；

过渡区：上联饱和区下接传导区，其间土壤含水率有明显降低；

传导区：不断接受上层水分向下入渗，其土壤含水率保持大致稳定；

湿润区：土壤含水率自上向下急剧降低至初始含水率 θ_i，其前缘称为湿润锋，在毛细力作用下不断向下推进。

为进一步分析土壤剖面含水率分布随时间变化和湿润锋下移的规律，对图 5-3 所示的积水入渗过程土壤剖面含水率分布变化过程应注意：

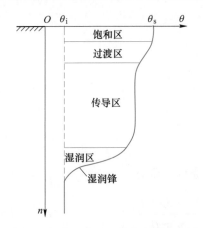

图 5-2　积水入渗时土壤含水率变化图

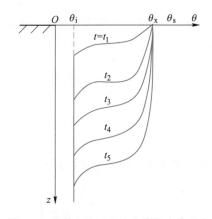

图 5-3　积水入渗过程的土壤含水率分布

在降水抵达土壤表面后的很短时间内，表土层含水率会很快由初始值 θ_i 增大至接近饱和含水率 θ_s 的某一最大值 θ_x，原因在于天然条件下表土层难以达到完全饱和状态。随着入渗时间推延，湿润锋不断向下推进，土壤剖面含水率分布曲线由陡直逐渐趋于相对平缓。在地表处，土壤含水率梯度或包气带水基质势梯度的绝对值，由入渗起始时的极大值逐渐变小，当入渗时间持续足够长时，将趋近于零。

5.2.1.2 降水入渗模型

为定量分析降水入渗过程包气带的含水率时空分布规律，需借助入渗模型求解。基于毛细理论的 Green-Ampt 入渗模型被广泛应用于入渗问题研究，其基本假设是在入渗过程土壤剖面存在明显的水平湿润锋面，将湿润区域和未湿润区域分别考虑，在湿润区土壤含水率均达到饱和含水率 θ_s，而湿润锋下缘未湿润区则为初始含水率 θ_i。模型中的湿润锋犹如活塞向下推进，因此 Green-Ampt 模型又被称为活塞模型。Green-Ampt 模型主要研究入

渗率 i、累积入渗量 I 及湿润锋位置 Z_f 与时间 t 的
关系。实际应用中经常将坐标原点设置在地表处，
以纵坐标 z 表示埋深值，以横坐标表示土壤含水
率 θ；地表积水层深 H 且不随时间变动，湿润锋
到达位置为 Z_f，随时间下移，土壤吸力为某一定
值 S_f，如图 5-4 所示。

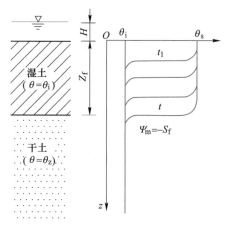

　　在地表处（$Z=0$）的总水势为 H，湿润锋面
处（$Z=Z_f$）的总水势为 $-(S_f+Z_f)$，由地表至湿
润锋面的水势梯度为 $[-(S_f+Z_f)-H]/Z_f$。

　　根据达西定律，可求出地表处的入渗率为：

$$i = K_s \frac{Z_f + S_f + H}{Z_f} \qquad (5-6)$$

图 5-4　Green-Ampt 入渗模型

式中，K_s 为饱和含水率状态下的渗透系数；入渗率 i 与湿润锋位置 Z_f 均为时间 t 的函数。

　　按模型原先假定，由水量均衡原理可得出透过地表的累积入渗量 I 和湿润锋位置 Z_f 的
关系为：

$$I = (\theta_s - \theta_i)\, Z_f \qquad (5-7)$$

依据入渗率 i 与累积入渗量 I 的关系，可获得：

$$i = \frac{dI}{dt} = (\theta_s - \theta_i)\frac{dZ_f}{dt} \qquad (5-8)$$

代入式（5-1），化简得：

$$\frac{dZ_f}{dt} = \frac{K_s}{\theta_s - \theta_i}\frac{Z_f + S_f + H}{Z_f} \qquad (5-9)$$

对上式积分，并代入 $Z_f(t) = Z_f(0) = 0$ 的初始条件，则有

$$t = \frac{\theta_s - \theta_i}{K_s}\left[Z_f - (S_f + H)\ln\left(\frac{Z_f + S_f + H}{S_f + H}\right) \right] \qquad (5-10)$$

　　式（5-6）、式（5-7）和式（5-10）即为 Green-Ampt 模型的主要入渗关系式。若已知
H、θ_s、θ_i、K_s 和 S_f 各值，可依之分别求得在不同时间 t 相应的湿润锋位置 $Z_f(t)$、累积入
渗量 $I(t)$ 与入渗率 $i(t)$ 等值。

　　Green-Ampt 活塞模型适用于孔隙尺度差别不大的均质砂层的入渗现象，与其对应的是
捷径模型，该模型中地下水入渗不作面状推进，而是以沿着根孔、虫孔或裂隙等通道率先
下渗的方式推进。在我国黄土高原黏性土地区，潜水位深达二三百米，仍能获得降水入渗
补给，运用捷径模型可较好解释此类现象，见图 5-5。

5.2.1.3　降水入渗补给量分析

　　实际条件下的降水入渗过程中土壤水分流动较概化模型复杂，从大气降水转化为包气
带水，进而转化为地下水，是在众多影响因素及其相互作用的情况下进行的，其中主要影
响因素包括：降水因素（降水强度、降水时长和降水量）、含水介质因素（初始含水率、
水理性质）、潜水位埋深及地面积水情况等。降水入渗补给量相关分析应区别单次降水入

图 5-5　捷径式降水入渗补给

彩色原图

渗补给和时段降水入渗补给两种性质，并应明确是局部地区性或区域性统计规律。相关因素具体影响如下。

A　初始含水率对单次降水入渗补给量的影响

图 5-6 显示了土壤初始含水率 θ_0 对单次降水量 P 与地下水补给量关系的影响（潜水位变幅值 Δh）。在雨前土壤含水率较小时，干燥土壤将吸收大量渗入地表的降水，少量降水不会形成重力水补给地下水，潜水位变幅 $\Delta h = 0$；如果土壤初始含水率较大，则入渗的降水大部分形成重力水，即使只有少量降水也会对地下水产生补给。在单次降水量 P 相等的情况下，土壤初始含水率 θ_0 较大时所引起的潜水位升幅 Δh，显然要大于 θ_0 较小时的 Δh 值，单次降水量越大，这种差别也越明显。

B　潜水位埋深对单次降水入渗补给地下水量的影响

图 5-7 表明在土壤初始含水率相同的情况下，潜水位埋深值对单次降水量 P 与地下水补给量 Δh 关系的影响。在潜水位埋深值较大时，包气带将吸收大量渗入地表的降水，少量的降水不会产生重力水补给地下水；反之，即使降水量较小也能补给地下水而抬高潜水位。此外，对于一定的单次降水量，其入渗补给地下水量引起的潜水位升幅，在潜水埋深小时的值要大于埋深大时的值，而且单次降水量越大，两者差值越悬殊。

C　包气带岩性对降水入渗补给地下水量的影响

降水入渗补给地下水量可通过降水入渗补给系数 α 来计算，满足：

$$\alpha = \frac{P_r}{P} \tag{5-11}$$

式中　P——降水量；

P_r——降水入渗补给量；

α——降水入渗补给系数。

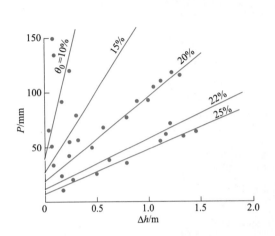

图 5-6　初始含水率对单次降水量
与地下水补给量的影响

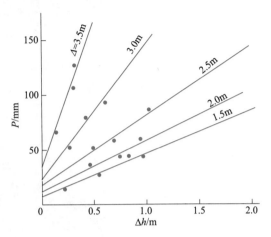

图 5-7　潜水埋深对单次降水量
与地下水补给量的影响

图 5-8 显示了不同包气带岩性条件下降水总量与降水入渗补给系数的多年统计关系。图示可以得出当降水量数值较小时，降水入渗补给随降水量增大而增大，当降水量超过一定数值时降水入渗系数则保持相对稳定，此时大量降水以地表径流的形式流失，无法补给地下水。相同降水量条件下黏性土的降水入渗补给系数最小，亚黏土与亚砂土补给系数逐渐增大，粉细砂的降水入渗补给系数最大。

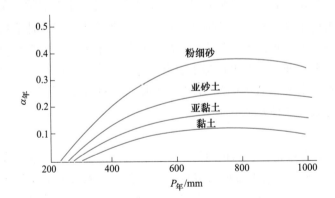

图 5-8　不同岩性条件下降水量与降水入渗补给系数关系图

5.2.2　地表水补给

除大气水以外，地表水是地下水的主要补给来源，但两者在补给特点上具有一定差异。在空间分布上，大气水转化补给地下水呈面状补给，范围广且均匀；地表水补给地下水一般为线状补给，补给范围限于地表水体附近。在时间分布上，大气降水补给的持续时间有限，且具有随机性；地表水补给的持续时间一般较长，往往可视为经常性补给。

5.2.2.1 地表水补给地下水过程及影响因素

地表河流是最为主要且具有代表性的地表水体，其补给地下水大致可分为以下两个过程：

（1）自由渗流过程。在地表河流渗流的前期，地表水与地下水尚未形成连续水流，渗流不受地下水位顶托影响，可划分两个演化阶段：

1）非饱和渗流阶段。对于长期干涸的地表河流，在导水的起始阶段，河流渗漏水借助重力和毛细作用润湿河床底部，入渗水量 Q_p 随湿润范围加大而变化。这一阶段历时长短与潜水埋深和地下水流动条件而定：如潜水埋深大，该阶段持续时间长；如潜水埋深不大，则地表水体会在较短时间内，随着湿润范围的继续扩大而连通潜水面，如图 5-9 中的虚线段所示。

2）自由渗流阶段。当非饱和渗流阶段的湿润范围到达潜水面，且河渠底部渗流量 Q_p 大于地下水向两侧排泄的流出量 Q_c 时将出现地下水丘，并逐渐向上扩展，如图 5-9 中的实线段所示。若潜水位埋深较大，地下水又具有良好的泄流条件，该阶段将会持续很久，所形成的地下水丘未连接河流底部；如潜水埋深较浅，地下水泄流条件又较差，所形成的地下水丘将会不断抬升而连接河流底部，地表水将从自由渗流过渡到顶托渗流。

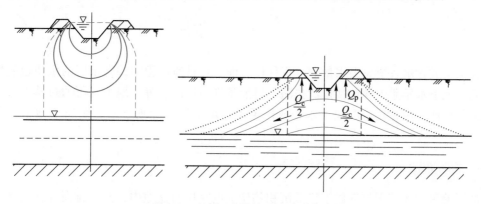

图 5-9　地表河流补给地下水示意图

（2）顶托渗流过程。当地下水丘抬升至河流底部，潜水面将逐渐向两侧扩展。此时河流渗流受地下水顶托影响，随着渗流水力梯度的逐渐减小，河流渗流量也随之逐渐降低。

综上所述，可将影响河流地表水补给地下水的主要因素归结为：河床的渗透系数、透水周界大小、河流底部至潜水面间的岩土水理性质、地表水面与潜水面的高差、地下水的排泄条件以及河流的过水时间等。

5.2.2.2 地表水补给地下水量计算

（1）河段水量平衡法。河段水量平衡法广泛应用于河流地表水转化补给地下水，也可用于地下水排泄转化为地表水，以及计算地表水与地下水间相互转化的综合平衡量。河段水量平衡方程应按地表水载体的实际情况列出，其水量平衡方程为：

$$\sum Q_1 - Q_2 - \sum Q_\alpha + \sum Q_\beta \pm \sum Q_3 \pm \sum Q_u \pm \sum Q_w \pm \sum Q_0 = 0 \qquad (5\text{-}12)$$

式中　$\sum Q_1$——主干河段上游河系各出口断面的入流量总和；

　　　　Q_2——干河段下游出口断面的泄流量；

Q_α——自该主干河段引出的取水量总和；

$\sum Q_\beta$——地表水的回归量总和；

$\sum Q_3$——冻因素修正量（结冰时取负值，融冰时取正值）；

$\sum Q_u$——主干河段出口断面以上河段与含水层间相互补排水量的总和；

Q_w——计算时段始末，主干河段的调蓄水量（蓄水时取负值，泄水时取正值）；

Q_0——计算误差修正项。

（2）水文分析法。水文分析法常用于河水对地下水的补给计算，满足：

$$Q = (\sum Q_1 - Q_2 \pm Q_r)(1 - \lambda)\frac{L}{L_1} \tag{5-13}$$

式中　Q——河水转化补给地下水量；

Q_r——区间入流（取正值）或出流（取负值）水量；

λ——修正系数，为河段两测站间的水面蒸发量和浸润带蒸散量之和与河段损失水量的比值；

L——计算河段长度；

L_1——河段两测站间的距离。

5.3　地下水排泄

含水层或含水系统失去水量的过程称作排泄。在排泄过程中，含水层的水质也发生相应变化。地下水排泄内容包括排泄去路、排泄条件与排泄量等。地下水可通过蒸发、泉等方式天然排泄。用井孔抽取地下水，或用渠道、坑道等排除地下水，则属于地下水人工排泄。

5.3.1　蒸发排泄

低平地区，尤其干旱气候下松散沉积物构成的平原与盆地中，蒸发排泄往往是地下水主要的排泄方式。地下水的蒸发排泄包括土壤水蒸发及潜水蒸发。包气带上部的水，包括孔角毛细水及悬挂毛细水，都不与潜水面发生直接联系。这部分水由液态转为气态而蒸发排泄，造成包气带水分亏缺，会间接影响饱水带接受降水补给的份额，但不会直接消耗饱水带的水量。这一类土壤水的蒸发强度取决于气候与包气带岩性，会使土壤水发生季节性的浓缩，但在雨季又可得到降水补给而淡化。

紧邻潜水面的包气带中分布着支持毛细水。支持毛细水是潜水沿着毛细孔隙上升而形成的，实际上与潜水密不可分。当潜水面埋藏不深，支持毛细水带上缘离地表较近时，大气相对湿度小于饱和湿度，毛细弯液面上的水不断由液态转为气态，逸入大气；潜水则源源不断通过毛细作用上升补充支持毛细水，使蒸发得以持续进行。水分沿毛细管源源上升又不断气化蒸发，水流带来的盐分便浓集于毛细带的上缘。降雨时，入渗降水淋溶部分盐分重新返回潜水。因此，强烈的潜水蒸发将使土壤盐渍化与地下水不断浓缩盐化。

影响潜水蒸发，从而决定土壤与地下水盐化程度的因素是气候、潜水埋藏深度及包气带岩性，以及地下水流动系统的规模。气候越干燥，相对湿度越小，潜水蒸发便越强烈。潜水面埋藏越浅，蒸发越强烈。包气带岩性主要通过其对毛细上升高度与速度的控制而影响潜水蒸发。砂最大毛细上升高度太小，而亚黏土与黏土的毛细上升速度又太低，均不利于潜水蒸发。粉质亚砂土、粉砂等组成的包气带，毛细上升高度大，而毛细上升速度又较快，因此潜水蒸发最为强烈。干旱、半干旱地区地下水流动系统的排泄区是蒸发浓缩作用最为强烈的地方。区域性流动系统的排泄区由于能够汇集更大范围地下水中的盐分，蒸发浓缩较局部流动系统排泄区更为发育。干旱、半干旱的平原与盆地，常常由于利用地表水大量灌溉引起潜水面抬升，潜水蒸发增强，从而造成次生的土地盐渍化。

5.3.2 天然泉

泉是地下水的天然露头，在地形面与含水层或含水通道相交点地下水出露成泉。山区丘陵及山前地带的沟谷与坡脚常可见泉，在平原地区泉的数量显著减少。根据补给泉的含水层的性质，可将泉分为上升泉及下降泉两大类。上升泉由承压含水层补给，下降泉由潜水或上层滞水补给。根据泉口的水是否冒涌来判断是上升泉或下降泉是不合适的，下降泉泉口的水流也可显示上升运动，通过松散覆盖物出露的上升泉，泉口附近的水流也可能呈下降运动。

根据出露原因，下降泉可分为侵蚀泉、接触泉与溢流泉。沟谷切割揭露潜水含水层时，形成侵蚀泉（图5-10（a）、（b））。地形切割达到含水层隔水底板时，地下水被迫从两层接触处出露成泉，形成接触泉（图5-10（c））。大的滑坡体前缘常形成接触泉，这是由于滑坡体破碎、透水性良好，而滑坡底面相对隔水所致。潜水流前方透水性急剧变弱，或隔水底板隆起，潜水流动受阻而涌溢于地表泉水，形成溢流泉（图5-10（d）~（g））。

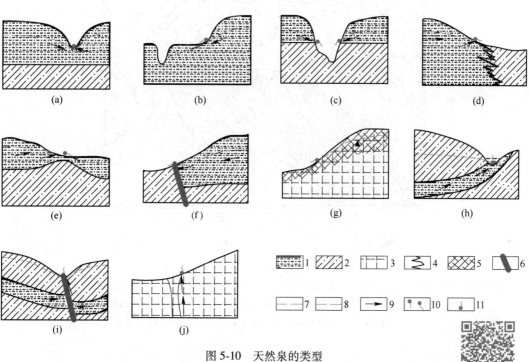

图 5-10　天然泉的类型

1—透水层；2—隔水层；3—坚硬基层；4—岩脉；5—风化裂隙；6—断层；
7—潜水位；8—测压水位；9—地下水流向；10—下降泉；11—上升泉

彩色原图

上升泉按其出露原因可分为侵蚀泉、断层泉及接触带泉。当河流、冲沟等切穿承压含水层的隔水顶板时，形成侵蚀泉（图 5-10（h））。地下水沿导水断层上升，在地面高程低于测压水位处涌溢地表，形成断层泉（图 5-10（i））。岩脉或侵入体与围岩的接触带，常因冷凝收缩而产生隙缝，地下水沿此类接触带上升成泉，称为接触带泉（图 5-10（j））。

确定岩层含水性是水文地质调查的一项基本任务，研究泉在地层中的出露情况及其涌水量是确定岩层含水性的有效手段。如图 5-11 所示，在发育构造裂隙与风化裂隙的古老片麻岩及燕山期花岗岩中，泉的数量较多，但涌水量均小于 1L/s，说明这两者均为弱含水层。下寒武统为厚层页岩夹薄层砂岩，只在断层带有个别小泉，结合岩性可判断本层为隔水层，仅断层带局部导水。中寒武统为鲕状灰岩，出露泉数量不多，但泉涌水量可达 1~10L/s，说明是较好的含水层。上寒武统仅出现个别小泉，结合其岩性分析可视为隔水层。奥陶纪质纯厚层灰岩分布区，有几个值得注意的现象：一是地表水系不发育；二是泉的数量少而涌水量大；三是泉水多出露于本层与其他地层接触带，说明奥陶系灰岩是本区最好的含水层。从图上还可看出，断层的某些部位分布温泉，说明断层导水且延伸较深。在片麻岩与花岗岩接触带存在一个上升泉，表明接触带某些部分为拉伸状态，导水性质良好。

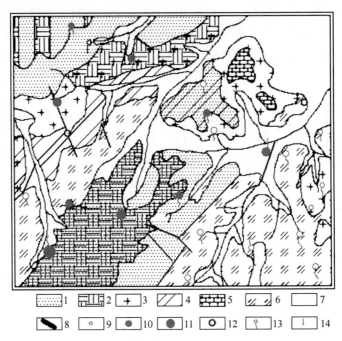

彩色原图

图 5-11   区域地质及水文地质分布示意图

1—前震旦纪片麻岩、页岩；2—下寒武纪鲕状灰岩；3—中寒武纪鲕状灰岩；4—上寒武纪薄层灰岩及页岩；
5—奥陶纪厚层灰岩；6—燕山期花岗岩；7—第四季松散沉积；8—断裂；9—涌水量小于 1L/s；
10—涌水量大于 10L/s 的泉；11—涌水量大于 10L/s 的泉；12—温泉；13—下降泉；14—上升泉

5.3.3   人工排泄

地下水开采通过人为措施，如挖泉引水或凿井提水开采地下水，使之转化为地表水以供利用，这是地下水人工排泄的重要途径。在地下水开发程度高的地区，人工开采量可占地下水排泄量的绝大部分。在某些地下水超采地区，地下水位逐年降低，形成大面积降落漏斗，改变了天然排泄条件，如使潜水蒸发量大为减少，使泉水流量减小甚至干枯，使泄入地表水体的泄流量减小，甚至形成地表水转化补给地下水等。这些现象应引起注意，以避免地下水环境遭受重大破坏。

对于采矿工程而言，特别是深部地下采矿，合理的人工排水设计是采矿工程的必备环节，是保障矿工人身安全、防止突水事故的关键步骤。

5.4　地下水系统

地下水系统理论是系统思想与方法在水文地质领域的应用。水文地质学在发展初期阶段主要解决找水问题，即确定井位以获取水量足够大的水井，因此注重水井附近小范围内含水层的状况，并认为以定流量抽水时周边地下水位很快达到稳定，不随时间而变化。随着地下水开采规模的增长，长期以井群集中开采地下水时，发现水井群使周边地下水下降，影响波及的含水层范围随时间延续而不断扩展，地下水的运动是非稳定的，必须将整个含水层而不是井附近小范围含水层作为研究对象。传统水文地质学认为地下水流动仅仅局限于含水层，而含水层上下的岩层绝对隔水。但在许多情况下，井群中所抽出的水量远远超过了含水层所能供给的水量，该现象促进了越流理论的发展。即在大多数情况下，含水层上下的岩层只是相对隔水的弱透水层，这些弱透水层能够释出水，也能够将相邻含水层的水传输到开采含水层中，研究地下水必须将若干个含水层以及其间的弱透水层看作一个完整系统。地下水系统包括含水系统与流动系统两方面内容。

5.4.1　地下水含水系统

地下水含水系统是指由隔水或相对隔水岩层圈闭的、具有统一水力联系的含水岩系。显然，一个含水系统往往由若干含水层和相对隔水层组成，其中的相对隔水层并不影响含水系统中的地下水呈现统一水力联系。含水系统的发育主要受地质结构控制，松散沉积物与坚硬基岩中的含水系统具有不同的特征。

松散沉积物构成的含水系统发育于近代构造沉降的堆积盆地中，其边界通常为不透水的坚硬基岩。含水系统内部一般不存在完全隔水的岩层，仅有黏土亚黏土层等构成的相对隔水层，并包含若干由相对隔水层分隔开的含水层。含水层之间可以通过天窗，以及相对隔水层越流产生广泛的水力联系，但在同一含水系统中，各部分的水力联系程度有所不同。例如，山前洪积平原多由粗颗粒的卵砾石构成，极少含黏性土层，水力联系较好。远离沉积物源区的冲积湖积平原，黏性土层比例较大，水力联系减弱，并且越往深部水流途径愈长，需要穿越的黏性土层越多，水力联系更为减弱（图5-12a）。

基岩构成的含水系统往往发育于一定的地质构造之中，例如褶皱、断层，或者两者兼有。固结良好的基岩往往包含厚而稳定的泥质岩层，构成隔水层。某些条件下一个独立的含水层就构成一个含水系统（图5-12b）。岩层变化导致隔水层尖灭（图5-12c），或者导水断层使若干含水层发生联系时（图5-12d），则数个含水层构成一个含水系统，这种情况下含水系统各部分的水力联系是不同的。另外，同一个含水层由于构造原因也可以构成一个以上的含水系统。因此，只有通过各种途径查明含水层之间的水力联系后，才可能正确圈划含水系统。

含水系统由隔水或相对隔水岩层界定，并不意味着系统的全部边界均隔水或相对隔水。除极少数构造封闭的含水系统以外（图 5-12e），含水系统通常具备某些向环境开放的边界，以接受补给与进行排泄。这种开放边界可出现于地表，也存在于地下。例如，不同地质结构的含水系统以透水边界邻接是常见的。虽然这时相邻含水系统之间水力联系相当密切，但是由于两者水的赋存与运动规律不同，仍然有必要区分为不同的含水系统（图 5-12a、c）。

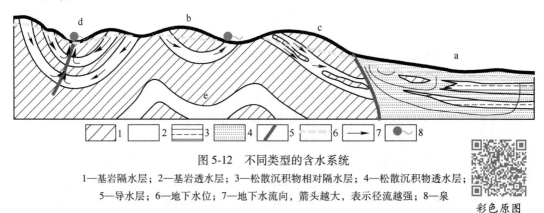

图 5-12   不同类型的含水系统

1—基岩隔水层；2—基岩透水层；3—松散沉积物相对隔水层；4—松散沉积物透水层；
5—导水层；6—地下水位；7—地下水流向，箭头越大，表示径流越强；8—泉

彩色原图

5.4.2 地下水流动系统

地下水流动系统是指由源到汇的流面群构成的，具有统一时空演变过程的地下水体。地下水流动系统可用流网来表示，即在地下水流动系统中某一典型剖面或切面上，由一系列等水头线与流线组成的网格。流线是渗流场中某一瞬时的一条线，线上各水质点在此瞬时的流向均与此线相切。在均质各相同性介质中，地下水必定沿着水头变化最大的方向，即垂直于等水头线的方向运动，因此，流线与等水头线构成正交网格。通常规定相邻两条流线之间通过的流量相等，因此流线的疏密可以反映地下径流强度，流线密集代表径流强，流线稀疏代表径流弱。流网中等水头线的密疏则说明水力梯度的大小，等水头线密集代表水力梯度大，稀疏代表水力梯度小。

5.4.2.1 地下水流动系统发展脉络

传统水文地质学忽略了地下水的垂向运动，把地下水流动看作平面二维的运动，如图 5-13（a）所示。赫伯特则明确指出地下水存在垂直运动，强调排泄区的流线是指向地下水面的，表现为上升水流；而在补给区，流线背离地下水面，表现为下降水流；只有在两者之间的过渡带，流线才是水平的，如图 5-13（b）所示。托特发展了赫伯特的地下水流动理论，利用解析解绘制了均质各向同性潜水盆地中的地下水流动系统，包括局部、中间及区域三个不同层级的流动系统（图 5-14）。

与传统的水文地质分析方法相比，地下水流动系统的分析方法更为程序化，从定性分析到定量模拟联系比较密切。因此，以地下水系统理论为基本框架，融合传统水文地质分析方法，是现代水文地质学的发展方向。

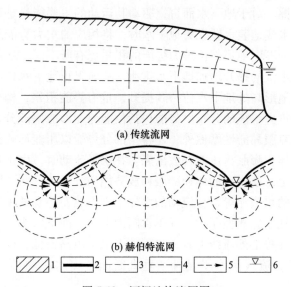

(a) 传统流网

(b) 赫伯特流网

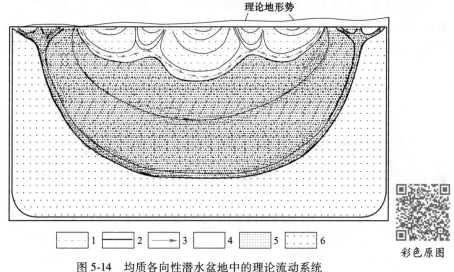

| | 1 | | 2 | | 3 | | 4 | | 5 | ▽ | 6 |

图 5-13　河间地块流网图

1—隔水层；2—透水层；3—地下水位；4—等水头线；5—流线；6—地表水

理论地形势

| | 1 | | 2 | | 3 | | 4 | | 5 | | 6 |

彩色原图

图 5-14　均质各向性潜水盆地中的理论流动系统

1—不同级别流动系统的分界；2—同一级别流动系统的分界；3—流线；4—局部流动系统；
5—中间流动系统；6—区域流动系统

5.4.2.2　地下水流动系统特征

地下水流动系统理论实质上是以地下水流网为工具，以势场及介质场的分析为基础，将渗流场、化学场与温度场统一于地下水流动系统概念框架之中，将似乎互不关联的地下水各方面因素联系在一起，纳入一个易于理解的地下水时空连续演变的有序结构之中，有助于从整体上把握地下水各个因素之间、地下水与环境之间联系的完整图景。

A　水动力特征

地下水在流动中必须消耗机械能以克服黏滞性摩擦，例如水质点与介质表面以及速度不同的水质点间的摩擦。对于地下水而言，驱动其运动的主要能量是重力势能，来源于地下水的补给。大气降水或地表水转变为地下水时，将相应的重力势能加诸于地下水。即使地面的入渗条件相同，不同地形部位重力势能的积累仍有所不同。地形低洼处地下水面达到或接近地表，地下水位的提升增加地下水排泄，从而阻止地下水位不断抬高。地形低洼处通常是低势区，而地形高处地下水位持续提升，重力势能积累，构成高势区。因此，通常情况下地形控制着重力势能的分布。势能包括位能与变形能两部分。地下水在向下流动时，除了释放势能以克服黏滞性摩擦外，还将一部分势能以压能形式储存起来。在做上升运动时，则通过水的体积膨胀将压能释放出来。在水平流动时，由于上游的水头高度总要比下游高一些，因而也是通过水的体积膨胀释放势能的。

静止水体中各处的水头相等，在流动的水体中则不然，势源处流线下降，沿流线方向越来越多的机械能消耗于黏滞性摩擦，在垂直断面上自上而下水头越来越低，任一点的水头均小于静水压力。在势汇处流线上升，自下而上水头由高而低，任一点的水头均大于静水压力。在中间地带，流线呈水平延伸，垂直断面各点水头均相等，数值上等于静水压力。

传统水文地质理论认为只有承压水承受压力，具有超过静水压力的水头，因此只有在承压含水系统中，在一定的构造控制下才能出现自流井（图5-15（a））。从上面的论述可知，即使是潜水，在其上升水流部分同样承受压力，水头可以高出静力压力，只要有合适的地形条件，同样可以形成自流井（图5-15（b））。潜水与承压水不同之处在于含水层顶面是否承压。承压含水层的顶部是承压的，潜水含水层的顶部则不承受除大气压之外的压力。

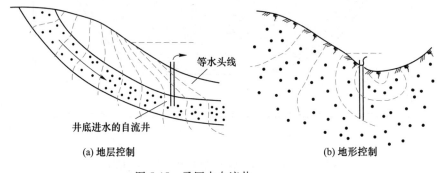

(a) 地层控制　　　　　　　　　　(b) 地形控制

图5-15　承压水自流井

应用能量理论还可分析多级次的流动系统水文地质特征，如图5-16所示。该地下水流动系统实际上存在a、b、c三个势的源汇，由于高度上a>b>c，因此a是势源，b、c是势汇，根据能量关系可首先判断出ab、ac两个流动系统。但还应注意到b、c相比较，b是势源，c是势汇，bc也有可能构成一个流动系统。其必要条件是在bc的流动途径上，ab、ac两个系统的水头均低于bc，考虑到ab、ac的水头均随流线延伸而降低，只要隔水底板足够深，在河间地块下一定深度可以满足ab、ac流线上的水头不高于bc流线水头，该情境下bc构成第三个地下水流动系统。

不同级次的流动系统之间在某些部位相邻的流线方向相反，意味着其间存在速度趋于

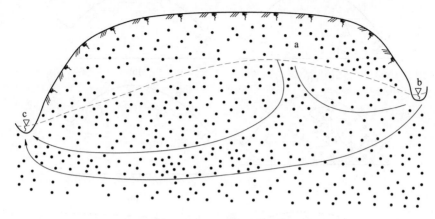

图 5-16 多源条件下的地下水流动系统

零的零通面。同一介质场中存在两个或更多的地下水流动系统时，它们所占据的空间大小取决于势能梯度，即源汇的势差除以源汇的水平距离。势能梯度越大的流动系统占据的空间也越大。流动系统占据的空间也受介质渗透性影响，透水性越好，发育于其中的流动系统所占据的空间也越大。

图 5-17（a）表示在透水性均一的介质中势能梯度相等的两个地下水流动系统在空间上也类似；图 5-17（b）表示在均一介质场中势能梯度较大的流动系统占据较大范围；图 5-17（c）表示两个势能梯度相等的流动系统发育于不均一介质场中，发育于透水性较好的介质中的流动系统占据了较大空间；图 5-17（d）则表明，与（b）其他条件相同的情况下，降低隔水底板后出现了区域流动系统，区域流动系统与局部流动系统的发育状况也取决于两者的势能梯度；图 5-17（e）表示区域性地形坡度不大而局部地形起伏大时，只发育局部流动系统；图 5-17（f）则表示局部地形起伏较小时，既发育局部流动系统，也发育区域流动系统；图 5-17（g）表示如果地形条件不变，介质的透水性良好时，则只发育区域系统，这类现象常见于岩溶发育地区。

在各级流动系统中，补给区的水量通过中间区输向排泄区。因此，以中间区为标准，补给区水分不足，地表水稀少，地下水埋藏深度大，土壤含水量低，多分布耐旱植物；排泄区是水分过剩区，地下水埋深浅，土壤含水量高，多沼泽、湿地与泉，多喜水植物。在干旱区若出现盐渍地，多分布耐盐植物。在岩层透水性特别良好的岩溶发育区，这种地下水分布不均匀现象尤为突出。

B 水化学特征

地下水水质随着流动过程而不断变化，因此，在地下水流动系统中，呈现着地下水化学成分时空演变的有序图景。掌握地下水流动系统的水化学特征，可在缺乏水质资料时根据地层地质信息勾画地下水流动系统轮廓，对水质进行预测，有计划地开展取样分析。当拥有的水质资料不够完整时，也可以利用零星的水化学资料，根据地下水流动系统推测区域地下水水质信息。地下水水量与流动特征多变，但都间接体现在地下水水化学特征上。因此，根据地下水的水化学场可以回溯历史上的地下水流动系统。

在地下水流动系统中，任一点的水质取决于多种因素，具体包括：输入水质、流程、

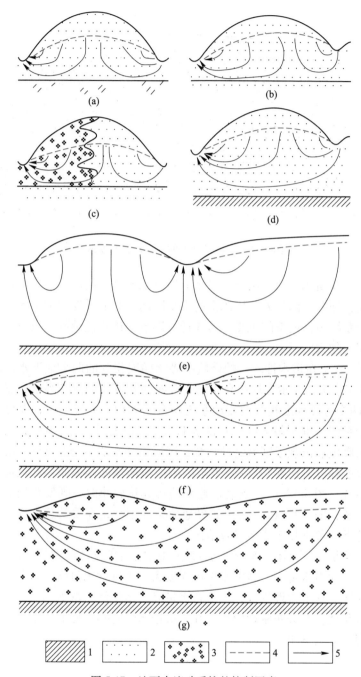

图 5-17　地下水流动系统的控制因素

1—隔水层；2—渗透性较差的透水层；3—渗透性较好的透水层；4—地下水位；5—流线

流速、岩土介质可迁移性，以及流程上的各种水化学作用。地下水化学成分主要取决于流动过程中对岩土介质的溶滤作用。其他条件相同时，地下水在介质层中滞留的时间越长，溶滤获得的组分便越多。局部流动系统的水，流程短且流速快，地下水化学成分比较简单，矿化度低。区域流动系统的水，流程长且流速慢，接触的岩层多，成分复杂，矿化度高。需注意的是区域流动系统中补给区由于流程短，地下水矿化度并不高，排泄区地下水的矿化度则较高。

传统的水文地质理论把单个含水系统看作单一的水动力场与水化学场，认为同一含水层中水质均一，根据水质即可判断地下水是否属于同一含水系统。实际上同一含水系统的水可分属于不同的流动系统或不同级次流动系统，水动力特征不同，水化学特征自然也不相同。图 5-18 表示来自同一含水层的两处泉水，其中 a 泉由局部流动系统补给，矿化度很低，而 b 泉是由区域流动系统补给，矿化度相当高。

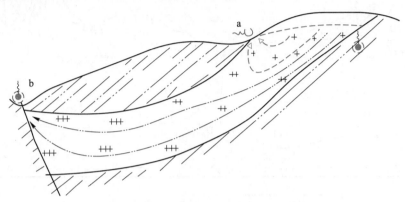

图 5-18 同一含水层中不同流动系统水质不同

在同一渗流场中，不同流动系统以及同一流动系统不同级次系统的界线两侧，地下水水质有可能发生突变。因为界线两侧的水来自不同区域，流经的岩层不同，流程长短与流速快慢也各不相同。在地下水流动系统的不同部位，发生的主要化学作用也不同（图 5-19）。除了溶滤作用存在于整个流程以外，局部流动系统、中间与区域流动系统的浅部属氧化环境，中间系统及局部系统的深部属还原环境，容易发生脱硫酸作用，上升水流处因减压将产生脱碳酸作用。不同流动系统的汇合处，将发生混合作用。在干旱气候条件下，排泄区还将发生浓缩作用。排泄区，尤其是区域地下水流动系统的排泄区，是地下水水质处于多种作用影响下的复杂变化地段。

C 水温度特征

在来自地壳深部大地热流的影响下，地层中常温带以下的等温线通常上低下高，呈水平分布。但是由于地下水流动系统的存在，补给区的下降水流受入渗水的影响，地温偏低，排泄区因上升水流带来深部热影响，地温偏高。这样就使原本水平分布的等温线发生变化，位置下降且间距变大，排泄区等温线上升且间隔变小，如图 5-20 所示。依据这一原则，在无地热异常的地区，可根据地下水温度的分布判定地下水流动系统。

从上面的论述可知，地下水流动系统提供了一个水文地质分析框架。在研究特定地区的水文地质条件时，应仔细分析介质场（取决于地层、构造、第四纪地质等因素）与势场（取决于地形、水文、气候诸因素），从而对该区的地下水流动系统建立概念。进而根据渗流场、水化学场与水温度场之间的密切内在联系，可获取特定地下水水化学与水温度资料，便于深入研究该地区的水文地质条件。如果能够同时利用介质场、势场、水化学场与水温度场的资料进行综合判断，从不同渠道获取的关于同一对象的信息可以相互核对，减少误差，提高信息的真实性。在实际工作中能够获得的水文资料往往比较零散，对某些区域除地质资料外，可能只获取了水化学或水温资料，此时根据地下水流动系统理论可将各方面零散数据进行整合，从宏观整体角度分析研判研究区水文地质特征。

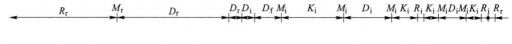

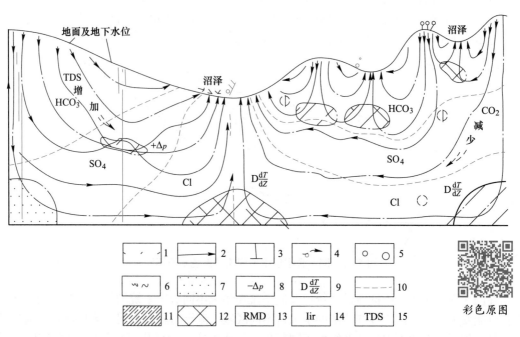

图 5-19　区域地下水流动及其伴生标志

1—等水位线；2—流线；3—底部进水的井及其终孔水位；4—泉；5—耐旱植物；6—喜水植物；7—渗透性良好的部位；
8—负值为动水压力低于静水压力，正值为动水压力大于静水压力；9—负值为地温梯度偏低，正值偏高；
10—水化学相界线；11—准滞留巷；12—水力捕集；13—补给区、中间区及排泄区；
14—局部的、中间的及区域的地下水流动系统；15—溶解固形物总量

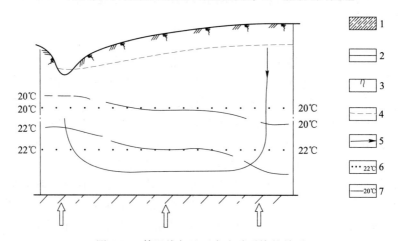

图 5-20　等温线与地下水流动系统的关系

1—隔水底板；2—水力零通量面；3—大地热流；4—地下水位；5—流线；6—理想等温线；
7—在地下水流动系统影响下改变后的等温线

5.5 地下水动态与均衡

5.5.1 地下水动态概念

地下水含水系统与外界环境发生物质、能量与信息的交换，时刻处于变化之中。在与环境相互作用下，含水层各要素如水位、水量、水化学成分、水温等随时间的变化，称作地下水动态。地下水要素随时间发生变动是含水系统水量、盐量、热量、能量收支不平衡的结果。当含水层的补给水量大于其排泄水量时，储存水量增加，地下水位上升；反之，当补给量小于排泄量时，储存水量减少，水位下降。同样，盐量、热量与能量的收支不平衡，会使地下水水质、水温或水位发生相应变化。传统水文地质学将地下水位变化完全视为水量均衡的反映，这种观点具有一定片面性。地下水位变化反映了地下水所具有的势能变化，而地下水势能变化可能是由于获得水量补给储存水量增加引起，也可以与水量增减无关。例如，当含水层受到地应力作用，赋存地下水的含水介质受到压应力并将其传递到地下水上时，地下水位也会上升，该条件下地下水位上升并不意味着其水量增加。

地下水动态反映了地下水要素随时间变化的状况，为合理利用地下水或有效防范其危害，必须掌握地下水动态。分析地下水动态可帮助查清地下水的补给与排泄，阐明其资源条件，确定含水层之间以及含水层与地表水体的关系。地下水动态提供了含水系统不同时刻的系列化信息，是检验水文地质结论、论证水文地质措施是否得当的判据。

地下水动态是含水系统对环境施加的激励所产生的响应，也可理解为含水系统将输入信息变换后产生的输出信息，例如降雨导致地下水位抬升。单次降雨通常持续数小时到数天，可看作是发生于某一时刻的脉冲。降雨入渗地面并在包气带下渗，达到地下水面后才能使地下水位抬高。同一时刻的降雨，在包气带中通过大小不同的空隙以不同速度下渗，当运动最快的水到达地下水面时，地下水位开始上升，占比例最大的水量到达地下水面时，地下水位的上升达到峰值，运动最慢的水到达地下水面以后，降水的影响便结束。与一个降水脉冲相对应，作为响应的地下水位的抬升便表现为一个波形。经过含水系统的变换，一个脉冲信号变成了一个波信号，波的出现有一个滞后时间 a，并持续某一延迟时间 b，如图 5-21 所示。

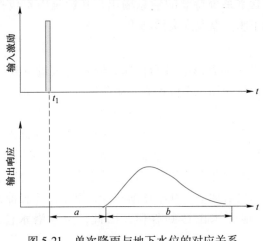

图 5-21 单次降雨与地下水位的对应关系

a—时间滞后；b—时间延迟

当相邻的两次或更多次降雨接近，各次降雨引起的地下水抬升的波形便会相互叠加。当各个波峰在某种程度上叠加时，会形成更高的波峰，地下水位会出现一个峰值，更多情况下各个波形的波峰与波谷叠合，构成平缓的复合波形，如图 5-22 所示。

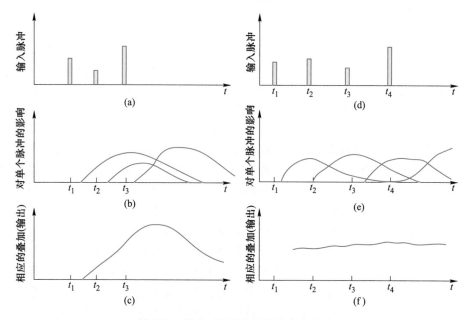

图 5-22　降水对地下水补给的叠加效应

降水对泉流量的影响也存在类似的情况，单次降雨使泉水量出现一个波形的增加，若干次降雨所引起的波形相叠加的结果，使泉流量较降水变化更稳定。

综上所述，间断性的降水通过含水系统的变换之后，将转化成比较连续的地下水位变化或泉流量变化，本质上是含水系统对降雨事件的滞后、延迟与叠加的响应。

5.5.2　地下水动态影响因素

地下水动态反映了含水系统持续的信息输出，其影响因素包括气象与气候、水文特征、地层地质特征、地下水类型及人类活动等。

5.5.2.1　气象与气候因素

气象与气候因素对潜水动态影响最为普遍。降水的数量及其时间分布影响潜水的补给，从而使潜水含水层水量增加、水位抬升、矿化度降低。气温、湿度、风速等与其他条件结合，影响着潜水的蒸发排泄，使潜水水量变少、水位降低、矿化度升高。

气象与气候要素周期性地产生昼夜、季节与多年变化，因此潜水动态也存在着昼夜变化、季节变化及多年变化，其中季节变化最为显著且最有意义。我国东部属季风气候区，雨季出现于春夏之交，自南而北由 5 月至 7 月先后进入雨季，降水显著增多，潜水位逐渐抬高并达到峰值。雨季结束后地下水补给逐渐减少，潜水由于径流及蒸发排泄，水位逐渐回落，到翌年雨季前，地下水位达到谷值。因此，全年潜水位动态表现为单峰单谷（图 5-23）。

在分析气象因素对潜水位的影响时，应区分地下潜水位的真变化与伪变化。潜水位变

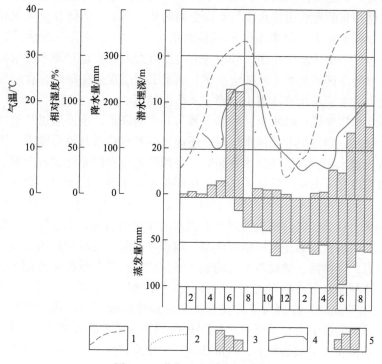

图 5-23　潜水动态季节性曲线

1—气温；2—相对湿度；3—降水量；4—潜水位；5—蒸发量

动伴随着相应的潜水储存量的变化，这种水位变动是真变化。某些并不反映潜水水量增减的潜水位变化则为伪变化，例如当大气气压开始降低时，处于包气带之下的潜水面尚未受到影响，暴露于大气中的井孔中的地下水位则因气压降低而水位抬升，气压突然增加时井孔地下水位则会呈现与含水层不同步的下降。

分析地下水动态时还需考虑气候的多年周期性波动，例如太阳黑子变化会影响丰水期与干旱期的交替，从而使地下水位呈同一周期变化。

对于重大的长期性地下水供排水设施，应当考虑多年的地下水位与水量的变化。供水工程应根据多年资料分析地下水位最低时水量能否满足要求。排水要考虑多年最高地下水位时的排水能力。缺乏地下水多年观测资料时，则可利用多年的气象、水文资料，或者根据树木年轮、历史资料与考古资料，推测地下水多年动态。

5.5.2.2　水文因素

地表水体补给地下水会引起地下水位抬升，随着远离河流，水位变幅减小且发生变化的时间滞后。地表水对地下水动态的影响一般为数百米至数公里，此范围以外，主要受气象与气候因素的影响。

5.5.2.3　地质因素

地质因素也是地下水动态的影响因素。当降水补给地下水时，包气带厚度与岩性控制着地下水位对降水的响应，潜水埋藏深度越大，对降水脉冲的滤波作用越强。相对于降水，地下水位抬高的时间滞后与延迟越长，水位历时曲线呈现为较宽缓的波形。包气带岩性的渗透性越好，则滤波作用减弱，地下水位抬升的时间滞后与延迟小，水波历时曲线波形较陡。潜水储存量的变化由给水度与水位变幅的乘积表示，当储存量变化相同时，给水度越小，水位变幅便越大。最典型的情况是岩溶水，岩溶化岩层渗透性良好但岩溶率较低，岩溶水的包气带缺乏滤波作用，较小的岩溶率放大地下水位对降水补给的响应，地下水位变幅在分水岭地区可达数十米甚至更多。河水引起潜水位变动时，含水层的透水性越好，厚度越大，含水层的给水度越小，则波及范围越远。

对于承压含水层来说，隔水顶板限制了其与外界的联系，主要通过补给区与大气圈及地表水圈发生联系，当顶板为弱透水层时，还通过弱透水顶板与外界联系。因此，承压水动态变化通常比潜水小。在接受降水补给时，补给区的潜水位变化比较明显，随着远离补给区，变化减弱以至于消失。从补给区向承压区传递降水补给影响时，含水层的渗透性越好，厚度越大，给水度越小，则波及的范围越大。承压含水层埋藏越深，构造封闭性越好，与外界的水力联系越弱，则大气圈及地表水圈变化而引起的动态变化越微弱。

承压含水层的水位变动还可以由固体潮、地震等引起，这时地质因素成为环境对地下水的输入。注意，固体潮、地震等引发的地下水位波动只是能量的传递而不涉及地下水储存量的变化。这种能量传递距离远，速度快。在内陆地区，承压含水层中可观测到周期为12小时的测压水位波动。这是由于月亮和太阳对地球的吸引造成的。当月亮运行到地球近点时，由于月亮的吸引力，承压含水层因载荷减少而引起轻度膨胀，测压水位便下降。月亮远离时，承压含水层载荷增加，轻度压缩，测压水位便上升。由固体潮引起的地下水位变幅可达数厘米。由于地震波的传递，大地震可以使距震中数千公里以外的某些敏感的深层承压水产生厘米级的水位波动，这是由于地震孕育及发震过程中地应力的变化使岩层压缩或膨胀，从而引起震区以至远方孔隙水压力的异常变化，承压含水层测压水位因而波动。与此相应，震前地下水化学成分也可能发生改变，因此监测地下水动态可以作为预报地震的一种重要手段。

5.5.2.4　地下水类型

潜水与承压水由于排泄方式及水交替程度不同，动态特征也不相同。潜水及松散沉积物浅部的水，可分为蒸发、径流及弱径流三种主要动态类型。蒸发型动态出现于干旱半干旱地区地形切割微弱的平原或盆地，此类地区地下水径流微弱，以蒸发排泄为主。雨季接受入渗补给，潜水位普遍以不大的幅度抬升，水质相应淡化。随着埋深变浅，旱季蒸发排泄加强，水位逐渐下降，水质逐步盐化。地下水位降到一定埋深后，蒸发微弱，水位趋于稳定。此类动态的特点是年水位变幅小且各处变幅接近，水质季节变化明显，长期水质不断向盐化方向发展，并使土壤盐渍化。

径流型动态广泛分布于山区及山前，由于地形高差大，水位埋藏深，蒸发排泄可以忽略，以径流排泄为主。雨季接受入渗补给后，各处水位抬升幅度不等，接近排泄区的低地，水位上升幅度小；远离排泄点的高处，水位上升幅度大。因此水力梯度增大，径流排泄加强。补给停止后，径流排泄使各处水位逐渐趋平。此类动态的特点是年水位变幅大而不均匀，由分水岭到排泄区年水位变幅由大到小，水质季节变化不明显，长期水质趋于淡化。

气候湿润的平原与盆地中的地下水动态，可以归为弱径流型。这种地区地形切割微弱，潜水埋藏深度小，但气候湿润，蒸发排泄有限，故仍以径流排泄为主，但径流微弱。

此类动态的特征是年水位变幅小且各处变幅接近，水质季节变化不明显，长期水质向淡化方向发展。

承压水动态则均属径流型，变化程度取决于构造封闭条件。构造开启程度越好，水交替越强烈，动态变化越强烈，水质的淡化趋势越明显。

5.5.2.5 人类活动影响

在天然条件下，由于气候因素在多年中趋于某一平均状态，因此一个含水层或含水系统的补给量与排泄量在多年中保持平衡。反映地下水储量的地下水位在某一范围内起伏，而不会持续地上升或下降。地下水的水质则在多年中向淡化或盐化方向发展。

人类活动通过增加新的补给来源或新的排泄去路而改变地下水的天然动态。钻孔采水、矿坑或渠道排水成为地下水新的排泄去路，含水系统原来的均衡遭到破坏，天然排泄不再存在或数量减少（泉流量、泄流量减少，蒸发减弱），并可能增加新的补给量，如含水层由向河流排泄变成接受河流补给，潜水埋深过浅降水入渗受限制的地段可因水位埋深增大而增加降水入渗补给量。如果采排地下水一段时间后，新增的补给量及减少的天然排泄量与人工排泄量相等，含水层水量收支达到新的平衡，该条件下地下水位在比原先低的位置上，以比原先大的年变幅波动，不会持续下降。

5.5.3 地下水均衡概念

某区域特定时间内地下水水量、盐量、热量的收支状况称作地下水均衡。一个地区的水均衡研究，实质就是应用守恒定律去分析参与水循环的各要素的数量关系。

5.5.3.1 均衡区与均衡期

地下水均衡是以地下水为对象的均衡研究，重点分析某区域特定时间内地下水各要素收入与支出间的数量关系。均衡计算所选定的地区称作均衡区，理想条件下是一个具有隔水边界的完整水文地质单元；均衡计算的时间段称作均衡期，可以月或者年为单位。若均衡区在均衡期内地下水水量（或盐量、热量）的收入大于支出，表现为地下水储存量（或盐储量、热储量）增加，称为正均衡；反之，若支出大于收入，地下水储存量（或盐储量、热储量）减少，称为负均衡。

对于特定均衡区而言，天然条件下气候以平均状态为准发生波动，多年气候趋近平均状态，地下水也保持其总的收支平衡。若在较短的时期内气候发生波动，地下水可处于不均衡状态，表现为地下水的水量与水质随时间规律变化，即地下水动态。因此，均衡是地下水动态变化的内在原因，动态则是地下水均衡的外部表现。

进行均衡研究必须分析均衡的收入项与支出项，借助均衡方程求解，通过测定或估算列入均衡方程式的各项求解某些未知项。地下水均衡研究目前多限于水量均衡的研究，而且主要涉及潜水水量均衡。

5.5.3.2 水均衡方程式

陆地上某一地区天然状态下总的水均衡，其收入项（A）一般包括：大气降水量（X）、地表水流入量（Y_1）、地下水流入量（W_1）、水汽凝结量（Z_1）。支出项（B）一般为：地表水流出量（Y_2）、地下水流出量（W_2）、蒸发量（Z_2），均衡期地下水储存量变化为 Δw。水均衡方程式为：

$$\Delta w = A - B \tag{5-14}$$

即：

$$\Delta w = X - (Y_2 - Y_1) - (Z_2 - Z_1) - (W_2 - W_1) \tag{5-15}$$

地下水储量变化 Δw 包括：地表水变化量（V）、包气带变化量（m）、潜水变化量（$\mu \Delta h$）及承压水变化量（$\mu_e \Delta h_c$）；其中 μ 为潜水含水层的给水度；Δh 为均衡期潜水位变化值；μ_e 为承压含水层的弹性给水度，Δh_c 为承压水测压水位变化值。水均衡方程式可转化为：

$$V + m + \mu \Delta h + \mu_e \Delta h_c = X - (Y_2 - Y_1) - (Z_2 - Z_1) - (W_2 - W_1) \tag{5-16}$$

潜水的收入项包括：降水入渗补给量（X_f）、地表水入渗补给量（Y_f）、凝结水补给量（Z_c）、上游断面潜水流入量（W_{u1}）、下伏承压含水层越流补给潜水水量（Q_t，如潜水向承压水越流排泄则列入支出项）。支出项包括：潜水蒸发量（Z_u，包括土面蒸发及叶面蒸发）、潜水以泉或泄流形式排泄量（Q_d）、下游断面潜水流出量（W_{u2}），满足：

$$\mu \Delta h = (X_f + Y_f + Z_c + W_{u1} + Q_t) - (Z_u + Q_d + W_{u2}) \tag{5-17}$$

此为潜水均衡方程式的一般形式。一定条件下某些均衡项可取消，例如通常凝结水补给很少，Z_c 可忽略不计；地下径流微弱的平原区，可认为 W_{u1}、W_{u2} 趋近于零；无越流情况下 Q_t 不存在；地形切割微弱，径流排泄不发育，Q_d 可以排除。公式可简化为：

$$\mu \Delta h = X_f + Y_f - Z_u \tag{5-18}$$

多年均衡条件下 $\mu \Delta h = 0$，因此：

$$Z_u = X_f + Y_f \tag{5-19}$$

此即典型的干旱半干旱平原潜水均衡方程式，表示渗入补给潜水的水量全部消耗于蒸发。

典型的湿润山区潜水均衡方程式为式（5-20），即入渗补给的水量全部以径流形式排泄：

$$Q_d = X_f + Y_f \tag{5-20}$$

5.5.4 地下水均衡影响因素

5.5.4.1 地面沉降与地下水均衡

对孔隙承压含水系统进行地下水均衡计算时，如果不考虑地面沉降因素，可能出现误差。开采孔隙承压水时，由于孔隙水压力降低而上覆载荷不变，作为含水层的砂砾层及作为弱透水性的黏性土层都将压密释水，砂砾层的弹性给水度与黏性土的贮水系数都将变小。若停止采水使测压水位恢复到开采前的高度，砂砾层由于是弹性压密，可以基本上回弹到初始状态，弹性给水度恢复到初始值，但是黏性土层由于是塑性压密，水位恢复后仍保持已有的压密状态，贮水系数保持压密后的值。因此，开采孔隙承压含水系统降低测压水位后，若停止开采使测压水位恢复到采前高度上，含水层的储存水量将随之恢复，但黏性土中的一部分储存水将永久失去而不再恢复。因此，孔隙承压含水系统开采后再使水位复原，并不意味着储存水量全部恢复。由于黏性土压密释水量可占开采水量十分可观的一部分，因此，忽略黏性土永久性释水会造成相当大的误差。

5.5.4.2 区域地下水均衡

地下含水层可供长期开采利用的水量是含水系统从外界获得的多年平均年补给量。对于大的含水系统，除统一求算补给量外，往往还需要分别求算含水系统各部分的补给量。此时应注意避免上下游之间，潜水与承压水之间，以及地表水与地下水之间水量的重复计算。

图 5-24 显示了一个堆积平原含水系统，包括含潜水的山前冲洪积平原及含潜水与承压水的冲积湖积平原两部分。天然条件下多年地下水量处于均衡模式，地下水储存量的变化值为零。各部分的水量均衡方程式如下：

山前平原潜水：

$$X_{f1} + Y_{f1} + W_1 = Z_{u1} + Q_d + W_2 \tag{5-21}$$

冲积平原潜水：

$$X_{f2} + Y_{f2} + Q_t = Z_{u2} \tag{5-22}$$

冲积平原承压水：

$$W_2 = Q_t + W_3 \tag{5-23}$$

式中　X_{f1}，X_{f2}——山前平原及冲积平原降水渗入补给潜水水量；

　　　Y_{f1}，Y_{f2}——山前平原及冲积平原地表水渗入补给潜水水量；

W_1，W_2，W_3——山前平原上、下游断面及冲积平原下游断面地下水流入与流出量；

　　　Z_{u1}，Z_{u2}——山前平原及冲积平原潜水蒸发量。

整个含水系统的水量均衡方程为：

$$X_{f1} + X_{f2} + Y_{f1} + Y_{f2} + W_1 = Z_{u1} + Z_{u2} + Q_d + W_2 + W_3 \tag{5-24}$$

如果简单地将含水系统各部分均衡式中水量收入项累加，则显然比整个系统的水量收入项多了 W_2 及 Q_t 两项，分别求算的结果比统一求算偏大。

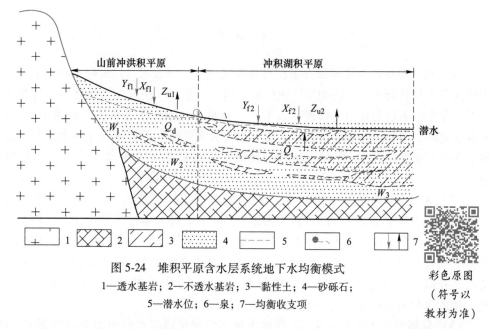

图 5-24　堆积平原含水层系统地下水均衡模式

1—透水基岩；2—不透水基岩；3—黏性土；4—砂砾石；
5—潜水位；6—泉；7—均衡收支项

彩色原图
（符号以
教材为准）

从图 5-24 可得出冲积平原承压水并没有独立的补给项，其收入项 W_2 本质上是山前平原潜水支出项之一，满足：

$$W_2 = X_{f1} + Y_{f1} + W_1 - Z_{u1} - Q_d \tag{5-25}$$

可知 W_2 是由山前平原补给量的一部分转化而来。冲积平原潜水的收入项 Q_t 同样也可得出：

$$Q_t = W_2 - W_3 \tag{5-26}$$

显然，Q_t 是由 W_2 的一部分转化而来，本质上是由山前平原潜水补给量转化的。W_2、Q_t 都属于堆积平原含水系统内部发生的水量转换，而不是含水系统与外部之间发生的水量转换。在开采条件下，含水系统内部及其与外界之间的水量转换，将发生一系列变化。假定单独开采山前平原的潜水，则此部分水量均衡将产生以下变化：

（1）随着潜水位下降，地下水不再溢出成泉，$Q_d = 0$；

（2）与冲积平原间水头差变小，W_2 减小；

（3）随着水位下降，蒸发减弱，Z_{u1} 变小；

（4）与山区地下水水头差变大，W_1 增加；

（5）地表水与地下水水头差变大，Y_{f1} 增大；

（6）潜水浅埋带水位变深，有利于吸收降水，可能使 X_{f1} 增大。

结果是山前平原潜水补给量增加，排泄量减少。与此同时，对地表水及邻区地下水的均衡产生下列影响：

（1）W_2 减少及相应的 Q_t 减少，使冲积平原承压水及潜水补给量减少；

（2）W_1 增大，使山区排泄量增大；

（3）X_{f1} 及 Y_{f1} 增大，使地表径流量减少，从而使冲积平原潜水收入项 Y_{f2} 变小。

综上所述，进行大区域水均衡研究时，必须仔细查清上下游，潜水和承压水，地表水与地下水之间的水量转换关系，否则将导致水量重复计算，人为夸大可开采利用的水量。

─────── 本 章 小 结 ───────

（1）自然界中的水按照赋存条件可分为大气水、地表水、包气带水和地下水，含水层中的地下水与其余水体间的相互转化构成了地下水循环。在地下水循环中，与其他水体的相互转化主要表现为补给与排泄。地下水的补给和排泄致使含水层中的地下水持续交替、更新和流动。在补给与排泄过程中，含水层与含水系统除了与外界交换水量外，还交换能量、热量与盐量。因此，补给、排泄与径流决定着地下水水量与水质在空间与时间上的分布。

（2）大气降水是地下水补给的主要途径之一，在很多地区则是地下水补给的唯一方式。大气降水落至地面后一部分转化为地表径流，一部分通过蒸发返回大气圈，其余部分方可下渗补给含水层。除大气降水以外，地表水是地下水的主要补给来源，但两者在补给特点上具有一定差异。大气降水转化补给地下水呈面状补给，地表水转化补给地下水一般为线状补给，补给范围限于地表水体附近。大气降水补给的持续时间有限，且具有随机性，地表水补给的持续时间一般较长，可视为经常性补给。

（3）泉是地下水的天然露头，在地形面与含水层或含水通道相交点地下水出露成泉。根据补给泉的含水层的性质，可将泉分为上升泉及下降泉两大类。上升泉由承压含水层补给，下降泉由潜水或上层滞水补给。

（4）地下水含水系统是指由隔水或相对隔水岩层圈闭的、具有统一水力联系的含水岩系。一个含水系统往往由若干含水层和相对隔水层组成，其中的相对隔水层并不影响含水系统中的地下水呈现统一水力联系。地下水流动系统是指由源到汇的流面群构成的，具有统一时空演变过程的地下水体，地下水流动系统特征可用流网来具体分析。

（5）地下水含水系统与外界环境发生物质、能量与信息的交换，时刻处于变化之中。在与环境相互作用下，含水层各要素如水位、水量、水化学成分、水温等随时间的变化，称作地下水动态。地下水要素随时间发生变动是含水系统水量、盐量、热量、能量收支不平衡的结果。某区域特定时间内地下水水量、盐量、热量的收支状况称作地下水均衡。一个地区的水均衡研究，实质就是应用守恒定律去分析水循环的各要素的量化关系。

思 考 题

1. 简述大气降水补给地下水的特征及影响因素。
2. 图示泉的类型并区分相应特征。
3. 比较地下水含水系统及流动系统。
4. 阐述地下水动态概念及影响因素。
5. 阐述地下水均衡概念及影响因素。

6 水文地质勘查

本章课件

本章提要

　　本节系统介绍了水文地质勘查类型、勘查阶段、勘查手段及水文地质成果等内容，涉及区域及专门水文地质勘查、水文地质普查、初步勘查及详细勘查等。勘查手段方面重点介绍了水文地质钻探、物探、化探以及水文地质抽水试验。水文地质成果方面介绍了水文地质图件类型及水文地质文字报告编写要素。

6.1　水文地质勘查目的

　　水文地质勘查通常分为水文地质普查和水文地质勘查，前者是综合性水文地质勘查，后者是专门性水文地质勘查。综合性水文地质勘查目的是着重查明区域水文地质条件，阐明区域地下水的形成条件和分布规律，为国民经济建设远景规划提供水文地质依据，同时也作为专门性水文地质勘查的基础。这类勘查采用的比例尺较小，勘查方法以水文地质测绘为主，配合少量的勘探、试验和动态观测工作。专门性水文地质勘查是在水文地质普查后所选定的局部区域，为某项生产建设提供水文地质依据所进行的水文地质勘查，例如矿区水文地质勘查包括从矿产普查勘探到矿建及生产各个阶段的水文地质工作，其目的是查明矿区的水文地质条件，分析矿井的充水因素，预测矿井涌水量，为矿井设计、建设和生产提供必要的水文地质资料，为矿井水的防治、矿区地下水的开发利用，以及矿区排水疏干或供水过程中可能出现的环境水文地质问题做出评价，并提出切实可行的治理措施。

6.2　水文地质勘查类型

6.2.1　区域水文地质勘查

　　区域水文地质勘查涉及区域水文地质条件，需查明各类含水层的赋存条件和分布规律，地下水的水质、水量及其补给、排泄条件，并对各地区的地下水资源及其开发利用前景或致灾风险开展评价。区域水文地质勘查原则上以同比例尺区域地质调查工作为基础，对未开展过区域地质调查的地区，必须先做必要的基础地质工作，或与区域地质调查工作互相配合，联合进行。

　　区域水文地质勘查工作区域可以是自然地理单元或水文地质单元，也可以是行政区域，面积一般较大，在数百平方千米以上。小比例尺（小于1∶10万）区域水文地质勘查为综合性区域水文地质勘查，目的是为国民经济发展规划提供水文地质依据，并为今后大比例尺水文地质工作提供区域性水文地质基础资料。中比例尺（1∶5万~1∶10万）区域水文地质勘查可以是为国民经济建设提供较详细区域水文地质资料的综合性水文地质勘查，也可以是为某一专门性水文地质工作任务提供较详细区域水文地质背景资料，在综合性勘查基础上增加专门性调查工作的水文地质勘查。小比例尺区域水文地质勘查的主要任务是通过收集资料、地面调查、勘查、试验和观测工作等手段，查明区域水文地质条件，包括主要含水层的岩性、埋藏分布条件，各含水层地下水的成因、类型、补给排泄条件及其水质水量的分布和变化情况等。

6.2.2　专门水文地质勘查

专门水文地质勘查是在水文地质普查后选定局部区域，为某项生产建设提供水文地质依据所进行的水文地质勘查。对于采矿工程而言，专门水文地质勘查从水文地质角度论证矿床开采在经济技术上的可行性，着重研究评定矿床充水程度，评价地下水与地表水对矿井采掘的可能影响，并分析防止这些影响可能采用的方法，同时估计矿井水的综合利用方法，预测矿区地下水开发利用的可能性，并研究水文地质环境保护等问题。专门水文地质勘查是在水文地质条件尚未查清，为解决影响矿井安全和经济效益的关键性水文地质问题而开展的水文地质勘查工作，通常在下列情况下进行：

（1）按精查阶段要求的工作量进行水文地质工作后，所获得资料仍不能满足采矿初步设计需要的矿井。

（2）各矿井之间水力联系密切，单就一个矿井难以查明水文地质条件，需要在矿区或几个矿井范围内进行水文地质工作的矿区。

（3）由于历史原因，矿产资源勘查已经结束，但遗留有重大水文地质问题，影响矿井的正常、安全生产或开拓延深的水文地质条件复杂或极复杂的大水矿区。

专门水文地质勘查包括立项、编制设计、施工和提交报告等工作阶段。通过系统搜集、分析勘查区内各种有关资料，包括区内或邻近生产矿井的有关资料，确定勘查目标。在此基础上编制勘查设计，根据勘查区具体条件和矿山开发的实际需要，合理地确定工作程度，并征求设计和生产单位的意见，使勘查工作重点突出，经济技术措施合理。专门水文地质勘查的工作范围，通常包括一个完整的水文地质单元，在研究地质和区域水文地质条件的基础上，尽量结合矿山的开拓方案，把含水层的富水性和补给条件及矿井充水的途径、范围，视为一个整体进行勘查和研究，勘查工作关键是准确预测矿井涌水量及其变化趋势。

专门水文地质勘查要充分利用矿山地质勘查的各类钻孔，应选择部分详查、精查阶段的钻孔，作为专门水文地质勘查的动态观测孔。勘查结束后需提交专门水文地质报告，重点阐述和评价影响矿山正常、安全开采和经济效益的主要水文地质问题。

6.3　水文地质勘查阶段

6.3.1　水文地质普查

水文地质普查是开展区域性小比例尺水文地质勘查工作。普查阶段一般不要求解决专门性的水文地质问题，其主要任务是查明区域的水文地质条件，为国民经济规划提供基础资料，如各类含水层的赋存条件与分布规律，地下水的水质、水量以及地下水的补给、排泄等条件。

在普查阶段通常进行 1∶20 万比例尺的水文地质测绘工作，在一些严重缺水或工农业集中发展的地区也可采用 1∶10 万的比例尺。比例尺的选择应根据工程深度和水文地质条件的复杂程度来确定。普查的结果一般用水文地质图表示，附有相应的普查报告。

普查阶段的工作内容主要包括水文地质物探、钻探、试验、参数测定及地下水资源评价、地下水动态长期观测及实验室工作。水文地质物探主要以航空物探成果为主，地面物探在局部重点地区进行，以点为主，实行点线结合。水文地质钻探工作为单孔和控制性的基准孔，勘查不同深度的含水层。水文地质试验以单孔抽水为主，应开展必要的多孔抽水试验。水文地质参数测定及地下水资源评价可根据经验数据、历史资料和部分实测资料估算地下水资源。地下水动态应长期多点观测勘查区域地下水动态特征。实验室工作主要以水质简易分析为主，进行部分岩样、土样鉴定，并开展初步水化学分析。

通过区域水文地质测绘，钻孔简易水文地质观测，泉、井、钻孔的流量、水位、水温的动态观测及采空区和生产矿井水文地质资料的收集，初步了解以下信息：

（1）工作区的自然地理条件和地貌、第四纪地质及地质构造特征；

（2）主要含水层和隔水层岩性、分布、厚度、水位、泉的流量；

（3）对矿体开采可能有重大影响的含水层的富水性；

（4）地下水的补给、径流、排泄条件；

（5）采空区、生产矿井空间分布、采空情况及水文地质情况；

（6）供水水文地质条件，指出供水水源勘查方向等。

6.3.2 水文地质初步勘查

水文地质初步勘查也称为详查，一般是在水文地质普查的基础上进行。在这个阶段工作中要求解决专门性的水文地质问题，为国民经济建设部门提供所需的水文地质依据。

详查的任务除查明基本的水文地质条件外，还要求对含水层的水文地质参数、地下水动态变化规律、各类供水水质标准以及开采井巷的数量与布局，提出切实可靠的数据，并应预测开采后可能出现的水文地质问题。其工作内容同样包括水文地质物探、水文地质钻探、水文地质试验、水文地质参数测定及地下水资源评价、地下水动态长期观测及实验室工作等方面。

水文地质物探主要以详细的地面物探为主，并配合钻探和试验进行专门性物探工作。水文地质钻探以勘查线网为主，勘查深度以开采层位为主。水文地质试验则设置必要的群孔、分层和干扰抽水试验，抽水孔数占比在基岩地区占钻孔总数 80% 以上，岩性变化不大的松散地层抽水孔占 30%~50%，变化较大的松散地层占 50%~80%。水文地质参数测定及地下水资源评价大部分为实测参数，用以初步评价地下水资源。地下水动态长期观测需布置长期观测网，观测时间要求不少于一个水文年，并进行简易入渗观测。实验室工作主要是进行水质简易分析及部分全分析，并进行少量岩石水理性质测定。

通过矿区水文地质测绘，钻孔简易水文地质观测，地表水与地下水动态观测，单孔抽水试验，生产矿井及采空区水文地质调查等，初步查明：

（1）直接充水含水层的岩性、厚度、埋藏条件、含水空间的发育程度及分布特征；

（2）直接充水含水层的水位、水质、富水性、导水性及其变化情况，地下水的补给、径流及排泄条件；

（3）直接充水含水层与可采矿体之间隔水层的厚度、岩性组合及其物理力学性质；

（4）直接充水含水层与间接充水含水层、地表水三者之间的水力联系；

（5）调查采空区和生产矿井的分布及开采情况，划出采空区范围，了解其积水情况、涌水量、水质及其动态变化，分析其充水因素；

（6）对矿区内可供利用的供水水源的水量、水质开展初步评价；

（7）详细了解间接充水含水层的岩性、厚度、埋藏条件、富水性、含水空间的发育程度及分布情况；

（8）详细了解有水文地质意义的断裂带的水文地质特征等。

6.3.3 水文地质详细勘查

水文地质详细勘查也称为精查，内容包括大比例尺水文地质测绘、钻孔水文地质观测，以及单孔和群孔抽水试验、连通试验、地表水和地下水动态观测、生产矿井和采空区水文地质调查等，需详细查明：

（1）直接充水含水层和间接充水含水层的岩性、厚度、埋藏条件、水位、水质、富水性或导水性；

（2）直接充水含水层与可采矿体之间隔水层的厚度、岩性组合及其物理力学性质；

（3）直接充水含水层、间接充水含水层、地表水三者之间的水力联系，以及地下水的补给与排泄条件等。

（4）对矿井充水有影响的断裂带的水文地质特征。

开采与治理阶段的水文地质勘查工作，是根据开采过程中出现的水文地质问题确定具体任务。这些水文地质问题，有些是因在开采前从未进行过水文地质勘查而必然发生的；有的则是经过正式的水文地质勘查工作，但由于勘查精度低、提供的数据不可靠，甚至是提供了错误的勘查结论所造成的；有的则是不易准确预测的一些问题。在供水水文地质工作中，由于井距不合理导致水井间严重干扰，地下水降落漏斗的不断扩展及由此引起的地面沉降、水量枯竭，水质恶化等，都属于开采阶段应该解决的水文地质问题。

开采阶段的勘查工作内容同样包括水文地质物探、水文地质钻探、水文地质试验、水文地质参数测定及地下水资源评价、地下水动态长期观测及实验室工作方面。水文地质物探以井下物探为主，并结合勘查工作进行专门性物探模拟试验。水文地质钻探应充分利用开采井孔资料进行综合研究。水文地质试验除进行群孔、干扰抽水试验外，选择典型地段进行人工回灌试验。水文地质参数测定及地下水资源评价应根据开采井的水量和水位资料，进行水文地质参数计算与地下水资源评价。地下水动态长期观测则布置长期观测网，观测时间要求不少于3个水文年，进行地下水动态预报。实验室工作除水质分析外，还进行岩、土样水理性质测定。

矿井水文地质详细勘查具体工作如下：

（1）开展矿区水文地质补充调查、勘查和水文地质观测工作；

（2）为矿井建设、采掘、开拓延深、改扩建提供所需的水文地质资料或专门报告；

（3）在采掘过程中进行水害的分析、预测和防探水；

（4）开展矿区专门防治水工程中的水文地质工作；

（5）为补充和改善矿区生产、生活供水进行调查、勘查，提供水源资料；

（6）根据需要进行矿区环境水文地质调查和研究。

6.4　水文地质勘查手段

6.4.1　水文地质钻探

钻探是水文地质勘查的重要手段，工作内容具体包括：

（1）研究地质、水文地质剖面，确定含水层与隔水层的层位、厚度、埋藏深度、岩性、分布状况、空隙性和隔水层的隔水性；

（2）测定各含水层中的地下水位（包括初见水位与稳定水位），各含水层之间及含水层与地表水体之间的水力联系；

（3）进行水文地质试验，测定各含水层的水文地质参数，为防治矿井水和开发利用地下水提供依据；

（4）进行地下水动态观测，预测其动态变化趋势；

（5）采集水样开展水质分析，采取岩样和土样做岩土的水理性质和物理力学性质试验；

（6）在可供利用的情况下，可作为排水疏干孔、注浆孔、供水开采孔、回灌孔或长期动态观测孔；

（7）进行水文地质试验（主要指抽水试验），测定钻孔涌水量和含水层的水文地质参数，为计算评价地下水允许开采量、矿井涌水量等提供依据。

6.4.1.1　水文地质钻孔类型

（1）水文地质勘查孔。水文地质勘查孔是为查明水文地质条件、按水文地质钻探要求施工的勘查孔，主要用于地质普查以获取地层的岩性、地质构造和含水层的埋藏深度、厚度、性质及富水性等资料。钻探要求满足岩芯采取率、校正孔深、测量孔斜、简易水文地质观测、数据变编录和封孔等六项指标。

（2）水文地质试验孔。水文地质试验孔是开展抽水、注水、压水、流速流向和连通等试验的钻孔，主要用于初勘阶段。在初步掌握地层岩性、地质构造等资料的基础上，着重了解地下水的水量、水位、水质、水温等资料，要求进行分层观测、分层抽水，单孔或群孔抽水等。

（3）水文地质观测孔。水文地质观测孔用作地下水动态观测或在抽水试验中用作观测地下水位、水质、水量以及水温变化的钻孔，主要用于测定地下水埋深和水位的历史变化，了解区域地下水的分布和变化规律。

（4）探采结合孔。探采结合孔是在水文地质勘查中既能达到勘查目的、取得所需水文地质资料，又能作为开采井的钻孔，主要用于已定水源地的水文地质勘查阶段。在已取得水文地质资料的基础上，结合开采水源的需要布置钻孔，通过钻探进一步取得水文地质资料后即可作为开采井使用。钻探既要满足获得有关水文地质资料的要求，又要满足开采生产井对水质、水量、卫生防护等的要求。

6.4.1.2 水文地质钻孔结构

水文地质钻孔的结构主要包括开孔直径、换径次数、终孔直径和钻孔深度。不同类型钻孔其结构稍有差异。图 6-1 显示了水文地质勘查孔与长期观测孔结构示意图。勘查孔一般采用直径 146mm 的套管作为孔口管，直径 127mm 的套管作为必要的孔套管。采用直径 110mm 钻头取芯钻进至终孔，直径 91mm 的孔径作为备用孔径，在特殊情况下才用它补取岩芯。在满足水文地质钻探质量指标的前提下，在设计钻孔结构时还要考虑抽水试验对钻孔直径的要求。观测孔钻孔直径多为 150~200mm，滤水管直径为 50~108mm。探采结合孔是在完成勘查任务以后，扩孔成井或在开始就采用大口径取芯钻进一次成井。一般多采用直径 146mm 滤水管。供水井的钻井直径较大，一般多为 400~500mm。根据钻孔深度的不同可分为：

（1）浅井的孔深在 100m 以内，其含水层主要是第四系砂卵石、砂层，钻孔直径多为 500mm 左右，钻孔结构可采用一径成井。

（2）中深井的孔深在 100~300m 之间，一般可采用一径（或二径）成井，布置一种或两种口径的井管，井管直径多为 200~300mm。

（3）深井的孔深超过 300m，一般可采用两径或三径成井，布置两种直径的井管。

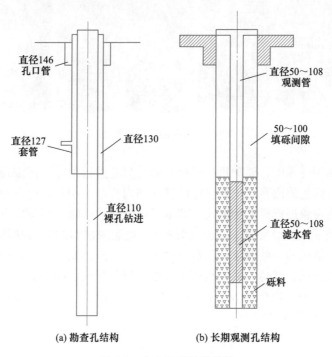

图 6-1　水文地质钻孔结构

6.4.1.3 水文地质钻探施工及记录

根据水文地质钻探的目的和现有的钻探技术状况，常采用以下几种施工工艺：

（1）小径取芯钻进。小径取芯钻进主要是为了提高岩芯采取率，以满足地质勘探的要求，一般采用孔径为 110~174mm。其特点是钻进效率高、成本低，在某些情况下也能进行抽水试验。

（2）小径取芯大径扩孔钻进。这种方法是先用小口径钻进取芯，以提高岩芯采取率，然后再用大口径一次或逐级扩孔以满足抽水试验或成井要求，扩孔口径可达 250~500mm。

（3）大口径取芯钻进。在基岩山区，可采用大口径取芯钻进一次成井的方法，使其既满足勘探要求，又可进行水文地质试验。但对松散地层，因大口径取芯困难而不宜采用。

（4）大口径全面钻进。在对取芯要求不高，允许通过观察岩粉或孔底取样，在配合物探测井来满足地质要求的情况下，常采用大口径全面钻进。它具有效率高、成本低、口径大、一次成井等优点。在水文地质研究程度较高，已基本掌握其变化规律的松散岩层地区，仅仅是为了施工抽水试验孔或勘探开采孔时，可采用这种方法钻进。

水文地质钻探成果质量的高低，还取决于钻探过程中观测与编录工作质量。一个水文地质钻孔即使设计和施工均正确合理，但观测和编录草率，也必然达不到高质量的成果。因而在钻探过程中，必须做好岩芯观测和水文地质观测，并对两者进行认真编录，如图 6-2 所示。

图 6-2　某矿山岩芯提取图

在水文地质钻探过程中，要求每次提钻立即对岩芯进行编号，仔细观察描述、测量和编录。对岩芯观察描述的内容与地表出露面描述的内容基本相同，但有两点值得注意：一是对地表不可见的现象进行观察和描述，如未风化地层的孔隙、裂隙发育及其充填胶结情况、地层厚度、地下水活动痕迹（溶蚀或沉积）、地表未出露的岩层和构造等；二是分析和判别由于钻进所造成的一些假象，同自然现象做好区分，如某些基岩层因钻进而造成的破碎擦痕、地层的扭曲、变薄、缺失和错位，松散层的扰动、结构的破坏等。研究岩芯采取率可判断坚硬岩石的破碎程度及岩溶发育强度，进而分析岩石的透水性和确定含水层位。岩芯采取率 K_u 可由下式计算：

$$K_u = \frac{L_0}{L} \times 100\% \tag{6-1}$$

式中　　L_0——所取岩芯的总长度，m；

　　　　L——本回次进尺长度，m。

一般在基岩中要求 K_u 不得小于 70%，在构造破碎带、风化带和裂隙、岩溶带中，K_u 不得小于 50%。

基岩裂隙率或岩溶率是用来确定岩石裂隙或岩溶发育程度，以及确定含水段位置的可靠参数。钻探中通常只作线状裂隙率统计，可用下式计算：

$$y = \frac{\sum b_i}{LK_u} \times 100\% \qquad (6-2)$$

式中 y——线裂隙率或线岩溶率；

$\sum b_i$——L 段内在平行岩芯轴线上测得的裂隙或岩溶的总宽度，m；

L——统计段长度，m；

K_u——L 段内的岩芯采取率。

用岩芯来测定裂隙率或岩溶率是比较困难的，因为富含裂隙水或岩溶水段常为裂隙或岩溶强烈发育部位，钻探时易破碎岩芯甚至取不到岩芯。

水文地质观测及编录是钻探工作的核心内容。水文地质观测是用以揭露地下水文地质条件的直接依据。因此，每个水文地质钻孔都要严格按照设计，高质量地完成各项内容的观测工作。在钻进过程中需随时观测冲洗液消耗量、观测含水层水位、观测钻孔涌水现象、观测水温、观测孔内现象、取水（气）样品。水文地质钻探编录则是将钻探过程中观察描述的现象、测量的数据和取得的实物，准确、完整、如实地进行整理、测算、编绘和记录的工作。钻孔编录效果差则反映出的是低质量的，甚至是错误的成果。编录工作以钻孔为单位，要求随钻进持续进行，终孔后立即全部完成。编录内容包括：

（1）整理岩芯，排放整齐，按顺序标志清楚，准确地进行记录、描述和测量。勘查结束后重点钻孔的岩芯要全部拍照、长期保留，一般钻孔则按规定保留缩样或标本，如图 6-3 和图 6-4 所示。

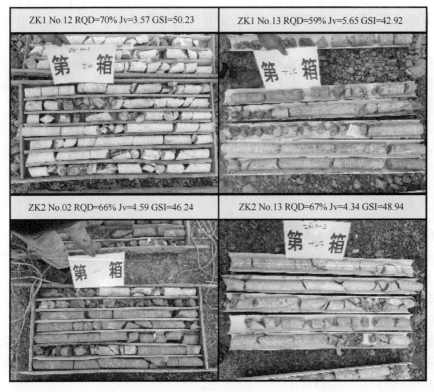

ZK1 No.12 RQD=70% Jv=3.57 GSI=50.23

ZK1 No.13 RQD=59% Jv=5.65 GSI=42.92

ZK2 No.02 RQD=66% Jv=4.59 GSI=46.24

ZK2 No.13 RQD=67% Jv=4.34 GSI=48.94

彩色原图

图 6-3　钻孔岩芯示意图

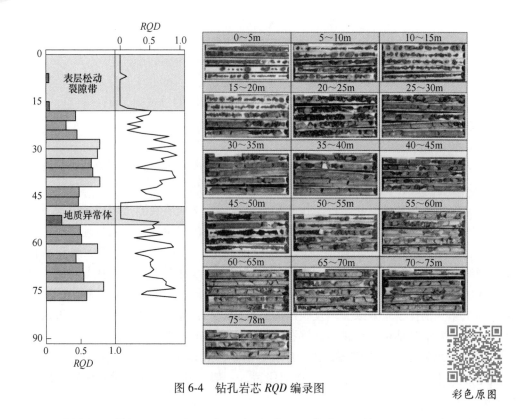

图 6-4　钻孔岩芯 *RQD* 编录图

彩色原图

（2）将取得的各种资料，准确详细地填写于各种记录表格之中（包括钻探编录表和各种观测记录表）。

（3）将核实后的地质剖面、钻孔结构、地层深度及厚度、岩性描述、含水层与隔水层、岩芯采取率、冲洗液消耗量、地下水水位、测井曲线、孔内现象以及水文地质试验、水质分析等资料，编绘成水文地质钻孔综合成果图。

（4）伴随钻孔的施工，还应将勘探线上全部水文地质钻孔的成果资料加以综合分析、对比研究，结合水文地质测绘资料总结出调查区内某些剖面，以及平面上的水文地质规律，做出相应的水文地质剖面或平面图。

6.4.2　水文地质物探

岩层具有不同的物理性质，如导电性、弹性、磁性、放射性和密度等。利用专门仪器测定岩层物理参数，通过分析地球物理场的异常特征，再结合地质资料，便可了解深部地质体力学及水文相关情况。水文地质勘查中常用的是电法勘查和弹性波勘查。

电法勘查是利用仪器测定储水介质导电性的差异来识别地下地质情况的物探方法。电法勘查以岩石的电学性质为基础，不同岩石电性差异的大小，相同岩石的孔隙大小以及富水程度的强弱等，对电法勘查结果都会产生影响。这就要求配合一定数量的试坑或钻孔进行校验，才能较准确地判别资料的可靠性。电法勘查受地形条件限制较大，要求工作范围内地形起伏差小，所以在平原和河谷区使用较普遍。

弹性波勘查包括地震勘查、声波和超声波探测。利用人工激发震动研究弹性波在地质体中的传播规律，进而判断地下岩体力学及水文特性和状态。地震勘查是用人工震源（爆破或锤击）在岩体中产生弹性波，可探测大范围内覆盖层厚度和基岩起伏，探查含水层，追索古河道位置，探寻断层破碎带，测定风化层厚度和岩土的弹性参数等。用声波法可探测小范围岩体，如对地下洞室围岩进行分类，测定围岩松动圈，检查混凝土和帷幕灌浆质量，划分岩体风化带和钻孔地层剖面等。

弹性波勘查需借助弹性波探测装置完成，如图6-5所示。该类装置由发射系统和接收系统两部分组成。发射系统包括发射机和发射换能器，接收系统由接收机、接收换能器和用于数据记录和处理用的计算机组成。接收换能器接收岩体中传来的弹性波后转换成电信号送至接收机，经放大后在终端以波形和数字形式直接显示弹性波在岩体中的传播时间，据发射和接收换能器之间的距离，计算出相应纵波波速和横波波速。

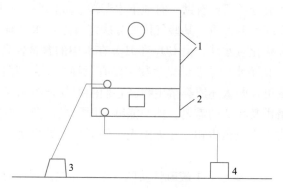

图 6-5　声波探测装置
1—发射机；2—接收机；3—发射换能器；4—接收换能器

物探方法成本低、速度快、设备简单、用途广泛，是当前水文地质勘查中不可缺少的手段。常用物探仪器有：探地雷达、高密度电法仪、浅层工程地震仪、三维地震仪、超声波测深仪等。影响物探方法效果的因素包括：

（1）探测对象（含水岩层或含水带、或地下水体）与围岩之间的物性差异，物性差异要达到一定的异常幅度，并在所探测的深度内能被物探仪器测量出来；

（2）探测对象呈现的异常现象，能与其他自然和人为干扰因素引起的异常现象具有较好的区分度；

（3）探测对象要有一定的规模（厚度或范围），埋藏深度不能太深，自然和人为干扰因素（地形坡度、切割程度、松散覆盖层厚度、地下金属管线等）的影响不能过于显著；

（4）开展水文地质探测人员，需具有良好的地球物理探测知识，以及丰富的水文地质知识和经验，否则资料解释就会与实际的水文地质条件出现偏差或谬误，影响水文地质勘查效果，甚至带来不必要的损失。

由于物探具有速度快、成本低、设备简单等优点，常常和水文地质测绘和钻探相配合。先行采用物探方法，再采用钻探验证的程序来提高勘探效率和保证勘探质量，逐渐成为水文地质工作中较为广泛应用的勘查手段。

6.4.3 水文地质化探

化探是通过分析地下水的化学组成及其赋存和运移空间的地球化学信息而掌握地下水补给和排泄条件，主要方法包括：多元连通（示踪）试验技术与方法、氧化还原电位技术与方法、环境同位素技术与方法、水化学宏量及微量组分分析技术与方法、溶解氧分析技术方法、水文地球化学模拟技术与方法。水文地质化探涉及的地下水化学信息包括：

（1）气体成分。地下水中常见的溶解气体包括：O_2、CO_2、CH_4、N_2、H_2，以及惰性气体 Ar、Kr、He、Ne、Xe 等；地下水中的气体主要来源于大气，如 O_2、CO_2、N_2 以及惰性气体等，其次来源于岩层中的生物化学作用，如 CO_2、H_2S、H_2、CH_4、CO、N_2、NH_3 等；岩层的变质作用可释放出 CO_2、H_2S、H_2、CH_4、CO、N_2、HCl、HF、NH_3、SO_2 等；放射性衰变作用可形成 Rn、He、Ne、Ar 等。

针对地下水中气体成分的研究有助于对地下水起源、成因判别和解释，气体成分决定着含水层水文地球化学环境的性质，某些气体成分决定着地下水具有一定的特殊性能，如医疗矿水中的碳酸水和硫化氢水就是由 CO_2 和 H_2S 在水中的含量较高所决定的。

（2）微生物成分。地下水中重要的微生物主要有三种类型：细菌、真菌和藻类。除光合细菌外，细菌和真菌可以归入还原类微生物，它们能把复杂的化合物分解成比较简单的物质，并从中提取能量供其代谢的需要。藻类能够利用阳光，把光能转变为化学能贮存起来，因此藻类被归入为生产类微生物。在无阳光条件下，藻类只得利用化学能来满足其代谢需要。

（3）pH 值。pH 值是衡量地下水酸碱性质的一个综合性指标，对化学元素在地下水中的存在形式及地下水与围岩的相互作用有着重要的影响。地下水的酸碱性受化学成分、温度、压力等多种因素的制约。天然水的 pH 值一般在 6.5~8.5 之间，当 pH 值过高或过低时，则表示地下水可能受到了污染。

（4）氧化还原电位（E_h）。氧化还原电位是表示地下水氧化还原状态的综合性物理化学指标，单位为 V 或 MV。地下水的氧化还原条件对元素在其中的存在形态以及元素的迁移、富集和分散有巨大的影响。地下水的氧化还原电位对环境因素的变化敏感，温度、pH 值以及溶解气体含量的变化都会对其造成很大影响，因此 E_h 值一般需要现场测定。

（5）总溶解性固体。总溶解性固体是指地下水中溶解组分的总量，也称为矿化度，包括水中的离子、分子及络合物，但不包括悬浮物和气体，单位为 mg/L 或 g/L。总溶解性固体除了可直接测定外，也可根据水质分析结果进行计算，方法是把所有溶解组分（溶解气体除外）的浓度加起来再减去 HCO_3^- 浓度二分之一。

（6）全盐量。全盐量是指水中各组分的总量，单位是 mg/L 或 g/L。全盐量与总溶解固体的区别在于全盐量无需减去 HCO_3^- 浓度的二分之一。全盐量在灌溉水质的评价以及河流向海洋输送风化产物的计算中经常用到。

（7）地下水硬度。地下水的总硬度反映了水中多价金属离子含量的总和，这些离子包括了 Ca^{2+}、Mg^{2+}、Sr^{2+}、Fe^{2+}、Fe^{3+}、Al^{3+}、Mn^{2+}、Ba^{2+} 等。与 Ca^{2+} 和 Mg^{2+} 相比，其他离子在天然水中的含量一般很少，因此地下水的硬度主要与 Ca^{2+}、Mg^{2+} 相关联。硬度通常以 $CaCO_3$ 的 mg/L 数来表示，其数值等于水中所有多价离子毫克当量浓度总和的 50 倍（$CaCO_3$ 当量）。

　　水的总硬度由碳酸盐硬度和非碳酸盐硬度组成。碳酸盐硬度是指可与水中的 CO_3^{2-} 和 HCO_3^- 结合的硬度，当水中有足够的 CO_3^{2-} 和 HCO_3^- 可供结合时，碳酸盐硬度就等于总硬度；当水中的 CO_3^{2-} 和 HCO_3^- 不足时，碳酸盐硬度就等于 CO_3^{2-} 和 HCO_3^- 的毫克当量总和的 50 倍，也就是以 $CaCO_3$ 的 mg/L 数表示的水中 CO_3^{2-} 和 HCO_3^- 的总量。碳酸盐硬度通常被称为暂时硬度，因为这部分硬度可与水中的 CO_3^{2-} 和 HCO_3^- 结合，当水被煮沸时即可形成 $CaCO_3$ 沉淀而消减。

　　总硬度与碳酸盐硬度之差被称为非碳酸盐硬度或永久硬度，它指的是与水中 Cl^-、SO_4^{2-}、NO_3^- 等结合的多价金属阳离子的总量，水煮沸后不能被消减。水的总硬度随着地区的不同通常有很大的变化，一般情况下地表水的硬度要小于地下水的硬度。地下水的硬度往往反映了它所接触的地层岩性的性质，当表土层较厚且有石灰岩存在时，水的总硬度一般较大，而软水则一般出现在表土层较薄且石灰岩较少或不存在的地方。

　　（8）溶解氧。溶解氧指溶解于地下水中的游离氧，主要来源于空气中的氧气，因此溶解氧的含量与空气中氧的含量、水的温度有密切的关系。一般情况下空气中氧的含量变化不大，因此水温是影响溶解氧含量的主要因素，水温越低水中溶解氧的含量越高。在一个大气压下，0℃ 时大气氧在淡水中的溶解度是 14.6mg/L，35℃ 时的溶解度则大约为 7mg/L。

　　溶解氧是水中有机物进行氧化分解的重要条件，当大量有机物污染水体时，水体的溶解氧可被急剧消耗，如其消耗速度超过氧气从空气中融入水体内的速度，则地下水中的溶解氧就会不断地降低，甚至接近于零而呈缺氧状态。此时水中的厌氧生物就会大量繁殖，有机物发生腐败，使水产生臭味。因此，溶解氧的含量可作为判断水体是否受到有机污染的间接指标。溶解氧参与水中有机物的氧化分解活动，所以在同一水体不同断面上测定水中溶解氧的含量，对于说明水体自然净化状况具有重要意义。

　　（9）生化需氧量（BOD）。生化需氧量是指在有氧条件下，水体中的有机物在被微生物分解的生物化学过程中所消耗的溶解氧量，以 mg/L 表示。BOD 的测定实质上是一个氧化过程，在该过程中把一定量的有机物氧化为二氧化碳、水和氨气所需氧的量是确定的。

　　BOD 测试中的氧化反应是生物活动的结果，其完成的程度是由温度和时间所决定的。为了使测定的 BOD 值具有可比性，通常采用 20℃ 下培养 5 天的测定结果来标定 BOD，并将其记为 BOD_5。

　　（10）化学需氧量（COD）。化学需氧量是指在一定条件下，采用强化学氧化剂氧化水中有机物所消耗的氧量，单位为 mg/L。在 COD 的测定过程中，无论有机物能否被生物所分解，它都被氧化剂氧化成为二氧化碳和水，因此 COD 一般要大于 BOD。

　　COD 测定的最大缺点就是它不能对生物可降解与生物不可降解的有机质进行区分，而且它不能提供可降解有机物在天然条件下达到稳定状态的任何速度信息。优点是测定所需的时间短，只需要三个小时，所以在很多情况下都用 COD 来代替 BOD。

　　（11）总有机碳（TOC）。总有机碳是水中各种形式有机碳的总量，以 mg/L 表示。TOC 可通过测定高温燃烧所产生的二氧化碳来确定，也可用有关测试仪器进行测定。由于燃烧法的测定程序较为繁琐，而且难以排除无机碳的干扰，而仪器测试法又比较昂贵，所以在水质分析结果中 TOC 的资料很少。

（12）酸度（Acidity）。酸度是表征地下水中和碱的能力的一个综合性指标。组成水中酸度的物质可归纳为三类：强酸，如 HCl、HNO_3、H_2SO_4 等；弱酸如 H_2CO_3 及各种有机酸等；强酸弱碱盐，如 $FeCl_3$、$Al_2(SO_4)_3$ 等。

地下水中这些物质对强碱的总中和能力称为总酸度。总酸度表示了中和过程中可与强碱反应的全部 H^+ 数量，其中包括了已电离的和将要电离的两部分。已电离的 H^+ 数量称为离子酸度，其负对数值即等于地下水的 pH 值。

（13）碱度（Alkalinity）。碱度是指地下水中能与强酸作用的重碳酸盐、碳酸盐、氢氧化物、有机碱及其他弱酸的强碱盐的总含量，是表示地下水中和酸能力的一个综合性指标。天然水的碱度主要由水中的弱酸盐类所引起，当然弱碱和强碱对其也有一定的贡献。虽然很多物质都对地下水的碱度有影响，但水的碱度主要由三类物质所引起，这些物质是氢氧化物、碳酸盐和重碳酸盐。

6.5 水文地质抽水试验

6.5.1 抽水试验目的和类型

水文地质抽水试验是进行地下水定量研究，获取评价所需水文地质参数不可缺少的手段。抽水试验以地下水井流理论为基础，通过在实际井孔中抽水时水量和水位变化的观测来获取水文地质参数，评价调查区水文地质条件，为预计矿井涌水量和评价地下水允许开采量等提供依据。其主要任务有：

（1）确定含水层及越流层的水文地质参数，如渗透系数 K、导水系数 T、储水系数 S 等；

（2）确定抽水井的实际涌水量及其与水位降深之间的关系；

（3）研究降落漏斗的形状、大小及扩展过程；

（4）研究含水层之间及含水层与地表水体之间（或与老窑积水之间）的水力联系；

（5）确定含水层的边界位置及性质（补给边界或隔水边界）；

（6）进行含水层疏干或地下水开采模拟，以确定井间距、开采降深、合理井径等群井设计参数。

由于划分的原则和角度不同，抽水试验类型繁多，主要有以下几种：

（1）单孔抽水、多孔抽水和干扰井群抽水试验。根据抽水试验井孔的数量划分为单孔抽水、多孔抽水和干扰井群抽水试验。单孔抽水试验只有一个抽水孔，水位观测也在抽水孔中进行，不另外布置专门的观测孔。该方法简单、成本低，但不能直接观测降落漏斗的扩展情况，一般只能取得钻孔涌水量 Q 及其与水位降深 S 的关系和粗略的渗透系数 K。只用于稳定流抽水，在普查和详查阶段应用较多。

多孔抽水试验由一个主孔抽水，另外专门布置一定数量的水位观测孔。它能够完成抽水试验的各项任务，可测定不同方向的渗透系数、影响半径 R、降落漏斗形态与发展情况、含水层之间及其与地表水之间的水力联系等，试验取得的成果精度也较高。但需布置专门的观测孔，其成本相对较高，多用于精查阶段。

干扰井群抽水试验是指在多个抽水孔中间抽水，另外布置若干观测孔。抽水时造成降落漏斗相互重叠干扰，按抽水试验的规模和任务分为一般干扰井群抽水试验和大型群孔抽水试验。

一般干扰井群抽水试验是为了研究相互干扰井的涌水量与水位降深的关系，或因为含水层极富水、单个抽水孔形成的水位降深不大、降落漏斗范围太小，而需在较近的距离内设置抽水孔，组成一个孔组同时抽水；或为了模拟开采或疏干，需在若干井孔内同时抽水，观测研究整个流场的变化。由于这种试验成本高，所以只在水文地质条件复杂地区的精查阶段或开采（疏干）阶段使用。

大型群孔抽水试验是近年来在一些岩溶大水矿区在水文地质精查阶段（或专题性勘探）中使用的一种方法。一般由数个乃至数十个抽水孔组成若干井组，观测孔多、分布范围大，进行大流量、大降深、长时间的大型抽水，形成一个大的人工流场，以便充分揭露边界条件和整个流场的非均质状况，这种抽水试验要花费巨大的人力和财力，采用时必须慎重考虑，一般仅用于涌水量很大、边界条件不清、水文地质条件复杂的矿区。

（2）稳定流抽水和非稳定流抽水试验。按抽水试验所依据的井流理论，可分为稳定流抽水和非稳定流抽水试验。稳定流抽水试验要求抽水时的流量和水位降深都相对稳定，不随时间改变。用稳定流理论和公式来分析计算方法比较简单，但自然界大都是非稳定流，只在补给水源充沛且相对稳定的地段抽水时才能形成相对稳定的流场，因此应用受到一定限制。

非稳定流抽水试验只要求水位和流量中的一个稳定，另一个可随时间变化。一般要求流量稳定而降深变化。用非稳定流理论和公式进行分析计算时，比稳定流抽水更接近实际，因而具有更广泛的适用性，能研究的因素（如越流因素、弹性释水因素等）和测定的参数（如给水系数、导压系数、越流系数等）也更多。此外，它还能判定简单条件下的边界，并能充分利用整个抽水过程所提供的全部信息。非稳定流抽水试验其解释计算较复杂，观测技术要求较高。

（3）完整井抽水和非完整井抽水试验。根据抽水井的类型可分为完整井抽水和非完整井抽水试验。完整井抽水试验和非完整井抽水试验是指在完整井（即钻孔揭穿整个含水层，过滤器长度等于含水层厚度）中和非完整井（即钻孔仅揭穿含水层的一部分，过滤器长度小于含水层厚度）中进行的抽水试验。由于完整井的井流理论较完善，因此一般应尽量用完整井做试验。只有当含水层厚度很大，又是均质含水层时，为了节省费用，或为了研究过滤器的有效长度时才进行非完整井抽水试验。

（4）分层、分段及混合抽水试验。根据试验段所包含的含水层情况，可分为分层、分段及混合抽水试验。分层抽水是指每次只抽一个含水层。对不同性质的含水层（如潜水与承压水）应采用分层抽水。对参数、水质差异较大的同类含水层也应分层抽水，以分别掌握各层的水文地质特征。分段抽水是在透水性各不相同的多层含水层组中，或在不同深度透水性有差异的厚层含水层中，对各层段分别进行抽水试验，以了解各段的透水性。有时也可只对其中的主要含水段进行抽水，如厚层灰岩含水层中的岩溶发育段，此时段与段之间应止水隔离，止水处应位于弱透水的部位。混合抽水是在井中将不同含水层合为一个试验段进行抽水，各层之间不加以止水。它只能反映各层的综合平均状况，一般只在含水层富水性弱时采用，或当各分层的参数已掌握，只需了解各层的平均参数，或难于分层抽水时才采用混合抽水试验。混合抽水较简单、费用较低，因此也研究出一些用混合抽水试验资料计算各分层参数的方法。如利用逐层回填多次抽水试验资料，计算各分层渗透系数的近似值。此外，也可利用井中流量计测定混合抽水时各分层的流量，以计算分层参数。混合抽水试验如需布置观测孔时，必须分层设置。

（5）正向抽水和反向抽水试验。根据抽水顺序可分为正向抽水和反向抽水试验。正向抽水是指抽水时水位降深由小到大，即先进行小降深抽水，后进行大降深抽水。因其有利于抽水井周围天然过滤层的形成，多用于松散含水层中。反向抽水是指抽水时水位降深由大到小。抽水开始时的大降深有利于对井壁和裂隙的清洗，多用于基岩含水层中。

6.5.2   抽水试验的技术要求

6.5.2.1   抽水试验场地布置

布置抽水试验的场地重点是主孔与观测孔的配置，根据抽水试验的任务和当地的水文地质条件，首先要选定抽水孔（主孔）的位置，然后进行观测孔布置。

观测孔的平面布置取决于抽水试验的任务、精度要求、规模大小、含水层的性质，以及资料整理和参数的计算方法等因素。一般情况下，观测孔均应布置成观测线的形式，但如果只为消除井损或水跃的影响，只在抽水孔旁布置一个观测孔即可。如为准确获取参数，应根据含水层边界条件、均质程度、地下水的类型、流向及水力坡度等，将观测孔布置成1~4条观测线。

当地下水水力坡度小，并为均质各向同性含水层时，可在垂直地下水流向的方向上布置一排观测孔（图6-6（a））。若受场地条件限制难于布孔时，也可与地下水流向成45°角的方向布置一排观测孔。当含水层为均质各向同性，但水力坡度较大时，可垂直和平行地下水流向各布置一排观测孔（图6-6（b））。对非均质含水层，水力坡度不大时应布置三排观测孔，其中两排垂直流向、一排平行流向（图6-6（c））。对非均质各向异性含水层，水力坡度较大时可布置四排观测孔，其中垂直和平行流向各两排（图6-6（d））。

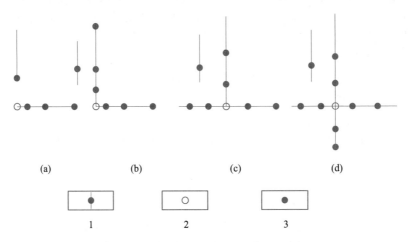

$$(a) \qquad\qquad (b) \qquad\qquad (c) \qquad\qquad (d)$$

1   2   3

图 6-6   抽水试验观测孔平面布置示意图

（a）垂直流向一条观测线；（b）垂直，平行流向各一条观测线；
（c）垂直流向两条、平行流向一条观测线；（d）垂直和平行流向各两条观测线
1—地下水流向；2—抽水孔；3—观测孔

此外，对群孔抽水试验，其观测孔布置应能控制整个流场井直到边界，非均质的各个地段也应有观测孔。对某些专门目的的抽水试验，观测孔的布置则可不拘形式，以解决问题为原则。如研究断层的导水性时，可将观测孔布置在断层的两盘。为判别含水层之间的水力联系时，则分别在各个含水层中布置钻孔，研究河水地下水的关系，观测孔应布置在岸边。

观测孔的数量主要取决于抽水目的和参数计算方法。用于描述降落漏斗的抽水试验，每条观测线上不应少于 3 个观测孔。用于求参的抽水试验，每条观测线可布置 1~3 个孔，但多数取 3 个。用于判定水力联系及边界性质的抽水试验，观测孔不应少于 2 个。

观测孔间距应近主孔者小，远主孔者大，即距抽水孔由近至远，观测孔间距由小到大。此外，透水性差的含水层中观测孔的间距较透水性强的小，潜水含水层较承压含水层的小，有垂直补给的较无垂直补给的小，非稳定流抽水较稳定流抽水的小。最近的观测孔应尽量避开紊流和三维流的影响，距抽水孔的距离一般不应小于含水层厚度的 1 倍。当含水层渗透性强、抽水降深大时，其距离应更大些。最远的观测孔，应能观测到明显的水位下降，以控制降落漏斗的扩展半径或者其水位下降值不小于 10 倍的允许观测误差。相邻两观测孔之间的间距，应保证其降深差不小于 0.1m。对非稳定流抽水，观测孔的间距应在对数轴上分布均匀。

对均质完整井抽水，观测孔的孔深应达到抽水孔的最大降深以下。对非完整井抽水，观测孔的深度应达到抽水孔抽水段的中部。观测孔沉淀管的长度一般不应小于 2m。除含水层很薄外，观测孔应深入试验层 5~10m。如为查明水力联系，观测孔应深入试验层 10~20m 以上，观测孔的孔径一般不小于 55mm。

6.5.2.2　稳定流抽水试验技术要求

稳定流抽水试验在技术上对水位降深、稳定延续时间和水位流量观测等方面有一定的要求，以保证抽水试验的质量。

A　水位降深

正式抽水试验一般要求进行三次降深，以便确定流量 Q 与降深 S 之间的关系，判断抽水试验的正确性和推断涌水量，如图 6-7 所示。

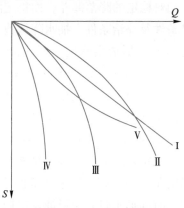

图 6-7　Q-S 曲线图

I—直线型，表示承压井流；II—抛物线型，表示潜水、承压-无压或三维流，紊流影响下的承压井流；
III—幂曲线型，表示从某一降深值开始，涌水量 Q 随降深 S 的增加而增加很少；IV—对数型，表示补给衰竭或水流受阻；
V—试验有误，可能在抽水过程中原来被堵塞的空隙突然被疏通等原因导致

当对成果的精度要求不高，或对次要含水层抽水，或因涌水量过小，或因抽水设备所限最大降深未超过 1m 等情况下，可只进行一次降深。因受金属矿开采影响钻孔水位较深时，可只做一次最大降深，但降深过程的观测应考虑非稳定流计算的要求，同时适当加长延续时间。如对 Q-S 关系已经掌握，又能保证二次降深抽水结果的正确，也可只做两次降深。在几种可能的 Q-S 关系中未知系数都不多于 2 个，根据二次抽水试验资料，可以利用 $Q_2/Q_1 = \sqrt[n]{\dfrac{S_2}{S_1}}$ 中的 n 值判定 Q-S 曲线的类型。这种方法可节省一次降深的工作量，但缺乏第三个点的检验，不能保证不错判 Q-S 关系，因此可靠程度稍差。

在进行三次降深抽水试验时，应采用不同的降深大小。抽水试验最大降深 $S_{\max}$ 的确定主要取决于潜水含水层的厚度、承压水的水头，以及预计开采或疏干的动水位值，同时还应考虑现有抽水设备的能力。对潜水含水层，其最大降深值可取含水层底板以上水位高度 H 的 $1/3 \sim 1/2$。对承压含水层，其最大降深可取由静水位至含水层顶板的距离，即应尽可能将水位降至含水层顶板。此外，最大降深的确定还应考虑抽水试验的目的。当抽水试验用于获取参数时，降深值应小一些，以避免产生紊流和三维流，影响参数的可靠性。为疏干计算或水资源评价时，降深值应能保证外推至设计要求，并尽量接近正式生产时的设计水位。若为判断边界性质和水力联系时，则要求有足够的降深以使问题充分暴露。

最大降深 $S_{\max}$ 确定以后，其余两次降深值可分别取 $S_1 = \dfrac{1}{3} S_{\max}$，$S_2 = \dfrac{2}{3} S_{\max}$，降深分布均匀有利于绘制 Q-S 曲线。当含水层含水十分丰富，水位下降难以达到上述要求时，最大降深 $S_{\max}$ 也不应小于 3m，最小降深和两次降深之差均不得小于 1m，水位降深次序的选择，主要视含水层性质而定。在松散含水层中抽水时，则应采取自小到大的次序，即正向抽水。在裂隙或岩溶含水层中抽水时水位降深应按自大到小的次序进行，即反向抽水。

B   稳定延续时间

稳定延续时间是指渗流场达到近似稳定后的延续时间，简称稳定时间。由于稳定流抽水试验要求在井周围形成一个相对稳定的降落漏斗，而稳定降落漏斗形成的快慢取决于地下水类型、含水层参数、边界条件及补给条件、抽水降深值等。通常潜水、弱渗透层、补给条件差或降深大时，稳定降落漏斗形成会慢些。因此抽水时间短造成不稳定的降落漏斗，这时的水力坡度大于稳定后的水力坡度，求出的参数值偏大。或者漏斗虽貌似稳定，但由于稳定延续时间过短，并未真正稳定。判断稳定的标准以主孔及观测孔中水位、流量变化不超过一定数值为依据，而主孔及观测孔的分布只反映抽水渗流场的一小部分，难以反映全面而真实的情况。因此，必须规定不同条件、不同精度要求时抽水的稳定延续时间，以保证抽水试验的可靠性。稳定延续时间越长，越能发现微小而有趋势性的变化，以及临时性补给所造成的短暂稳定及"滞后疏干"所造成的假稳定。例如，对于补给来源有限，且规模不大的含水层，在长时间抽水过程中可能发生局部或全部被疏干的现象。如稳定延续时间短，则显示不出这种"滞后疏干"造成的假稳定。

不同部门对抽水试验的稳定延续时间都有一定的规定，抽水时可按规定执行。通常为获取参数的抽水试验，稳定延续时间一般不超过 24h；其他目的抽水试验，一般为 48 ~

72h。但不论何种目的的抽水试验，最远观测孔的稳定延续时间不得少于 2~4h。

在矿山水文地质勘探中，稳定流抽水试验在稳定时间水位的稳定要求是：当水位降深 $S>5m$ 时，主孔水位变化幅度不超过 1%；当 $S \leqslant 5m$ 时，水位变化值不大于 5cm；当用压风机抽水时，主孔水位波动允许达到 20~30cm；观测孔水位变化值要小于 2cm。

稳定流抽水试验对水量稳定的要求是当单位涌水量 $q \geqslant 0.01L/(s \cdot m)$ 时，水量变化幅度不得大于 3%，当 $q<0.01L/(s \cdot m)$ 时，水量变化幅度不得大于 5%。

稳定时间内水位、水量的变化应在平均值上下波动。若其变化幅度虽符合要求，但水位、水量观测值呈单一方向的持续上升或下降，则抽水试验应再延长 8h 以上。

C 水位及流量观测

在开始进行抽水试验前，应观测天然稳定水位。一般每小时观测一次，2h 内所测值不变或 4h 内水位相差不超过 2cm 者即可作为稳定水位。如天然水位有波动，则取一个或几个水位的平均值作为天然稳定水位。

抽水过程中水位、水量应同时观测，观测时应先密后疏，如开始时 5~10min 观测一次，以后则每 15~30min 观测一次，抽水终止或中断后均应观测恢复水位。观测时应先密后疏，直至稳定，或已符合抽水前的天然动态为止。对恢复水位的要求与抽水前天然水位相同。如所测水位与抽水前有差异，可将差值以各次降深延续的时间为权进行加权分配修正各降深值。具体的观测时间间隔要求，可参考有关规程。

6.5.2.3 非稳定流抽水试验技术要求

非稳定流抽水包括定流量和定降深两种，实践中多采用定流量抽水试验。非稳定流抽水试验对流量和水位观测的要求仍同稳定流抽水试验。但定流量抽水时，从抽水开始到结束，流量均应保持稳定，对动水位的观测时间间隔应缩短，特别要在开泵的前 10~20min 观测到较多的数据。

非稳定流抽水试验的延续时间也取决于试验的目的任务、水文地质条件、试验类型、抽水量和计算参数的方法。不同的抽水试验延续时间的差别很大，目前尚无统一的规定。仅就参数计算而言，在我国进行的试验通常不超过 48h。在供水水源勘查中，有时为确定可靠的允许开采量或补给量，或为反映出整个区域边界对抽水过程的影响所进行的大型群孔抽水试验的延续时间，要比其他抽水试验长得多。根据国内外的实践经验，这类抽水的持续时间通常不超过 3~4 个月，个别试验工作可延续 5~7 个月。

当试验层为无界承压水时，常用配线法和直线图解法求解参数。配线法只要求抽水前期的观测资料，但直线图解法通常要求直线段能延续 2 个以分钟（min）为单位的对数周期，则总的抽水延续时间约为 3 个对数周期，即 1000min，约为 17h，因此一般要求延续 1~2d。如有多个观测孔，则要求每个观测孔的资料均符合上述要求。如流量为阶梯状时，则最后一个流量阶梯也应延续至满足上述要求。

当考虑越流时，如用拐点法或利用 S_{max} 计算参数时，抽水应延续至能判定 S_{max} 为止；如仅用配线法，则与其他情况下使用配线法相近，延续时间短一些。如需利用稳定状态时段资料，则稳定段的延续时间应符合稳定流抽水对延续时间的要求。

当试验目的是判定边界位置和性质时，延续时间应能保证任务的完成。例如对于定水头供水边界，抽水应延至符合稳定状态要求，对于直线隔水边界，常为 100min 以上。对于某些隔水边界，两侧水头差达到一定数值时可以转为透水边界，因此延续时间应保证边界处水位降深值达到预定值。

6.5.3　抽水试验设备

抽水试验设备主要是指抽水设备、过滤器和测水用具（如流量计、水位计等），其选用应能满足抽水试验的具体要求。

抽水设备主要是指扬水设备。在抽水试验中，能够使用的抽水设备种类很多，其使用条件和性能均不同。表 6-1 列出了常用的抽水设备及其性能对比。

表 6-1　常用抽水设备性能对比

类型	应用条件	优点	缺点
提桥	水量小，地下水埋深大，精度要求不高	简易	水位波动大，资料准确性低
泥水式水泵	地下水埋深浅，出水量为 0.2~2.01L/s	构造简单，安装方便	水量不均匀，吸程小，精度不高
拉杆式水泵	地下水埋深 50~100m，水量小	扬程高	易发生故障，不适用于含砂脱水
往复式水泵	地下水埋深浅，井径小，水量小	调整降深方便，水泵属钻机附件	笨重
离心式水泵	埋深浅，流量大	能抽浑水，调整降深方便出水均匀，轻便	吸程小
射流式水泵	埋深大，井径小，水量小	加工简易，可利用钻机附件	调整降深不方便，影响测水位
深井泵	埋藏深，流量大	出水均匀，扬程高	费用大，不能抽浑水。井径大而直
空气压缩机	埋藏深，流量大，井径较小	能起洗孔，抽水双重作用，能抽浑水，运输方便	费用大，水面波动大，精度较低，不能控制流量
潜水泵	深水位的钻孔抽水，矿井疏干排水	密封好，不怕水淹，排水能力强，具自吸能力，可防爆	易损坏

在选择抽水设备时，应考虑吸程、扬程、出水量等能否满足设计要求，以及搬迁难度、费用大小等。水量较大、地下水埋藏浅且降深小时，可用离心式水泵；若埋藏深或降深大、精度要求高、井径足够大时，则采用深井泵；若精度要求不高、井径较小时，则可选用空气压缩机；若井径小、埋藏较深、涌水量较小，又没有拉杆式水泵时可采用射流泵。目前在抽水试验中经常使用的主要有空气压缩机、射流泵、深井泵和离心泵等，如图6-8 所示。

图 6-8　空气压缩机

6.6　水文地质勘查成果

6.6.1　水文地质图件

水文地质图件是把勘查工作中所获得的各种水文地质现象和资料，借助各种代表符号，反映在一定比例尺的图纸上所编制的具有综合内容的水文地质图件。水文地质图件的特点包括如下方面：

（1）多变性。地下水受各种自然及人文因素的影响，其水量、水质、水位等要素在时间及空间上具有多变性。

（2）复杂性。勘查目的决定地下水分析的侧重点不同，从利用地下水的角度出发，需注重地下水水质、补给排泄、地下水储量、给水度等特征；从防范地下水危害的角度出发，则更关注地下水压力、导水通道、瞬时涌水量等特征。因此，水文地质图表示的内容具有差异性和复杂性。

（3）水文地质图系。复杂多变的水文地质要素往往难以采用单一图件说明，因此水文地质勘查结果往往采用系列图件，即水文地质图系来反映。勘查阶段越深入，图件比例尺越大，图件所反映的内容越多，图系中图件数量也越多。

水文地质图系一般包括四类图件：基础性图件、要素性（或单项地下水特征性）图件、综合性（或专门性）图件和应用性图件。各图件类型说明如下：

（1）基础性图件。基础性图件主要反映地下水形成、赋存的自然环境图件，如地质图、构造图、地貌图、第四纪地质图、降水量分布图等。

（2）要素性图件。主要反映地下水某一项（或几项）要素信息的水文图件，如地下水等水位图、地下水埋深图、地下水水化学图、渗透性分区图等。

（3）综合性图件。综合性图件是综合反映水文地质特征的图件，如区域水文地质勘查的综合水文地质图、供水水文地质勘查的供水水文地质图、环境水文地质勘查的环境水文地质图、矿床水文地质勘查的矿床水文地质图等。

（4）应用性图件。应用性图件是为解决生产实际问题需要而编制的图件，如地下水开发利用条件分区图、土壤改良水文地质图、农田灌溉分区图、地下水资源分布图、地下水水质预测图、地下水开采预测图等。

除上述图件外，一般还需要编制实际材料图，用于反映各种勘查工作的布置、工作量的分布等内容，以便评价勘查工作精度。

6.6.2　水文地质文字报告

水文地质文字报告是地下水勘查成果的主要组成部分，是对水文地质图系的说明和补充。报告的主要内容是阐明调查区的地下水规律，精细化地下水资源评价，并对地下水资源的开发利用、管理、保护治理做出科学论证。水文地质文字报告包括以下内容：

（1）序言。水文地质报告序言部分应概述水文地质勘查类型，地质环境，水文地质条件，地下水资源评价，地下水开发、利用、保护及防治等内容，从宏观视角展示水文地质勘查成果及主要结论。

（2）地下水的天然环境条件。本节需详细介绍水文地质勘查区地形、水文、气候、地貌及地质条件等内容。

（3）水文地质条件。水文地质条件应阐明区内地下水类型、各含水层的分布、特征、富水性、富水部位、地下水赋存规律等，对隔水层特征也要阐述，探讨区内各种地质构造的水文特征；说明各类地下水的补给、径流及排泄条件，地下水的动态特征、化学特征及污染状况；若勘查区内有矿水、热水等特殊地下水，应单独论述其特征及形成条件。

（4）地下水资源评价。地下水资源评价的内容主要包括对各种地下水量时空分布规律的研究，计算地下水允许开采量，分析地下水开采潜力、开发利用前景及对环境产生的影响，提出合理的开采方案、工程措施及建议等。

（5）地下水资源开发利用及保护。依据水文地质勘查结果，规划内容详尽、切实可行的地下水开发利用及保护措施，指导勘查区与地下水资源相关的工程活动，实现区域地下水开发利用平衡，有效保护地下水资源。

（6）结论与建议。总结水文地质勘查内容，按条目形成水文地质勘查结论，并根据勘查结论概述地下水资源开发利用及保护建议。

───── 本 章 小 结 ─────

（1）水文地质勘查分阶段进行，通常分为水文地质普查和水文地质勘探两大阶段。前者属于综合性水文地质勘查，后者属于专门性水文地质勘查。综合性水文地质勘查的任务是着重查明区域水文地质条件，阐明区域地下水的形成条件和分布规律，为国民经济建设远景规划提供水文地质依据，同时也作为专门性水文地质勘查的基础。

（2）水文地质普查是开展区域性小比例尺水文地质勘查工作。普查阶段一般不要求解决专门性的水文地质问题，其主要任务是查明区域的水文地质条件，为国民经济规划提供基础资料，如各类含水层的赋存条件与分布规律、地下水的水质、水量以及地下水的补给、排泄等条件。

（3）水文地质初步勘查也称为详查，一般是在水文地质普查的基础上进行。在这个阶段工作中要求解决专门性的水文地质问题，为各种国民经济建设部门提供所需的水文地质依据，例如城市工矿企业供水、农田供水、土壤改良或矿山开采等。

（4）水文地质详细勘查也称为精查，内容包括大比例尺水文地质测绘、钻孔水文地质观测，以及单孔和群孔抽水试验、连通试验、地表水和地下水动态观测、生产矿井和采空区水文地质调查等。

（5）水文地质勘查手段主要包括钻探、物探及化探等。钻探可确定含水层及隔水层地质特征，测定含水层地下水位及水力联系、水化学特征等，并进行水文地质观测。物探是根据探测对象物理方面差异，借助相应仪器设备开展的水文地质勘查方法，影响因素包括探测对象与围岩的物性差异、对象异常现象、对象规模及埋藏条件，以及数据解译质量等。化探主要是通过分析地下水的化学组成及其赋存和运移空间的地球化学环境信息而掌握地下水相关特征。

（6）水文地质抽水试验是进行地下水定量研究，获取评价所需水文地质参数的不可缺少的手段。抽水试验是以地下水井流理论为基础，通过对实际井孔抽水时水量和水位变化的观测来获取水文地质参数，评价调查区地质条件，为预计矿井涌水量和评价地下水允许开采量等提供依据。

思 考 题

1. 比较区域水文地质勘查与专门水文地质勘查的差异。
2. 比较水文地质初勘与详勘的差异。
3. 简述水文地质钻探目的。
4. 简述水文地质抽水试验目的和类型。
5. 简述水文地质文字报告编写要素。

7 金属矿山专门水文地质学

本章课件

本章提要

突水是指大量地下水突然集中涌入井巷空间，常发生于掘进或采矿巷道揭穿导水断裂、富水溶洞、积水空区等施工过程中，是金属矿山开采需要重点关注的水文地质学问题。矿山涌水量是指矿井在建设过程中，不同水源的地下水单位时间内流入矿井的水量，是确定矿床水文地质条件复杂程度的重要指标之一，关系矿山的生产条件和成本，对矿床的经济技术评价有很大影响。矿山排水方式有两种：自然式排水和扬升式排水。在地形许可的条件下，利用平硐自流排水是最经济、最可靠的措施，应尽量采用。在地形受限制的矿井，采用扬升式排水，依靠水泵将水排至地面。大水矿床是指水文地质条件复杂，矿坑涌水量每日数万立方米或静水压力达 2~3MPa 以上的矿床。大水矿床地下开采的防治水技术复杂，影响因素较多。除了合理布置井巷工程，选择合理的采矿方法外，还必须针对不同地质条件采取防治水综合措施。

7.1 矿山水害及形成条件

7.1.1 矿山水害概况

突水是指大量地下水突然集中涌入井巷空间，常发生于掘进或采矿巷道揭穿导水断裂、富水溶洞、积水空区等施工过程中。矿井突水一般来势凶猛，超过矿井正常排水能力，常会在短时间内淹没井巷，造成严重的人员伤亡及经济损失，同时对矿区及其周边的水资源与环境造成巨大破坏，一直是我国地下金属矿生产过程中最具有威胁的灾害之一。据统计 2001~2016 年间，全国金属矿共发生重特大水害事故 9 起、死亡 196 人，事故数、死亡人数分别位居各类事故首位、第三位（图 7-1）。随着浅部矿产资源的逐步开发和枯竭，矿山逐渐进入深部开采。我国采深达到或超过 1000m 的金属矿达 16 座，最深达 1600m。深部岩体处于三高一扰动条件（高应力、高地温、高渗透压和强开采扰动），水文地质条件更加复杂，突水灾害防控形势日趋严峻。

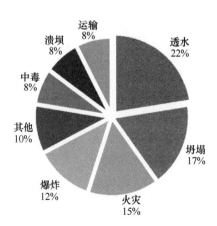

图 7-1 全国金属矿山重特大事故起数分类统计

在我国西北地区，大部分金属矿床形成和赋存于变质岩系或火成岩地层中。由于西北地区气候干旱，年降水量少、蒸发量大，基岩裂隙水的补给量、净储量都十分有限，所以分布于甘肃、新疆、青海及陕西部分地区的金属矿床基本不存在水害问题，相反矿区供水水源短缺成为矿产资源开发的制约因素。

在我国北方地区，广泛分布的山西式铁矿严重受太原组薄层灰岩和奥陶系灰岩的水害威胁。由于山西式铁矿距奥陶系灰岩距离很近，矿区附近的断裂与岩体构造直接控制着奥陶系、石炭二叠系灰岩岩溶水的补给与排泄条件，断裂破碎带和发育于岩体周边的张性裂隙往往将灰岩水直接导入矿井，给该区矽卡岩型矿床的开发带来严重的水害威胁。

在我国南方地区和西南地区，大部分金属矿床属于火成岩体与寒武奥陶系石灰岩接触带的热液变质型矿床。由于矿体与灰岩含水层直接接触，使得该区金属矿床的水文地质条件十分复杂，矿井涌水量很大，岩溶水一旦被揭露后直接涌入或通过地下暗河溶洞导入，成为矿井突水的一大特点，矿井涌水往往突发性强、水量大。表7-1列出了近年来我国金属矿山发生的典型水害事故。

表 7-1　近年来我国金属矿山典型水害事故一览表

序号	矿山名称	突水日期	突水原因及抢险救援	死亡/人
1	山东莱钢顾家台铁矿	1999 年 7 月 12 日	-100m 水平探矿巷冒落，导通上部的奥陶系灰岩含水层，发生透水导致淹井事故	29
2	广西拉甲坡矿	2001 年 5 月 23 日	爆破作业使隔水岩体产生破坏，老采空区积水涌入井下作业区	81
3	湖南喀邵东县联合石膏矿	2001 年 9 月 20 日	开采过程中使新、老巷道贯通，老窿水迅速溃入矿坑，发生透水事故	10
4	安徽芜湖市章矶山铁矿	2003 年 9 月 22 日	井下掘进揭露前方的溶洞	4
5	湖北阳新县鹏凌矿	2004 年 6 月 15 日	-193m 中段老采空区发生突水，地表河水通过塌洞和岩溶裂隙贯入矿坑，造成淹井	11
6	湖北钟祥市秦冲磷矿	2005 年 1 月 3 日	水仓底部压穿，致使水仓内 1500m³ 水从缺口下泄，采用强排水方案将积水全部排除	3
7	内蒙古赤峰市金峰萤石矿	2005 年 3 月 31 日	积水采空区上部岩体突然垮落，使采空区水面上升，灌入采掘坑道	8
8	陕西洛南县铜马矿冶公司	2006 年 12 月 8 日	平巷爆破作业过程中，将相邻早已废弃的坑道打穿，440m³ 积水瞬间涌入平巷	6
9	内蒙古包头市壕赖沟铁矿	2007 年 1 月 17 日	透水系矿体顶板第四系强含水层垮塌所致	35
10	湖北大冶市大志山铜矿	2007 年 3 月 31 日	透水系灰岩岩溶含水层通过 -400m 中段断裂构造涌入矿坑	6
11	浙江余杭市仇山磁土矿	2008 年 6 月 18 日	-65m 水平采空区积水与地表水涌入，采用 4 套水泵强排水救援，涌水量大，停止施救	6
12	贵州遵义市兴火锰矿	2008 年 10 月 9 日	放炮击穿老窑水，引发透水事故。采用先强排后清淤的施救方案	4
13	河北武安西石门铁矿	2009 年 3 月 28 日	采区 -40m 水平突然涌水，井下涌水量达到 84000m³/h	8

序号	矿山名称	突水日期	突水原因及抢险救援	死亡/人
14	辽宁朝阳市北票金矿	2009 年 5 月 4 日	探矿过程中，打通了采空区积水	5
15	山东潍坊盘马埠铁矿	2011 年 7 月 10 日	违规开采保安矿柱，致使保安矿柱冒落，露天采坑中的尾矿和积水溃入井下	24
16	广东省清远市盈达矿业	2015 年 1 月 19 日	盗采铅锌矿，老空积水冲塌堵水墙，大量积水涌入暗斜井	3

7.1.2　矿山充水条件分析

我国各类矿山的矿井突水灾害受各种因素控制，形成条件也各不相同，可以归因于自然地质条件和人为条件两个方面（表 7-2）。任何类型的矿山突水，都是在先天的自然地质条件基础上附加人为条件的作用而发生的灾害事故，可从充水水源、充水通道的角度分析矿山充水条件。

表 7-2　矿井突水灾害形成条件

分类		影响因素及其内容
自然-地质条件	矿区自然地理条件	气象因素——降水量大小 地形和水文因素——地表水体的分布及汇水条件、切割程度等
	矿区和矿床地质条件	地质构造条件——矿区褶皱、断裂构造发育情况 矿体及围岩的岩石性质、节理裂隙发育情况、岩溶发育情况 矿体的厚度、规模、埋藏深度及与当地侵蚀基准面的关系
	矿床水文地质条件	矿床充水水源——大气降水、地表水、地下水和老窿水 矿床充水通道——断裂带、导水陷落柱、岩溶塌陷及天窗、构造裂隙及采矿造成的裂隙，未封闭的钻孔 矿床充水水压和充水强度——矿床所处的储水构造类型和规模、含水层的补给、径流条件、矿床水边界条件、地质构造条件、潜水位及承压水位、地震影响等
人为条件	勘探因素	勘探方法、勘探阶段、可靠程度等
	采矿因素	采矿方法、机械化程度、开采程度等
	防治能力	预测预报水平、防治及救护能力
	管理决策能力	管理水平，管理人员的决策能力

7.1.2.1　充水水源

矿山充水水源主要包括大气降水、地表水、地下水和老空积水。其中，地表水又可分为河水、湖水、海水；地下水可分为第四纪松散沉积层潜水、裂隙水、岩溶水等。准确查明矿床充水的水源，对计算矿井涌水量，拟定防治水措施和预测矿井突水等均具有重要意义。

（1）大气降水。典型的以大气降水作为矿山充水水源的条件为：地表存在相对低洼的汇水区域，矿床位于低洼地表之下且埋藏较浅，地表和矿床体之间存在断层、裂隙等导水介质（图 7-2（a））；处于分水岭地区或地下水季节变动带，矿床埋藏深度较浅，矿床上覆岩层裂隙较多，发育有利于大气降水入渗（图7-2（b））；矿体和地表之间存在喀斯特塌洞或落水洞式导水通道，大气降水可直接通过喀斯特塌洞导入矿坑（图7-2（c））。

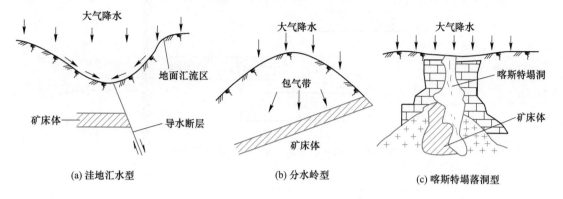

(a) 洼地汇水型   (b) 分水岭型   (c) 喀斯特塌落洞型

图7-2 大气降水充水矿床示意图

大气降水作为充水水源时，其充水特征与降水、地形、岩性和构造等条件有关：矿井涌水动态与当地降水动态相一致，具明显的季节性和多年周期性变化规律，突水事故则多发生在丰水年的丰水期。多数矿床的矿井涌水量随采深增加而逐渐减少，涌水峰值出现滞后的时间效应。矿井涌水量的大小还与降水性质、强度、连续时间和入渗条件有密切关系。通常长时间连续中等强度降雨对入渗有利。

（2）地表水。这类矿床赋存在山区河谷和平原区河流、湖泊和海洋等地表水附近，地表水可通过导水通道进入井巷造成灾害性突水。地表水充水矿床的涌水规律为：矿井涌水随地表水的丰枯呈季节性动态变化，且其涌水强度与地表水的类型、性质和规模有关。矿井涌水强度还与井巷到地表水体间的距离、岩性和构造条件有关，间距越小、岩层渗透性越强、地层受构造破坏越严重时，井巷涌水强度也越大。开采近地表水体的矿床时，若选用正确的采矿方法，其涌水强度虽会增加但不会过于影响生产；若选用的采矿方法不当，则可造成突水和泥沙冲溃灾害。

（3）地下水。本节地下水主要指采动过程中可造成井巷涌水的地下水。地下水作为主要充水水源时，涌水规律和特征如下：涌水强度与含水层的空隙性及其富水程度有关。涌水强度与充水层厚度和分布面积有关，充水层巨厚、分布面积大者，矿井涌水量也大。当涌入水以静储量为主时，揭露初期涌水量大、易突水，后逐渐减少且多易疏干，当涌水以补给量为主时，涌水量由小到大，后趋于相对稳定，多不易疏干。

地下水作为矿坑充水水源时，依其与矿床体的相互位置关系及充水特点分为间接式充水水源、直接式充水水源和自身充水水源。间接充水水源是指充水含水层主要分布于矿床体的周围，但和矿体并未直接接触的充水水源，间接充水水源的地下水只有通过某种导水构造穿过隔水围岩进入矿井后才能作为充水水源，如图7-3所示。

直接充水水源是指含水层与矿床体直接接触，或矿山生产与建设工程直接揭露含水层，而导致含水层进入矿井的充水含水层。常见的直接充水水源有矿床体直接顶板含水层、直接底板含水层、露天矿井剥离第四纪含水层。直接含水层中的地下水并不需要专门的导水构造导通，只要采矿或地下工程进行，其必然会通过开挖或采空面直接进入矿坑或地下构筑物，如图7-4所示。

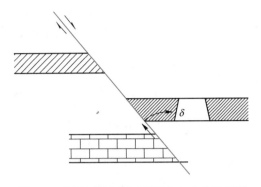

图 7-3 底板灰岩水通过断层突入矿井示意图

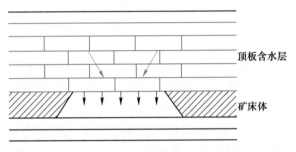

图 7-4 直接顶板含水层充水示意图

自身充水水源主要是指矿床体本身就是含水层。一旦对矿床体进行开发，赋存于其中的地下水或通过某种形式补给矿床含水体的水就会涌入矿坑形成充水。

（4）老空水。我国许多矿区中老空区分布广泛，其中充满大量积水，且大多积水范围不明、连通复杂、水量大、酸性强、水压高，当生产井巷接近或崩落带到达这些老空区时便会造成突水，在我国矿山水害事故发生的数量和引起的死亡人数最多。老空水一般以静储量为主，如隐蔽、分散和孤立的小水库一样分布于生产矿井四周，其空间分布形态较难判断，一旦采掘活动波及或揭露时，伴有大量有害气体的酸性老空积水溃出，具有瞬时突水强度大、持续时间短、突发性和破坏性强等特点，极易造成淹没采掘区域和人员伤亡的重大事故。根据积水空间与采掘空间的相对位置关系，老空水可分为顶板、同层和底板老空水，如图 7-5 所示。

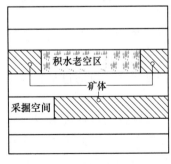
(a) 顶板老空水

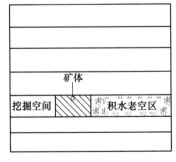
(b) 同层老空水

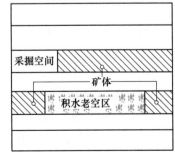
(c) 底板老空水

图 7-5 老空水充水矿床示意图

7.1.2.2 充水通道

充水通道是决定矿床充水的重要因素，因此研究矿床充水时应着重分析，常见充水通道包括断裂（破碎）带、构造裂隙、溶蚀裂隙、采动裂隙、溶洞、岩溶管道、岩溶陷落柱、岩溶塌陷、地面裂缝、未封闭钻孔等。含水导水断裂（破碎）带、构造裂隙带、采矿裂隙带、溶洞、岩溶管道和岩溶陷落柱，是我国矿井突水的重要通道。

（1）断裂带通道。对于不同类型的充水矿床，断裂带的充水意义各不相同。对于裂隙充水矿床，因其富水性弱，断裂带中的地下水是矿井的主要充水来源。对于岩溶充水矿床，断裂带本身是否富水意义不大，重要的是其充水作用。断层的充水作用因断层性质、采矿活动方式和强度而异：压性断层或断裂带被黏土质充填的断层一般为隔水断层，若隔水断层在采动应力和水压共同作用下活化形成导水通道，也可造成突水；导水断层可作为地下水补给含水层的通道，也可作为通道直接沟通水体与采掘空间、诱发水害；不同规模的断层在矿床充水中的意义各有不同，规模大的断层一般形成矿区的天然边界，控制矿床或矿井地下水的补给径流条件，影响矿井涌水量大小，而分布在矿区内的中小断层或区域性构造裂隙带，是矿井顶底板突水中最多见的突水通道。

（2）岩溶通道。我国许多矿床产于岩溶发育地区或其附近地段，采矿过程中常因岩溶通道而导致严重突水事故，如图 7-6 所示。岩溶发育与岩性、结构有密切的关系，质纯层厚的灰岩中岩溶发育强烈，岩性复杂的地层岩溶发育相对减弱；岩溶沿可溶岩原有裂隙发展，即岩溶发育受裂隙控制，沿节理型裂隙发育的岩溶小而均匀、分散、深度浅；沿断裂发育的岩溶呈带状分布、发育较深、透水性强；岩溶在断层的上盘或在断裂集中、尖灭、交接等地段更加发育；岩溶发育程度从背斜轴部到向斜轴部逐渐变弱。地壳变动使岩溶通道复杂化，在可溶岩广泛分布地区，当地壳长时间相对稳定时，可形成相适应的岩溶发育带。岩溶的透水性与有无充填物、充填物性质、胶结情况和充填程度等因素有关，新期岩溶一般包含较为疏松的充填物，具有中等或强透水性，少数无充填物，透水性最强，而古岩溶中充填物致密或已胶结成岩石，则失去透水能力。

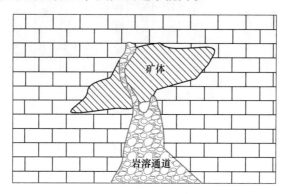

图 7-6　地下岩溶通道示意图

（3）采动裂隙。当采矿工作面上部有含水层、含水断裂、含水岩溶、含水老空区以及地表水体时，如采用崩落法采矿，可使顶（底）板岩层产生人工裂隙，甚至引起地面开裂和沉陷，从而连通某些水源，造成突水灾害。但是，只要掌握矿区水文地质条件和采用适当的采矿方法，就能控制人工裂隙的发展，即使在巨大的水源下面仍可正常采矿。

（4）旧钻孔通道。由于矿区的部分钻孔，未能按照要求进行封孔或封孔质量不高，可能成为沟通顶底板各种水源的通道，造成突水事故，如图7-7所示。其涌水量的大小与距水源的距离、水源规模、钻孔口径和揭露的标高等有关。由于出水范围小、地层无构造破坏等，易于和其他类型突水相区别。

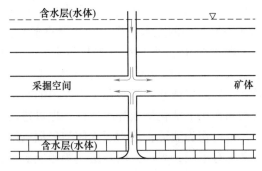

图 7-7　旧钻孔通道示意图

7.1.3　矿山水害类型

矿井水害类型划分是矿山水害预防与治理、矿井水综合利用和矿山生态环境保护的重要基础，划分依据主要为突水地点、突水（充水）水源、突水（充水）通道、突水方式、突水量等，如图7-8所示。除此之外，可根据突水水源的水体赋存状态、供给能力与富水程度，以及导水通道的尺寸、渗流畅通性等因素划分矿井水害类型。

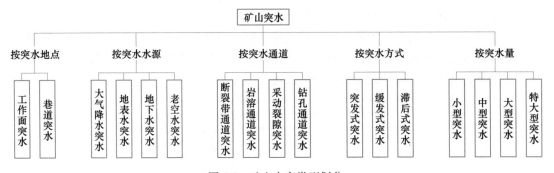

图 7-8　矿山水害类型划分

7.2　矿山涌水量预测与监测

7.2.1　矿山涌水量基本概念

矿山涌水量是指矿井在建设过程中，不同水源的地下水单位时间内流入矿井的水量。矿山涌水量是确定矿床水文地质条件复杂程度的重要指标之一，关系矿山的生产条件和成本，对矿床的经济技术评价有很大影响。同时，矿山涌水量也是设计和生产部门选择开拓方案和开采方法、制订防治水疏干措施、设计水仓和排水系统及设备的主要依据。一般而言，描述矿山涌水量的主要参数有：

（1）矿山正常涌水量：是指开采系统达到某一标高（水平或阶段）时，正常状态下保持相对稳定的总涌水量。

（2）矿山最大涌水量：是指正常状态下开采系统在丰水年雨季时的最大涌水量。对某些受暴雨强度直接控制的裸露型、暗河型岩溶充水矿床而言，常常还应依据矿山的服务年限和当地气象变化周期，按当地气象站所记录的最大暴雨强度，预测数十年一遇特大暴雨强度时可能出现的特大矿坑涌水量，作为制订各种应变措施的依据。

（3）开拓井巷涌水量：是指井筒（立井、斜井、平硐）和巷道（平巷、斜巷、石门）在开拓过程中的涌水量。

（4）疏干工程排水量：是指在规定疏干时间内将一定范围的水位降到某一规定标高时所需的疏干排水强度。

根据涌水量的大小可将矿井分为：

小涌水量矿井：$Q < 100 \text{m}^3/\text{h}$；

中等涌水量矿井：$Q = 100 \sim 500 \text{m}^3/\text{h}$；

大涌水量矿井：$Q = 500 \sim 1000 \text{m}^3/\text{h}$；

超大涌水量矿井：$Q > 1000 \text{m}^3/\text{h}$。

矿井涌水量直接关联矿井的充水程度，反映了矿井水文地质条件的复杂程度。通常采用含水系数表示矿井充水程度，含水系数又称富水系数，是指矿井中排除的水量与同时期矿产量之间的比值，通常用每吨矿排水量表示（K_m）：

小涌水量矿井：$K_m < 2$；

中等涌水量矿井：$K_m = 2 \sim 5$；

大涌水量矿井：$K_m = 5 \sim 10$；

超大涌水量矿井：$K_m > 10$。

7.2.2 矿山涌水量预测方法

矿山涌水量预测是对矿井充水条件的定量描述，也是对采矿井巷系统设计排水量的估计。矿山涌水量预测是一项重要而复杂的工作，是矿床水文地质勘查的重要组成部分。矿山涌水量预测，是在查明矿床充水因素和水文地质条件的基础上进行的，是一项贯穿于矿区水文地质勘查全过程的工作。一个正确预测方案的建立，是随着对水文地质条件认识的不断深化、不断修正和完善而逐渐形成的。

7.2.2.1 水文地质比拟法

水文地质比拟法是以稳定流为基础，根据已知矿井涌水量资料，推算其他矿井涌水量。实质是在水文地质条件相近和开采方法相同条件下，利用原有的矿井涌水量和其他观测资料，采用经验公式，预测未来的矿井涌水量。但是在实际生产中，水文地质条件基本相似的矿井很少，再加上开采条件的差异，该方法只是一种近似的、粗略的预测方法，只适用于稳定流，且水文地质条件比较简单、涌水量不大、精确度要求不高、水文地质工作程度较低的矿山，或同一矿山延深开采或扩大开采时的涌水量预测。水文地质比拟法包括富水系数法、水文地质条件比拟法等。

（1）富水系数法。富水系数（K_P）是矿井排水量（Q_0）与同时期矿井生产能力（P_0）的比值，是衡量矿井水量大小的一个指标。K_P值根据矿井长期排水量和生产能力统计数字确定。富水系数法是根据已知生产矿井的富水系数预测邻近的、水文地质条件相近、开采方法相同的新矿井（或采区）涌水量。预测公式：

$$Q = K_{\mathrm{P}}P = \frac{Q_0}{P_0}P \tag{7-1}$$

式中　Q_0，Q——已知老矿井涌水量，新矿井涌水量，m^3/a；

　　　P_0，P——已知老矿井生产能力，新矿井生产能力，t/a；

　　　K_{P}——矿井富水系数。

（2）水文地质条件比拟法。当新建矿井与已生产矿井水文地质条件相似，或新采区与老采区水文地质条件相似时，根据与涌水量有关的实测数据，用以下比拟式对新矿井或新采区涌水量进行预测。预测公式存在多种形式，具体如下：

降深比拟法：

$$Q = Q_0 \left(\frac{S}{S_0}\right)^n \qquad (n \leqslant 1) \tag{7-2}$$

采面比拟法：

$$Q = Q_0 \left(\frac{F}{F_0}\right)^{\frac{1}{m}} \qquad (m \geqslant 2) \tag{7-3}$$

单位采长比拟法：

$$Q = Q_0 \left(\frac{L}{L_0}\right)^n \qquad (n \leqslant 1) \tag{7-4}$$

采面采深比拟法：

$$Q = Q_0 \left(\frac{F}{F_0}\right)^n \left(\frac{S}{S_0}\right)^{\frac{1}{m}} \qquad (n \leqslant 1, m \geqslant 2) \tag{7-5}$$

厚度采深比拟法：

$$Q = Q_0 \left(\frac{M}{M_0}\right)^n \left(\frac{S}{S_0}\right)^{\frac{1}{m}} \tag{7-6}$$

式中　Q_0，Q——已知矿井实际排水量，新矿井涌水量，m^3/h；

　　　S_0，S——已知矿井实际水位降深，新矿井水位降深，m；

　　　F_0，F——已知矿井实际开采面积，新矿井开采面积，m^2；

　　　L_0，L——已知矿井实际开采巷道长度，新矿井巷道开采长度，m；

　　　M_0，M——已知矿井充水含水层厚度、新矿井充水含水层厚度，m；

　　　n，m——地下水流态系数，当地下水为层流时，$n=1$、$m=2$，当地下水为紊流时，$n<1$、$m>2$。

水文地质比拟法是涌水量与单个因素或两个因素之间的简单换算，没有考虑其他影响因素。实际上矿井涌水会随着时间、开采方式等因素变化，因此用水文地质比拟法预测的结果只是一个近似值，其计算结果仅具有参考价值。

7.2.2.2　解析法

解析法预测矿井涌水量时，以井流理论和等效原则构造的大井法为主，该方法是把矿区坑道系统所占的面积等价于一个理想的大井面积，整个坑道系统的涌水量就相当于大井的涌水量，是井巷类型矿井涌水量预测的常用方法。具体方法是运用地下水动力学原理，建立定解井流公式预测矿井涌水量，其中井流公式包括含水层水平、等厚、均质、各向同性、具有定水头内外边界等条件。

根据地下水运动状态的不同，可分为稳定井流解析法（应用于矿坑疏干，渗流场处于相对稳定状态的流量预测）和非稳定井流解析法。前者包括在已知开采水平最大水位降深条件下的矿井总涌水量，在给定某开采水平疏干排水能力的前提下，计算地下水位降深值；后者用于矿床疏干过程中地下水位不断下降，疏干漏斗持续不断扩展，非稳定状态下的涌水量预测。

（1）完整井稳定流公式。矿井系统的实际形状往往是比较复杂的，但矿区疏干或排水的降落漏斗的形状大多是以矿坑为中心的近圆形漏斗。虽然矿坑的开采形状极不规则，可理论上允许将形状复杂的井巷系统看成是一个大井在工作，无固定规则的井巷系统圈定的面积相当于大井的面积，全部井巷系统矿区的涌水量，就类似为大井的涌水量，进而可以将其应用稳定流基本方程估算矿井涌水量，这种预测方法称为大井法。

潜水完整井流涌水量公式：

$$Q = \pi K \frac{H^2 - h_0^2}{\ln R/r_0} = 1.366K \frac{H^2 - h_0^2}{\lg R/r_0} \tag{7-7}$$

承压完整井流涌水量公式：

$$Q = 2.73KM \frac{s_0}{\lg R_0/r_0} \tag{7-8}$$

式中 Q——预计的矿井涌水量，m^3/d；

  K——含水层渗透系数，m/d；

  H——潜水含水层的厚度或承压含水层的水头高度，m；

  M——承压含水层厚度，m；

  s_0——由于矿井排水而产生的水位降低值，m；

  r_0——大井引用半径，m；

  h_0——巷道内的水柱高度，m；

  R_0——大井引用影响半径，m。

大井的引用影响半径是以巷道系统中心为对称轴的假想圆形降落漏斗半径，可采用经验公式确定，潜水满足 $R = 2s\sqrt{KH}$，承压水满足 $R = 10s\sqrt{KH}$。

（2）完整井非稳定流公式。矿井充水含水层为均质等厚各向同性、平面上无限延伸不存在边界的承压含水层，地下水运动为二维流、天然水力坡度为零，含水层的渗透系数在时间和空间上都是常数，抽水井是井径无限小并以定流量抽水的完整井，抽水时含水层所给出的水量是含水层瞬间弹性释放的结果，在垂直和水平方向均没有补给。在这种前提条件下，可得出完整井非稳定井流公式：

$$S(r,t) = \frac{Q}{4\pi T} W(u) \tag{7-9}$$

式中 $S(r,t)$——定流量 Q 抽水时与抽水孔距离为 r 处任一时间 t 的水位降深，m；

  T——导水系数（$T = KM$，K 为渗透系数，M 为承压含水层厚度），m^2/d；

u——井函数自变量（$u = r^2/4at$，$a = T/u_t$，a 为水压传统系数，u_t 为含水层弹性释水系数）；

$W(u)$——井函数（本质上是一个收敛级数），其表达式为：

$$W(u) = -0.5772 - \ln u - \sum_{i=1}^{\infty} (-1)^i \frac{u^i}{i \cdot i!} \tag{7-10}$$

7.2.2.3　涌水量曲线方程法

涌水量曲线方程法是利用在抽水试验基础上获取的 Q-S（涌水量-降深）曲线方程来预测未来矿井设计水位的涌水量。因此，涌水量曲线方程法和水文地质比拟法一样，要求实验场地与预测场地的水文地质条件相近，或者在开采场地开展现场实验。Q-S 曲线类型与水文地质条件、降深大小、井结构、抽水时间等有关。试验要求井孔布置在未来开采疏干地段，试验井孔的类型应符合开采条件，且尽可能采用大口径井孔并开展大降深的抽水，并增加抽水时间及减少自然和人为影响所造成的误差等。抽水实验是预测涌水量的常用方法，在满足上述条件下，可保障其准确度。涌水量曲线方程法回避了各种水文地质参数，计算简单易行。因此，在一些水文地质条件复杂的矿区，常用此方法预测矿井涌水量。

7.2.2.4　水均衡法

水均衡法是根据开采区地下水的补给排泄平衡关系来预测总涌水量的方法，适用于地下水形成条件比较简单的矿区，如分水岭矿区和水文地质封闭程度较好的矿区，均衡区的补给排泄项应视具体的水文地质条件而定。水均衡法的优点是能在查明相对固定补给来源的情况下，确定矿床充水的极限涌水量。但是当矿井处于开采条件时，地下水均衡项的测定有一定的困难。

7.2.2.5　数值方法

数值方法是利用地下渗流数值模拟的水均衡求涌水量近似解的方法，其核心是把整个研究区域分割成若干个形状规则的、可以近似看作是均质的单元体，各个计算单元可以根据需要选择适当的水文地质参数进行计算。数值方法结果虽然只是近似值，但其计算精度已经达到了较高程度。值得注意的是，数值方法需要综合考虑较多的影响因素，其能反映复杂矿区水文地质条件下含水层平面和竖向上的非均质性、多个含水层间越流补给问题、天窗和河流的渗漏问题，以及复杂边界条件等各种因素的影响，但其复杂性和计算难度也相应提升。目前层流问题和二维流数值算法相对成熟，三维流数值算法仍在发展中。

数值方法是目前矿坑涌水量计算较完善的一种方法，克服了复杂的矿区水文地质条件和疏干排水条件等问题，而且计算精度也达到了较高水平。数值方法的可靠度依赖于大量准确的水文地质资料，包括含水层性质、特征、埋藏分布、补给、越流、排泄以及边界条件等。

7.2.2.6　涌水量预测注意事项

矿井涌水量预测宜根据矿区水文地质条件，选择两种以上计算方法对比后确定。有条件的矿山，推荐建立整个地下水系统的水文地质模型和相应的数学模型，应计算最低开拓阶段及以上排水阶段的涌水量。水文地质边界条件复杂、涌水量较大的矿区，宜选择矿区地下水位降深较大、影响半径扩展较广的抽、放水试验资料，并应用经验公式法进行计算。

生产期间的矿坑涌水量计算宜采用水均衡法、数值模拟法等。在进行矿坑涌水量计算时，应充分考虑矿床不同开采方式、不同排水方式，以及同一地下水系统中其他矿坑和相邻矿区排水量的影响。改建、扩建矿山宜采用水文地质比拟法，矿体采动后导水裂隙带波及地面时，还应计算错动区降雨径流渗入量。

露天转井下开采的矿山，计算井下涌水量时，应充分考虑露天坑汇水面积内的降雨量、进入露天坑的地表水等入渗转化为井下涌水量的因素。错动区的降雨径流渗入量和露天坑的暴雨径流量计算，设计暴雨频率标准取值应按下列规定选取：大型矿山可取 5%；中型矿山可取 10%；小型矿山可取 20%，塌陷特别严重、雨量大的地区，应适当提高暴雨频率标准取值。

7.2.3 矿山涌水量及水压智能监测

7.2.3.1 矿山涌水量智能监测

地下水害作为井下主要灾害之一，严重威胁着矿山的安全生产，其表现形式是矿井涌水量突然增大超出矿井排水系统的排水能力，而涌水量是矿井排水系统建立与完善的依据，也是矿井安全保障的重要基础指标。因此，对井下出水点的涌水量、排水沟水流量监测是一项非常重要的工作。

涌水量监测可采用水力方法：将一水工结构建筑物置于排水沟中，改变水工结构物或其附近的水位。由于选择了水工建筑物的合适尺寸，经过限制后的水流速率与水位是成正比的，因此流速可通过对水位的测量而计算出来。水工结构物主要分为两类：量水堰和量水槽。从测量精度、适用环境、长期稳定性、维护的难易程度、技术的成熟程度等方面综合考虑，量水堰法和量水槽法更加适合井下涌水量自动测量，智能堰式流量传感器采用的是三角堰法和矩形堰法。

矿山涌水量智能监测系统的应用，可以获得连续变化的流量值，因此可以进行全天积累，得出涌水量变化准确的平均值。由累积平均值得到日平均值、月平均值、年平均值，从而真实地反映矿井涌水量的变化。

在矿山开采过程中，涌水量变化的大致规律是：对刚开采的工作面，水量逐渐增加达到最大并维持一段时间后，水量逐渐减小，虽然呈现起伏，但总的趋势是下降的，随后便在某个值附近上下波动，或接续某变化趋势。在矿井可能发生水害时，矿井涌水量的数值一定会发生异常，因此分析矿井涌水量监测数据，可以对矿井涌水量异常信息进行预测。

矿山涌水量监测系统应基于监测系统的数据库，系统所需的各种参数，包括测水点基础信息、通信协议、水仓信息、系统管理和初始化参数等，可通过人机交互界面实时修改。系统需自动完成趋势曲线的系统参数配置，可以单曲线、多曲线方式显示各测水点动态变化的实时和历史曲线，以及各种生产报表、查询报表和报警报表等，并具有实时报警显示功能。矿山涌水量监测应符合下列规定：

（1）应分矿体、分中段设站观测。断裂破碎带、岩溶溶洞出水较大的应单独设站观测。涌水量每月观测 1~3 次。涌水量出现异常、井下发生突水或受降水影响较大的矿坑，雨季观测频率应增加观测次数。

（2）井下新揭露的涌水量未稳定的中小出水点，应每天至少观测 1 次。较大突水点涌水量未稳定期，应 1~2h 观测 1 次，有条件时，应加大观测频率及进行水质分析。涌水量稳定后，可按井下正常观测频率观测。

（3）采掘工作面上方影响范围内有地表水体、富水含水层，或穿过与富水含水层相连通的构造断裂带或接近老空区积水区时，应每天观测，掌握涌水量变化。

（4）在含水层内及附近围岩中开掘竖、斜井，应垂向每延深 10m 或涌水量突然增加时观测 1 次涌水量。

（5）观测矿井涌水量应注重连续性和精度，宜采用容积法、堰测法、流速仪法或其他先进的方法确保精度。

7.2.3.2 矿山水压智能监测

水压测量是根据水中某点的压力与水深成正比的原理（$p = \rho g H$），将水位传感器放入水下一定深度，水位传感器的输出反映了 H 的大小，由于钢丝电缆长期吊挂不拉伸，保证 L 不变，所以以水面到孔口的距离等于 L-H。传感器的输出信号经钢丝电缆传输到水位遥测仪，由水位遥测仪测量其大小并变换成水位值，然后以无线通信方式传送至监测中心。

水位监测主要自动测量井下水仓水位和水温，主要由水位传感器、温度传感器、测量电路、总线通信电路组成。水位传感器为硅压阻式液压传感器，投入水下测量水压（即水位传感器以上的水柱高度）。因水位传感器的位置固定，所以测量水柱高度的变化，就可得到水位的变化。

7.3 金属矿山水文地质特征及水害防治

7.3.1 金属矿水文地质类型及特征

7.3.1.1 水文地质类型

根据矿山的主要充水岩层特征，深部金属矿水文地质类型具体可划分为三大类型：充水岩层以孔隙含水层为主的矿山，涌水量主要取决于充水岩层的孔隙、厚度、分布范围以及自然地理条件；充水岩层以裂隙含水层为主的矿山，涌水量主要取决于充水岩层的结构，裂隙发育程度，裂隙力学性质，构造的复杂情况，裂隙发育的宽度、深度及充填情况和自然地理条件；充水岩层以岩溶含水层为主的矿山，涌水量主要取决于充水岩层的岩溶发育程度、充填情况、地质构造、古地理和自然地理条件。

根据水文地质、工程地质条件，上述各类矿山又可进一步划分为简单、中等和复杂矿山三种类型。

（1）水文地质条件简单的矿山。矿体位于当地侵蚀基准面或地下水位以上，地形有利于自然排水；矿区内无大的含水层，矿体和顶底板含水微弱，或矿体直接顶底板有较厚而稳定的隔水层，矿体附近无地表水体或距地表水体很远，地质构造简单，构造断裂对矿体充水影响微弱，矿体顶底板均较稳定，岩体结构完整，工程地质条件良好。

（2）水文地质条件中等的矿山。矿体位于当地侵蚀基准面以下，或位于当地侵蚀基准面以上而在地下水位以下，地形不利于自然排水，矿体附近无地表水体或距地表水体较远，地表水与地下水联系微弱；充水岩层有裂隙或溶洞，矿体或围岩含水，但补给条件较差，涌水量较小；地质构造简单，矿体顶底板岩层较完整稳定，不具有较大静水压力。

（3）水文地质条件复杂的矿山。矿体位于当地侵蚀基准面以下，矿区附近有地表水体，地下水与地表水有联系，矿体顶底板直接或间接与充水岩层接触，岩层裂隙或溶洞发育，含水丰富，矿体上部有时被较厚的松散充水岩层覆盖；地质构造复杂，局部地段矿体顶底板岩层破碎，并具有较大的静水压力，有利于地下水聚集，矿井涌水量较大，在疏干范围内可能引起地面塌陷和其他工程地质问题。

7.3.1.2 水文地质特征

我国金属矿山工程地质特征各异，水文地质特征也各不相同，各类矿床的主要水文地质特征如下：

（1）裂隙水充水为主的矿床。裂隙水充水矿床，主要产于火成岩、变质岩和胶结碎屑岩（包括部分岩溶发育极弱，以裂隙水为主的可溶岩）中的金属矿床，大多分布在山区和丘陵区，矿床充水水源主要为大气降水和地表水，各种成因的裂隙和各种断裂破碎带为其通道。裂隙矿床的富水性决定于构造裂隙及断裂的发育规律及充填情况、各种补给源的性质及联系程度。这类矿井涌水量一般比较小，在井巷遇到较大断裂或连通强水源时，出水量则比较大。勘探孔单孔的涌水量多小于 1L/s，细小裂隙涌水时水量小而均匀。

此类矿床多分布在当地侵蚀基准面以上的山区分水岭或斜坡地带，地形切割剧烈，利于排水而不利于聚水，充水岩层的含水性受裂隙发育程度的控制，因此多属于水文地质条件简单的矿床。如果矿床位于当地侵蚀基准面以下，其上又有地表水体或在水体附近，并有巨大的构造破碎带或人工破碎带与水体相通，以及蓄水构造规模较大时，则水文地质条件较为复杂。

（2）岩溶水充水为主的矿床。我国许多有色金属、黑色金属矿床以不同形式和类型产于可溶岩中。实践证明，这类矿床水文地质条件一般比较复杂、涌水量大，矿井充水往往具有突发性，地表水与地下水关系密切，水流通道较畅，影响范围广，且富水性不均匀。

（3）厚层松散岩层覆盖下的裂隙或岩溶充水矿床。该类矿床分布在我国广大冲积、洪积平原、沿河两岸和山间盆地中。矿床虽赋存于基岩中，但上覆有厚层松散含水层，因此矿床充水既决定于基岩裂隙或岩溶发育程度，也决定于松散层的含水条件。矿床多位于当地侵蚀基准面以下，地表水系也比较发育，所以水文地质条件大多较复杂。若下伏基岩为非岩溶化裂隙岩层，则其主要充水威胁常来自上覆厚层松散含水层，基岩裂隙含水层除较大的破碎带外，仅具有次要的意义。当松散含水层与地表水有密切联系时，威胁更大。若上覆松散岩层与矿体间有相对隔水层，矿床充水条件与顶板相对隔水层厚度、透水性和稳定性有关。当矿体埋藏较深，上覆厚度稳定的弱透水层，又未受到构造破坏，则来自顶板充水的威胁将大大削弱。

7.3.2 金属矿水害防治技术

矿山水害防治工作，应本着"以防为主，防治结合"的原则，贯穿于整个矿山水文地质工作的始终。矿山采掘活动总会直接或间接破坏含水层，引起地下水涌入矿坑，从此种意义上讲，矿坑充水难以避免。但是防止矿坑突水，尽量减少矿坑涌水量，从而保证矿山正常生产不仅可能，也是必须做到的。根据矿床水文地质条件和采掘工作要求不同，井下防水措施也不同，如超前探放水、井巷布置、采矿方法优化、留设防水矿柱、建筑防水设施以及注浆堵水等，如图 7-9 所示。

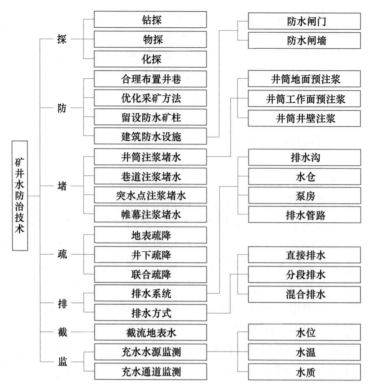

图 7-9 矿井水防治技术

7.3.2.1 超前探放水

采用钻探、物探、化探等手段探查矿山或采掘空间的充水水源及其空间展布，是矿山水害防治的前提。超前探放水指在水文地质条件复杂地段进行井巷施工时，先于掘进，在坑内钻探以查明工作面前方水情，为消除隐患、保障安全而采取的井下防水措施。

"有疑必探，先探后掘"是矿山采掘施工中必须坚持的管理原则。通常遇到下列情况时都必须进行超前探水：

（1）掘进工作面临近老窟、老采空区、暗河、流沙层、淹没井等部位时；

（2）巷道接近富水断层时；

（3）巷道接近或需要穿过强含水层（带）时；

（4）巷道接近孤立或悬挂的地下水体预测区时；

（5）掘进工作面上出现发雾、滴水、淋水、喷水、水响等明显出水征兆时；

（6）巷道接近尚未固结的尾砂充填采空区、未封或封闭不良的导水钻孔时。

7.3.2.2 井巷布置

所谓合理布置井巷，就是开采井巷的布局必须充分考虑矿床具体的水文地质条件，使得流入井巷和采区的水量尽可能小，否则将会使开采条件人为复杂化。在布置开采井巷时应注意以下几点：

（1）先简后繁，先易后难。在水文地质条件复杂的矿区，矿床的开采顺序和井巷布置应先从水文地质条件简单、涌水量小的地段开始，在取得治水经验之后，再在复杂的地段布置井巷。例如在大水岩溶矿区，第一批井巷应尽可能布置在岩溶化程度轻微的地段，待建成了足够的排水能力和可靠的防水设施之后，再逐步向复杂地段扩展，这样既可利用开采简单地段的疏干排水工程预先疏排复杂地段的地下水，又可进一步探明其水文地质条件。

（2）井筒和井底车场选址。井筒和井底车场是任何一个矿井的关键区域，防排水及其他重要设施均位于此。开拓施工时，还不能形成强大的防排水能力，因此它们的布置应避开构造破碎带、强富水岩层、岩溶发育带等危险地段，而应位于岩石比较完整、稳定、不会发生突水的地段。当其附近存在强富水岩层或构造时，则必须使井筒和井底车场与该富水体之间有足够的安全厚度，以避免发生突水事故。

（3）联合开采，整体疏干。对于共处于同一水文地质单元，彼此间有水力联系的大水矿区，应进行多井联合开采，整体疏干，使矿区形成统一的降落漏斗，减少各单井涌水量，从而提高各矿井的采矿效益。

（4）多阶段开采。对于同一矿井，多阶段开采优于单一阶段开采。因为加大开采强度后，矿坑总涌水量变化不大，但是分摊到各开采阶段后，其平均涌水量比单一阶段开采时大为减少，从而降低了开采成本，提高了采矿经济效益。

7.3.2.3 采矿方法优化

采矿方法应根据具体水文地质条件确定。一般来说，当矿体上方为强富水岩层或地表水体时，就不能采用崩落法采矿，以免地下水或地表水大量涌入矿井，造成淹井事故。在这种条件下，应考虑用充填采矿法，也可以采用间歇式采矿法，将上下分两层错开一段时间开采，使得岩移速度减缓，降低覆岩采动裂隙高度，减少矿坑涌水量。

国内外在开采大水矿床时，通常的做法是在预先疏干后，再根据具体的地质和水文条件，选择合理的采矿方法。

7.3.2.4 留设防水矿（岩）柱

在矿体与含水层（水体）接触地段，为防止井巷或采掘空间突水危害，留设一定宽度（或高度）的矿（岩）柱，以堵截水源流入矿井，这部分矿岩体称作防水矿（岩）柱，以下简称矿柱。通常在下列情况下应考虑留设防水矿柱：

（1）矿体埋藏于地表水体，松散空隙含水层之下，采用其他防治水措施不经济时，应留设防水矿柱，以保障矿体采动裂隙不波及地表水体或上覆含水层。

（2）矿体上覆强含水层时，应留设防水矿柱，以免因采矿破坏引起突水。

（3）因断层作用，使矿体直接与强含水层接触时，应留设防水矿柱，防止地下水溃入井巷。

（4）矿体与导水断层接触时，应留设防水矿柱，阻止地下水沿断层涌入井巷。

（5）井巷遇有底板高水头承压含水层且有底板突破危险时，应留设防水矿柱，防止井巷突水。

（6）采掘工作面邻近积水老窟、淹没井时，应留设防水矿柱，以阻隔水源突然流入井巷。

7.3.2.5 构筑水闸门（墙）

水闸门（墙）是大水矿山为预防突水淹井，将水害控制在一定范围内而构筑的特殊闸门（墙），是一种重要的井下堵截水措施。水闸门（墙）分为临时性和永久性两种。

水闸门或水闸墙是矿山预防淹井的重要设施，应将它们纳入矿山主要设备的维护保养范围，建立档案卡片，由专人管理，使其保持良好状态。在水闸门和水闸墙使用期限内，不允许任何工程施工破坏其防水功能。在它们完成防水使命后予以废弃时，应报送主管部门备案。

水闸门使用期间，应纳入矿区水文地质长期观测工作对象，对其渗漏、水压以及变形等情况定期观测、正确记录。所获资料应参与矿区开采条件下水文地质条件变化特征的评价分析。

7.3.2.6　矿床疏干方法

矿床疏干是指采用各种疏水构筑物及其附属排水系统，疏排地下水，使矿山采掘工作能够在适宜条件下顺利进行的一种矿山防治水技术措施。水文地质条件复杂或比较复杂的矿床，疏干既是安全采矿的必要措施，又是提高矿山经济效益的有效手段，因此是广泛应用的矿山水害防治方法。但是疏干也存在一些问题，如长期疏干会破坏地下水资源，在一定水文地质条件下，疏干会引起地面塌陷等许多环境水文地质和工程地质问题。

矿床疏干一般分为基建疏干和生产疏干两个阶段。对于水文地质条件复杂类型矿山，通常要求在基建过程中预先进行疏干工作，为采掘作业创造正常和安全的条件。生产疏干是基建疏干的继续，以提高疏干效果，确保采矿生产安全进行。

矿床疏干方式可分地表疏干、地下疏干和联合疏干三种方式。可根据矿床具体的水文地质和技术经济合理的原则加以选择：

（1）地表疏干方式的疏水构建物及排水设施在地面建造，适用于矿山基建前疏干。

（2）地下疏干方式的疏排水系统在井下建造，多用于矿山基建和生产过程中的疏干。

（3）联合疏干方式是地表和地下疏干方式的结合，其疏排水系统一部分建在地表，另一部分建在井下，多用于复杂类型矿山的疏干，一般在基建阶段采用地表疏干，在生产阶段采用地下疏干，也可以颠倒。

7.3.2.7　注浆堵水

根据矿区的具体水文地质条件，注浆方法是堵截涌入井巷地下水的常用方法。注浆堵水是把配制好的浆液压入含水层等需堵截的空隙内，并使其扩散至某一距离，固结后形成不透水的空间，起到堵截水源、提升岩石强度或加强顶底板的隔水作用。常用注浆方法如下：

（1）井筒地面预注浆和井巷工作面预注浆。井筒地面预注浆指在富水地段开挖井筒时，从地面打注浆孔，把地下水隔在开凿范围及其影响带之外，然后在工作面无水或少水的情况下开凿井筒。有些矿区应用冻结法施工，即将井筒周围地下水冻结后施工，也可达到预注浆的同样效果。井巷工作面预注浆是指当工作面距含水层保持一定距离便停止挖掘，从工作面向将开挖的含水层注浆。

（2）巷道注浆。当巷道需穿越裂隙发育、富水性强的含水层时，则巷道掘进可与探放水作业配合进行，将探放水孔兼作注浆孔，埋没孔口管后进行注浆堵水，从而封闭了岩石裂隙或破碎带等充水通道，减少矿坑涌水量，使掘进作业条件得到改善，掘进工效大为提高。

（3）封堵井巷突水点或进水口。处理井巷内突水点和进水口时，常采用注浆的方法堵截，以切断突水水源，加固破碎的顶底板隔离含水层。

（4）注浆升压控制矿井涌水量。该法是用注浆控制主要进水通道或出水点，使水从渗透性差的次要通道排出，并使进入矿井的水量减小，被控制的那部分水使含水层水位抬高，但升高的幅度应与该区隔水层厚度和强度相适应。同时辅以其他防治水措施，如减少渗入、加固底板、降低压力等。

（5）帷幕注浆地下截流。帷幕注浆是在充分利用矿区有利地质构造和天然隔水边界的基础上，对矿区透水边界进行钻孔注浆，在含水层透水边界处形成地下帷幕，把原进入矿区的地下水流拦截在矿区范围之外，使矿区成为相对孤立的水文地质单元。帷幕注浆对加快疏干速度、减少排水费用和设备、降低成本、缩小或防止产生地表塌陷，解决供排水矛盾等问题皆具有积极意义。该方法在我国矿区已开始采用，但从勘探到施工过程中还有许多问题需要加以解决，例如：水流通道位置、宽度及深度确定，含水层裂隙溶洞分布规律、深度、形态、充填情况及充填物的性质，隔水边界分布情况和稳定性，堵水材料和施工中的技术问题等。帷幕注浆治水与单纯强排疏干相比，能达到同样的疏干效果，同时可以克服强排所不能克服的问题，具有一定发展前途。

7.3.3 金属矿排水方法、系统和设备

7.3.3.1 排水方法

矿山排水方式有两种：自然式排水和扬升式排水。在地形许可的条件下，利用平硐自流排水是最经济、最可靠的，应尽量采用。在地形受限制的矿井，采用扬升式排水，依靠水泵将水排至地面，如图7-10所示。扬升式排水又分为固定式和移动式两种，井下水泵房都是固定式的，只有在掘进竖井和斜井时，才将水泵吊在专用钢丝绳上，随掘进面前进而移动。

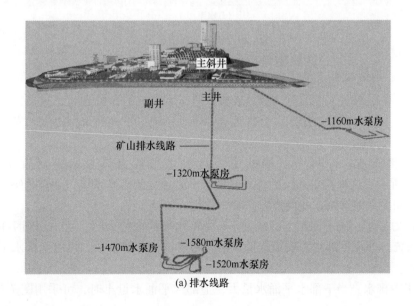

(a) 排水线路

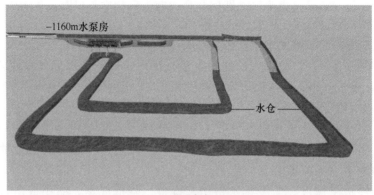

(b) 井下水仓

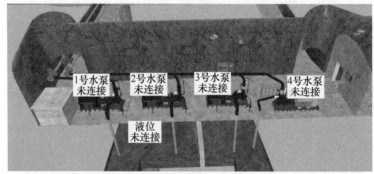

(c) 水泵房

(d) 水泵

图 7-10   矿山排水示意图

彩色原图

7.3.3.2   排水系统

由于金属矿山同时工作的阶段数目较多，其排水系统的布置方式也很多，一般可分为直接排水、接力排水和集中排水。合理地选择排水系统对于提高采掘进度和安全生产都有重要意义。

（1）直接排水：即每个阶段的主要运输水平各自设置水泵房直接排水，如图 7-11（a)所示。这种排水系统的优点是各水平有独立的排水系统；缺点是每个水平都需要设置水泵和独立的管路，井筒内管路多，管理、维修复杂。

（2）接力排水：当下部水平涌水量小、上部水平涌水量大时，可采用图 7-11（b）所示的排水系统。即在下部水平安设辅助水泵，将水排至上部水平，再由上部水平主泵房集中排至地表。

（3）集中排水：当下部水平涌水量大，上部水平涌水量小时，可采用图 7-11（c）所示的排水系统。通过钻孔、管道、放水天井等将上部水平的水放至下部水平，再由下部水平集中排至地表。这种系统的优点是减少了水泵、管道以及开掘硐室和各种联络道的费用，基建和管理费用低。缺点是上部水平的水流到下部水平后再排出，增加了电能消耗。在金属矿山这种排水系统用得比较多。但如有突然涌水危险的矿井，主水泵房不应设在最低水平。

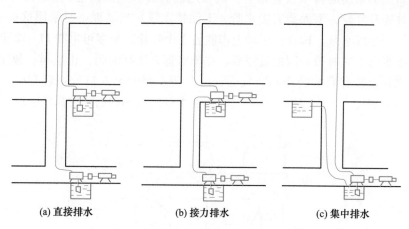

(a) 直接排水   (b) 接力排水   (c) 集中排水

图 7-11　矿山排水系统图

7.3.3.3　排水设备

矿井排水设备的组成如图 7-12 所示。滤水器的作用是防止水中杂物进入泵内，应插入吸水井水面 0.5m 以下，底阀用以防止灌入泵内和吸水管内的引水，以及停泵后的存水漏入井中。调节闸阀的作用是调节水泵流量和在关闭闸阀的情况下启动水泵，以减小电动机的启动负荷。逆止阀的作用是在水泵突然停止运转时，或在未关闭调节闸阀的情况下停

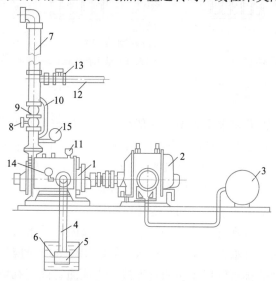

图 7-12　矿井排水设备组成

1—离心式水泵；2—电动机；3—启动设备；4—吸水管；5—滤水器；6—底阀；7—排水管；8—调节闸阀；
9—逆止阀；10—旁通管；11—漏斗；12—放水管；13—放水闸阀；14—真空表；15—压力表

泵时，自动关闭，使水泵不至于受到水力冲击而遭损坏。漏斗的作用是在水泵启动前向泵内灌水。检修水泵和排水管路时，应将放水闸阀 13 打开，通过放水管 12 将排水管路中的水放回吸水井。压力表和真空表的作用是检测排水管压力和吸水管真空度。

A　水泵

地下金属矿山采用的排水设备很多，最常用的有卧式电动离心式水泵，如图 7-13 所示。它包括外壳和叶轮，下面装有吸水管，上面排水管。当扬程小时采用这种单级水泵，当扬程大时采用多级水泵，即在一根轴上串联若干个叶轮，最多可串联 11～12 个叶轮。除此之外，在吸水管上装有带底阀的过滤罩，在排水管上装有闸阀、止逆阀、旁通管和放水管，同时在水泵上装有灌水漏斗和放气嘴，以及在水泵的出入口分别装有压力表和真空计。水泵的台数和能力，应根据雨季的长短、涌水量的大小和扬程的高低来决定。

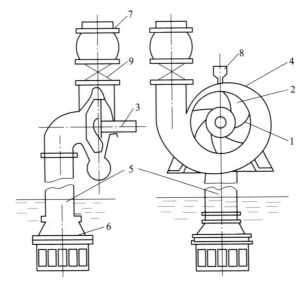

图 7-13　离心式水泵结构

1—工作轮；2—叶片；3—轴；4—外壳；5—吸水管；6—滤水器底阀；7—排水管；8—漏斗；9—闸阀

B　排水管路

排水管路包括排水管道和吸水管道。一般矿井所用的普通排水管有：铸铁管、钢管、无缝管等。使用铸铁管的优点是经济、耐用，在平巷、斜井以及露天矿中更为适用。当其用作垂直排水管时，其总长度不能超过 100m，水压不超过 0.98MPa。有的矿井水是酸性水（pH<5），具有腐蚀性，必须进行防腐处理，并使用耐酸水泵，以提高使用寿命。防腐的方法主要是在管内外壁涂喷生漆、沥青等防腐物质。

排水管道的敷设主要是垂直管道的安装问题。井筒内的排水管安装在管子间时，应充分考虑安装和检修空间。排水管由水泵房进入井筒的拐弯处时，应设置弯道管支座以承担管重和水柱重。拐弯处的排水管用支座曲管连接，支座曲管固定在弯管支座上。当管道长度大于 200m 时，将整个管道分成数段，每段均设置支承管，分别承担每段管道的重量。支承管固定在中间承架上，中间承架的一端插入井壁。为避免管道纵向弯曲，在一定距离内设置管道夹子。为适应温度变化引起管道胀缩，每隔一定距离安设伸缩节。

由于矿井水中含有杂质，经过一定时间后在排水管壁上形成相当厚的积垢。管道内积垢增加，相对减小了管道内径，致使内壁的摩擦阻力增加，增大了电能的消耗，同时还减少了水泵的扬升量。因此，管道应定期清理。

7.3.3.4 排水设备选择计算

排水设备选择的一般原则为：必须有工作、备用和检修的水泵。工作水泵应保证在20h内排出矿井24h的正常涌水量。备用水泵的能力应不小于工作水泵能力的70%。工作和备用水泵的总能力，应能在20h内排出矿井24h的最大涌水量。检修水泵的能力应不小于工作水泵能力的25%。发生矿井水灾时，要启动全部排水设备排水，防止矿井被淹。

（1）水泵选择。按正常涌水量确定排水设备所必需的排水能力：

$$Q = \frac{Q_0}{20} \tag{7-11}$$

式中　Q——正常涌水期间排水设备所必需的排水能力，m^3/h；

　　　Q_0——矿井正常涌水量，m^3/d。

按排水高度估算排水设备所需要的扬程：

$$H = KH_p \tag{7-12}$$

式中　H——排水设备所需要的扬程，m；

　　　K——扬程损失系数，对于竖井，$K = 1.08 \sim 1.1$，井筒深时取小值，井筒浅时取大值，对于斜井，$K = 1.1 \sim 1.25$，倾角大时取小值，倾角小时取大值；

　　　H_p——排水高度，可取与配水巷连接处水仓底板至排水管出口中心的高差，m。

水泵的型号规格应根据 Q、H 和水质情况选择。在选择水泵时应注意以下两点：在满足扬程的前提下，应尽可能选择高效率、大流量的水泵，以节约能源、减少水泵台数、增加排水工作的可靠性。

水泵台数应根据水泵流量和规程所述的原则确定，使其既能满足正常排水的需要，又能满足最大排水的需要。

（2）排水管直径选择。排水管所需要的直径按下式计算：

$$d_p = \sqrt{\frac{4nQ}{3600\pi v_k}} \tag{7-13}$$

式中　d_p——排水管所需要的直径，m；

　　　n——向排水管中输入的水泵台数；

　　　Q——单台水泵的流量，m^3/h；

　　　v_k——排水管中的经济流速，一般可取 $1.2 \sim 2.2 m/s$，管径大、管材昂贵、电价低时取较大值。

（3）水仓容积计算。水仓必须有主仓和副仓，当一个水仓清理时，另一个水仓能正常使用。矿井或生产矿井的新水仓，正常涌水量小于 $1000 m^3/h$ 时，水仓的有效容量应能容纳8h的正常涌水量。正常涌水量大于 $1000 m^3/h$ 的矿井，主要水仓有效容量计算：

$$V = 2(Q + 3000) \tag{7-14}$$

式中　V——主要水仓的有效容量，m^3；

　　　Q——矿井每小时正常涌水量，m^3。

主仓的总有效容量应大于 4h 的矿井正常涌水量，采区水仓的有效容量应能容纳 4h 的采区正常涌水量，水仓的空仓容量必须经常保持在总容量的 50% 以上。矿井最大涌水量和正常涌水量相差特大的矿井，对排水能力、水仓容量应编制专门设计。水仓进口处应设置过滤装置，对水砂充填、水力采煤和其他涌水中带有大量杂质的矿井，还应设置沉淀池。

7.4 复杂水文地质条件矿床开采工程案例

7.4.1 复杂水文地质条件矿床界定

水文地质条件复杂矿床至少需满足下述条件中的三条：

（1）主要矿体位于当地侵蚀基准面以下，附近存在较大的地表水体且与地下水水力联系密切，地质构造复杂，存在沟通区域性强含水层（带）的强导水构造；

（2）主要充水含水层的补给条件好；

（3）第四系覆盖层厚度大，含水层分布广；

（4）水文地质边界条件复杂；

（5）充水含水层富水性强，钻孔平均单位涌水量 $q>1.0$L／（s·m）；

（6）存在强导水构造沟通充水含水层；

（7）存在大量老空区水，位置、范围、积水量不清楚；

（8）疏干排水可能产生大量地表塌陷、沉降。

其中，大水矿床是指水文地质条件复杂，矿坑涌水量每日数万立方米或静水压力达 2~3MPa 以上的矿床。我国大水矿床分布广泛，矿井涌水量大，因此疏干排水工程量大，导致开采难度提升。大水矿床往往安全事故多发，甚至可能发生透水淹井事故，造成人员伤亡及财产损失。某些大水矿床因地质条件复杂、水量大、效益差而被迫关闭或缓建，或者由于防治水难度大而迟迟无法开采，以及因采矿方法和防治措施不当导致淹井事故。因此，采取合适的采矿方法和有效的防治水措施，是大水矿床得以顺利开采的前提。我国部分大水矿床开采简况见表 7-3。

表 7-3 我国部分大水矿床地下开采简况

矿山名称	水文地质	采矿方法	防治水措施	备注
水口山铅锌矿	上部溪水，裂隙导水	上向分层充填采矿法	地面防洪，防渗，帷幕注浆	正常生产
张马屯铁矿	中下奥陶统灰岩及第四系松散层含水	空场嗣后全尾砂胶结充填采矿法	以堵为主，堵排结合	正常生产
西石门铁矿	奥陶灰岩含水层	有底柱和无底柱分段崩落法	超前疏干，马河铺底	正常生产
北洺河铁矿	季节性河流，奥陶灰岩含水层	无底柱分段崩落法	河流改道，超前疏干	正常生产
凡口铅锌矿	白云岩岩溶含水	机械化盘区上向分层充填采矿法	地下浅部截流和地表防渗相结合	正常生产
新桥硫铁矿	地表河床、水库，矿体顶板栖霞灰岩含水层	空场嗣后块石砂浆胶结充填采矿法	河流改道防渗，巷道加放水孔疏干	正常生产

矿山名称	水文地质	采矿方法	防治水措施	备　注
铜绿山铜铁矿	矿区大理岩岩溶水为主	上向分层点条柱充填采矿法	帷幕注浆	正常生产
莱芜业庄铁矿	顶板奥陶灰岩为强含水层，最大放水量为 km³/d	上向分层点柱充填采矿法	顶板注浆堵水，下部疏干	正常生产
谷家台铁矿	地表有河流，矿体顶板奥陶灰岩为强含水层，最大放水量为75km³/d	崩落法	堵排结合，以排为主，辅之以搬迁、改河	曾发生透水、死亡事故
三山岛金矿	滨海矿床，裂隙充水矿床	上向分层点柱充填采矿法	平行疏干与注浆加固堵水	正常生产
程潮铁矿	岩溶裂隙水	无底柱分段崩落法	地下巷道疏干	正常生产
泗顶铅锌矿	岩溶含水为主，地下暗河、裂隙纵横交错，断层横切河床，地表水与地下水联系密切	切顶房柱法	导、疏、堵、排	正常生产
金岭铁矿召口矿区	奥陶石灰岩含水	分段凿岩阶段空场采矿法	疏、堵、截	正常生产
锡矿山南矿	矿体上面为河流	充填采矿法	河床加固防渗	已采完
油麻坡钨钼矿	矿体上面为河流	空场嗣后充填采矿法	河流改道，留隔水矿柱	
南洛河铁矿	季节性河流，奥陶灰岩含水层	空场嗣后胶结充填采矿法	超前疏干	
云驾岭铁矿	奥陶灰岩含水层	上向分层点柱充填采矿法	超前疏干	
白象山铁矿	上部为河流，第四系孔隙含水层和基岩裂隙含水层	上向分层点柱充填采矿法	局部疏干为主，注浆堵水为辅	建设中
草楼铁矿	矿体顶板风化带含水层、第四系底部碎石含水层	空场嗣后充填采矿法	保护顶板	正常生产

7.4.2　大水矿床充水类型及其特征

大水矿床的充水条件比较复杂，其充水水源多样化，由几种水源共同补给矿坑，包括岩溶水、孔隙水均为主要充水水源的矿床，以及一般季节以岩溶水为主，雨季则以降雨地表水为主要充水水源的矿床。大水矿床大致可分为以孔隙含水层充水为主的矿床和以岩溶含水层充水为主的矿床两类。

以孔隙含水层充水为主的矿床主要产自第三系和第四系岩土层中，其特征为：

（1）充水岩层埋藏浅，多接近或裸露于地表，主要接受大气降水的渗入补给，矿坑涌水量动态受大气降水的影响明显，季节性变化大；

（2）往往有地表水的影响，矿坑充水受地表水特征及受水面积大小的控制；

（3）岩层不稳定，工程地质条件复杂；

（4）上部松散沉积物多为富水的砂砾石层，或细粉砂含水层与弱透水的亚黏土层交互成层，因而导致垂直方向上渗透性不均；

（5）矿床一般位于当地侵蚀基准面以下，补给较易，水文地质条件复杂。

以岩溶含水层充水为主的矿床在我国分布较广，其主要特征见表7-4。我国南方大水矿床岩溶特别发育，岩溶形态以溶洞和暗河为主，矿坑涌水量直接受降水影响，滞后期短；北方大水矿床岩溶形态以裂隙和溶洞为主，矿坑涌水量相对较稳定，最大与正常矿坑涌水量相差不是很大，降水影响滞后期相对较长。

表7-4　以岩溶含水层充水为主的矿床特征

充水岩层类型	矿床特征			矿山实例
	含水层	水文地质主要特征	矿坑涌水量特点	
裸露	无统一含水层和地下水位，含水性极不均匀	强度很大的大气降水形成的流量，大溶洞库存泥沙，威胁生产	以储存量为主，补给量变化范围大，由 $10 \sim 100km^3/h$	香水岭铅锌矿、泗顶铅锌矿
覆盖	有统一含水层和地下水位	严重的地面塌陷，井下较大的地下水威胁生产	补给水量充沛，补给量较稳定，$10 \sim 50km^3/d$	凡口铅锌矿、石录铜矿
埋藏	有统一含水层和地下水位	丰富高压岩溶水、矿层顶底板突水、部分地面塌陷及井下泥沙常威胁生产	补给水量充沛，储存量很大，补给量稳定，每日几万至几十万立方米	汀东铁矿、城门山铜矿

7.4.3　大水矿床采矿方法

对于大水矿床而言，选择合理的采矿方法是矿山安全开采的保障。即使前期水文地质及工程地质工作非常健全，防治水工作也做得成功，如果没有一个合理的采矿方法来保证安全开采，巩固防治水成果，矿山安全开采仍存在漏洞。目前，我国大水矿床采矿方法包括崩落法、空场法，以及采用较多的充填法。

（1）崩落法和空场法。对于地表河流改道工程量少、矿体周围含水层能够轻易疏干、地表允许塌落的矿床，可采用崩落法。对于隔水层很厚、隔水条件好、适当预留矿柱就能保证安全生产的矿床，可以采用空场法。例如，北洛河铁矿采用无底柱崩落法，西石门铁矿采用有底柱和无底柱崩落法，泗顶铅锌矿采用切顶房柱法，金岭铁矿召口矿区采用分段凿岩阶段空场采矿法等。

北洛河铁矿矿体埋藏在河床下，上层为第四系黄土和河床卵石所覆盖，局部为中奥陶统马家沟组石灰岩。埋深为 $134 \sim 679m$，矿体长 1620m，宽 $92 \sim 376m$，属大中型矿床。矿体大部分处在地下水位以下，矿体顶底板及其围岩为奥陶系中统石灰岩含水层，属于水文地质条件较复杂的溶隙充水矿床，预计最大涌水量为 $80000m^3/d$。采用地表河流改道，井下超前疏干，现正常涌水量为 $30000 \sim 40000m^3/d$。采矿方法为无底柱分段崩落法，如图

7-14所示，采用 YGZ-90 凿岩机和 QZJ-80 钻机凿上向扇形中深孔，排间微差挤压爆破，铲运机出矿。设计生产能力为 1800kt/a，实际生产能力达到 2000kt/a。工程实际表明回采作业工作面无明显地下水，无底柱分段崩落法对于该大水矿山具备良好的适用性。

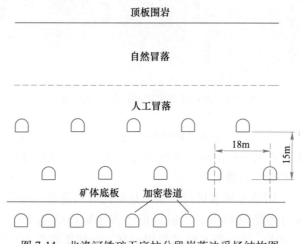

图 7-14　北洛河铁矿无底柱分段崩落法采场结构图

（2）充填法。在充填法中，胶结充填能有效控制地压活动，以及顶板围岩沉降及陷落，从而保护、巩固防治水成果，防止突水事故发生。在我国复杂大水矿山开采中充填法应用较多，其中水平分层胶结充填法及点柱充填采矿法是常用的采矿方法，采场暴露空间小，采空区又能及时充填，能够有效控制地压。点柱充填采矿法是上向水平分层点柱充填采矿方法的简称，本质上是房柱采矿法和充填采矿法的组合，因而兼具房柱法生产能力高和充填法的优点。点柱充填采矿法是随着铲运机的广泛采用而发展起来的新型采矿方法，是针对大水矿山开采有广泛发展前景的采矿方法。

与其他充填法相比，点柱充填采矿法其主要优点为：点柱受三维方向充填体的约束，受力状况大为改善，能够牢固、安全地支撑顶板围岩，稳固性好；可以采用无轨自行设备，机械化程度和劳动生产率高；可以采用全尾砂充填，提高矿石回采率。缺点是需要预留一定数量的矿柱，用以支撑顶板围岩，这部分矿柱不能回收。

点柱充填采矿法在大水矿床开采中已经存在若干成功案例。业庄铁矿是国内知名的大水矿床，在生产过程中长期受到水害的困扰，曾发生过严重的突水事故。矿体上盘存在两大含水层：一为中奥陶系灰岩岩溶裂隙含水层，渗透系数为 29.5m/d，含水丰富，为矿体的直接顶板；二为第四系砂砾石孔隙潜水含水层，渗透系数为 100~300m/d，富水性强，业庄矿区井下涌水量峰值达 150~170km³/d。业庄铁矿矿体水平厚度 20~70m，倾角 20°~55°，矿岩稳固性良好。该矿采矿方法历经演变，先后采用预留护顶矿层隔水进路采矿法、中深孔分段落矿阶段矿房嗣后充填采矿法、小分段充填法等。目前结合注浆堵水的防治水方案，采矿方法采用浅孔凿岩、电动铲运机出矿的点柱式充填采矿法，如图 7-15 所示。自采用该采矿方法以来，矿山曾成功防止了突发的上盘涌水事故，避免了大水淹井灾害。

7.4.4　大水矿床防治水措施

大水矿床地下开采的防治水技术复杂，影响因素较多。除了合理布置井巷工程，选择

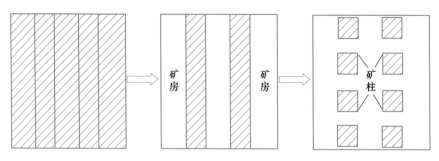

图 7-15 点柱式充填采矿法回采步骤示意图

最优的采矿方法外，还必须针对不同地质条件采取防治水综合措施。首先要做好矿床水文地质和工程地质工作，提供可靠的防治水所需的基础资料，以便进行设计、施工建设。大水矿床地下开采防治水措施简述如下：

（1）排水疏干。采用疏干排水进行开采，是矿山应用简单、作业安全、工作条件好的方法，在矿山设计时可考虑这种方式。但是由于大水矿山的涌水量大，疏干排水工程量大，基建时间长、投资多，疏干排水经营费用也高，导致单位矿石的排水成本增加，影响矿山整体经济效益。同时，大水矿床疏干往往改变了矿区原有水文地质状态，降落漏斗扩大，甚至会引起地表沉降、塌陷，建筑物被毁，有时还需解决农村供水问题。如西石门铁矿、北洺河铁矿、水口山铅锌矿等大水矿山，因排水疏干导致的环境问题突出。有的大水矿床，条件复杂，采用单一的排水疏干方法不能达到完全疏干的效果，可能存在残余水头，此时还需采取其他措施进一步处理。

井下主要排水设备，至少应由同类型的 3 台水泵组成，其中任一台的排水能力，必须能在 20h 内排出 24h 的正常涌水量，2 台水泵同时工作时，要求在 20h 内排出 24h 的最大涌水量。最大涌水量超过正常涌水量一倍以上的矿井，除备用 1 台水泵外，其余水泵应能在 20h 内排出 24h 最大涌水量。井筒内应装设两条相同的排水管，包括工作排水管和备用排水管。

（2）预留隔水岩柱（层）。如在富水岩层上部或下部开采，涌水量大且开采条件恶化，疏干排水的工程量大，排水费用也高，还有发生突然溃水的可能，严重威胁井下人员的生命安全和造成财产损失。为了减少矿井涌水量，预防发生突然溃水及保护好矿区水体的自然状态，根据岩层水文地质、工程地质条件，若现场存在渗透系数小，性质稳固且达到一定厚度的岩体，可在合适位置留作隔水岩柱（层），使其与富水岩层隔开。

（3）帷幕注浆。帷幕注浆是用钻孔揭穿含水层的岩溶裂隙，通过钻孔将水泥浆或其他堵水浆液注入含水层的岩溶裂隙中，浆液凝固后将各注浆钻孔周围的裂隙封堵起来，形成条带状帷幕，其实质相当于人工形成隔水岩柱（层）。这类幕墙具有较强的防渗漏性，起到阻隔水源的作用，从而减少矿坑涌水。合理的帷幕注浆方案能够减少坑内涌水，保障矿山安全生产。如水口山铅锌矿、张马屯铁矿、黑旺铁矿、铜察山铜矿等采用帷幕堵水，保证了矿山安全生产，取得了良好的经济效益。但帷幕堵水工艺复杂，成本高，使用范围受到制约。

（4）规避水源。规避水源是采取一定措施，使来源于矿体上部或周围岩体的水源避开补给矿体。如西石门铁矿、凡口铅锌矿均在河床下面，开采时采用河床铺底避水或将地表河流等水体改道措施，避开地表水对矿床开采带来的问题，保障井下正常开采。

（5）综合措施。对于条件复杂的大水矿床开采，往往需要采用疏干、注浆堵水、避水、留矿（岩）柱封隔等至少两种措施，才能保证矿山安全开采。如水口山铅锌矿、业庄铁矿、张马屯铁矿等，初期仅采用单一技术措施，没有达到要求，甚至发生事故，又引发突出的环境问题。在采用疏、堵等综合防治水技术措施之后，保证了井下安全开采，并取得了较好的技术经济效益。

（6）基建时期防水。经验表明大水矿山经常在基建时期发生突水淹井事故，因此在建设井巷工程中除了做好探水工作，还要及时形成排水系统。如白象山铁矿深部（−390m 阶段以下）F4 等断层带的含水、导水性情况未能查清，在−470m 阶段，风井向北的石门掘进距风井中心 84.30m 处，于 2006 年 8 月 28 日发生突水，瞬时最大水量为 928m³/h，造成井巷被淹，事后分析突水是巷道接近 F4 导水断层所致；2009 年 4 月 4 日，在风井−390m水平大巷穿过 F4 断层 89.84m 后，F4 断层处顶板、左帮先后垮落造成突水，如图 7-16 所示。因此应充分分析水文地质条件，评价井巷工程充水因素、预测水害隐患，以便采取有针对性的防治水措施，确保矿山建设工程安全实施。

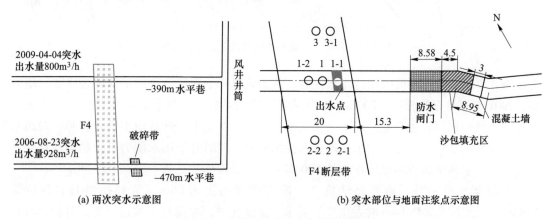

图 7-16 白象山铁矿突水与防治示意图

7.4.5 大水矿山工程实例——高阳铁矿

高阳铁矿为接触交代矽卡岩型磁铁矿床，矿体顶板主要为角砾岩，其次为矽卡岩和蚀变闪长岩，矿体底板为石灰岩。矿石地质品位平均为 52.92%。矿体长度 450m，宽度200m，厚度 12~25m，呈透镜状产出，倾角 20°~40°。矿体埋深 240~310m，矿体本身及顶底板围岩的稳固性较好。矿区内第四系砂砾石含水层分布面积极大，水量丰富，对采矿活动造成巨大威胁，矿体底板奥陶系灰岩含水层区域范围较广、水头较高，如图 7-17 所示。矿体四周岩溶、构造裂隙发育，且地表有乌河通过，地面有建筑物和大片农田，不允许地表沉陷，矿山建设中已经发生过 2 次涌水淹井事故。

高阳铁矿采用斜井开拓，掘进 70m（垂直深度 35m）左右时，遇第四系含水层，因涌水量巨大，采用多种强行通过施工方案无效而被迫停建。1998 年重新组织施工建设，设计采用主、副两条竖井开拓，并采用冻结法施工。1999 年副井井筒衬砌和井筒装备完工。2000 年 8 月，副井−245m 水平掘进 2−8 号穿运输巷时，由于未实施超前探水，发生突水，

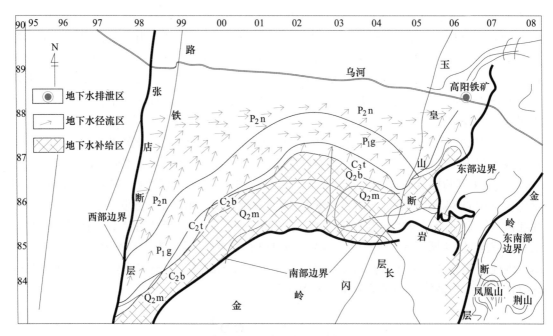

图 7-17　高阳铁矿奥陶系灰岩地下水运移规律

造成淹井事故。经过一段时间的排水观测，排水效果并不理想，决定采取地表注浆封堵方案。2001 年 9 月开始施工，2002 年 1 月钻孔注浆封堵完毕，顺利恢复基建生产。分析此次淹井事故的原因，主要是缺乏矿区水文地质资料，对地下水的认识不符合实际，对出水现象未引起高度重视，施工中未采取超前探水措施。同时井下排水能力低，防治水设施不健全。本次事故造成直接经济损失达 500 多万元，处理事故花费了 18 个月时间。

　　2002 年 9 月主井采取冻结法施工，冷冻深度确定为 65m（资料提供基岩深度为138m）。当挖掘至井深 64m 时发生突然涌水，造成淹井，井筒施工被迫终止。分析淹井的原因是井筒的冻结深度不够，水文勘查资料不准确，75m 以下有 1.6m 厚的强含水砂层未编录。淹井后积极采取补救措施，进行第二次补孔冷冻，冷冻深度 135m。由于观测孔已被破坏，只能根据井筒水位变化判断冻结效果，冷冻两个多月后，井筒水位仍反复升降，于是采取单孔测温和井筒超静水位注水评估冻结效果。经过反复测试研究判定，于 2004年 2 月 12 日开始排水破冰，2 月 18 日开始挖掘，这次冷冻效果与判断相符，掘砌正常。这次主井淹井事故，补孔、二次冷冻、处理井筒及补偿施工单位损失共计 150 多万元，延误工期 11 个月。虽然井筒较顺利地穿过了第四系地层和基岩风化带，但是在风化带施工时依然有近 $10m^3/h$ 的裂隙水，采取了强行通过措施，没有造成安全事故。

　　2004 年 8 月 26 日，在副井−245m 水平 6 号矿房探矿巷道掘进中遇到矽卡岩接触带，因岩石破碎塌冒，即停止掘进准备支护。在巷道施工前已按技术要求进行了钻孔探水，在巷道施工中，也采用了 5m 钎杆进行辅助探水，均未见异常。8 月 29 日发现该掌子面左前方上部出水，当时涌水量在 $20m^3/h$ 左右，并呈上涨趋势，于是启动了紧急预案，进行巷道封堵。同时开动了井下的全部排水设备（总排量约 $160m^3/h$），在封堵过程中涌水量迅速增大，最大涌水量达到 $3000m^3/h$ 左右，致使来不及采取更多措施，造成淹井事故。事故原因主要是由于高水位压力（0.78~0.8MPa）作用，使破碎带充填物蚀变，强度降低，产生突水。同时-245m水平排水系统能力低，无防水门，涌水增速迅猛，来不及采取抢救措施。事故还因为矿区水文地质条件相当复杂，对水的赋存状况认识不深刻，特别是对破碎带导水构造的认识不够，对破碎带的支护不及时，处理方法不当。这次淹井事故发生后，吸取第一次治水的经验和教训，在认真分析出水原因的基础上，制订了地表钻探注浆治水方案，堵水效果良好。注浆堵水方案如图7-18所示，图中 A 点为注浆钻孔位置，孔口标高28.1m，B 点为6号矿房突水点，标高-237m，AB 连线即为设计钻孔的水平投影；出水点 B 与钻机孔口 A 水平距离106.9m，垂直深度264.5m。

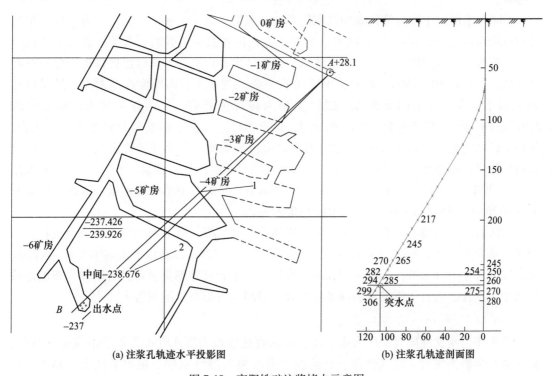

(a) 注浆孔轨迹水平投影图　　　(b) 注浆孔轨迹剖面图

图 7-18　高阳铁矿注浆堵水示意图

高阳铁矿几次淹井事故和治水的教训经验表明，第四系强含水层和矿体底板奥陶系灰岩含水层复杂的水文地质条件与构造，是危及井下安全生产的主要因素，在安全生产技术措施上应重点关注，做好预案。

7.4.6　新庄铜铅锌矿水害防治工程实践

新庄铜铅锌矿位于江西省宜春市宜丰县新庄镇口溪村和高安市村前乡的交界处，距宜丰县城37千米，矿区范围为东西长约2千米，南北宽1.8千米，矿区面积3.77平方千米。该矿为改扩建矿山，2003年开始筹建，2006年正式投入生产，采矿规模从最初年产30万吨扩建为现60万吨。该矿体的直接顶底板为富水性中等的黄龙-船山组近矿大理岩，间接顶板为富水性强的黄龙-船山组灰岩（外灰岩），内、外灰岩被火成岩主岩枝隔开。该矿属于矿体顶底板直接充水，以溶洞充水为主的水文地质条件复杂的岩溶充水矿床。由于建设初期没有采取防治水工程，西回风斜井在开拓时，曾因浅部南雄组底部砾岩突水影响工期数年，稳定突水量300m³/h，并引起了地面的塌陷开裂。采取地下水综合治理措施后，矿山建设顺利，井下实现了安全高效采矿。

7.4.6.1 矿区水文地质

地表水系较发育，主要有狮水河、棠浦河及丁家溪三条，均自北向南流，地表水体以区域北面的上游水库为最大，库区主要为花岗闪长岩，库容$1.35 \times 10^8 m^3$，正常水位标高80m左右。矿区岩溶地下水主要接受大气降水入渗补给、侵蚀丘陵基岩风化裂隙水侧向补给及洪水期地表水的短暂补给。自然条件下主要通过泉水排泄，矿山开采期间主要通过人工排泄。

矿区含水层组主要有第四系冲洪积层及残坡积层、南雄组底部砾岩、二叠系栖霞组灰岩和石炭系黄龙-船山组灰岩；隔水层组主要为元古界双桥山群绢云母千枚岩、斜长花岗斑岩。第四系含水层厚度不大，富水性弱，为矿区次要含水层。南雄组底部砾岩分布在矿区南部，北界在103、904、2303、2905等孔一线。向南东方向厚度逐渐增大，最厚可达300m以上，大部被第四系覆盖。岩性主要为砖红色砾岩，岩溶现象发育，抽水试验$2.975L/(s \cdot m)$，渗透系数$K = 1.707m/d$，强富水性。二叠系栖霞组灰岩主要为石灰岩，分布于矿区的北部。石炭系黄龙-船山组灰岩由白云质灰岩及大理岩等组成，被主岩枝分为内外灰岩，近接触带部分被矿化，这2个地层为1个含水岩组。外灰岩单位涌水量$1.74 \sim 1.85L/(s \cdot m)$，渗透系数$0.906 \sim 2.397m/d$，内灰岩中单位涌水量、渗透系数分别为$0.0136 \sim 0.095L/(s \cdot m)$，$K = 0.0179 \sim 0.279m/d$。

矿区岩溶在平面上主要分布于村前主岩体的北接触带、狮水河两侧、南雄组沉积盆地边缘。垂向上-220m标高以上岩溶发育，溶洞多见，-220m标高以下岩溶不发育。-220m标高以上为主要含水带，-430～-220m含水较弱。主岩枝外侧接触带且有矿体分布的地段岩溶也很发育，而且岩溶发育的深度相当大，岩溶发育形态以溶洞为主。

7.4.6.2 矿山防治水工程

本矿床为水文地质复杂的大水矿床，矿床直接顶板为富水性中等的岩溶裂隙含水层，间接顶板为岩溶发育、富水性强、补给源丰富的强岩溶含水层。根据矿区含、隔水层在平、剖面上的发育特征，结合采矿总体设计，制订的防治水方针为：以堵为主、以疏为辅、疏堵结合，着重避开富水性强的岩溶含水层对矿山开采的影响，利用注浆帷幕堵截富水性强的灰岩溶洞含水层水向矿坑的补给，封闭不良钻孔和矿体顶部留设保护矿柱提高主岩枝的隔水功能，减少浅部强岩溶水对矿坑的补给。在实际探矿、开拓过程中，坚持有疑必探、先探后掘的探水原则，消除矿山突然涌水的可能性。另外，建立矿山地下水位观测系统监测矿坑周围地下水位，确保内灰岩有效地下水位降至开采标高以下，实现安全开采。

基于以上防治水思路，矿山实施的防治水工程主要有：

（1）生产、开拓巷道超前探、放水。

（2）-105m、-225m中段放水孔放水。

（3）23线和4线构筑两道"L"形帷幕，如图7-19所示。

（4）为防止矿床对上部隔水层的影响，保护矿区地表免受破坏，本矿床开采时采用上向水平分层胶结充填法，并在水平及垂直方向上留设了81.8m的防水矿柱。

（5）在4-23线间封堵了17个封孔不良的老钻孔，消除了矿山顶板集中突水的危害。另8个钻孔未补封，除了ZK510孔因孔内结构破坏无法封堵外，其他钻孔封孔段在火成岩底部，但在今后采矿中要采取防范措施。

（6）矿山在东以13线为界，西到7线；南到904孔，北到906孔；东西长200m，南北宽250m，面积约50000m^{2}的主岩枝薄弱部位或附近的封闭不良钻孔进行了补强水泥注浆。

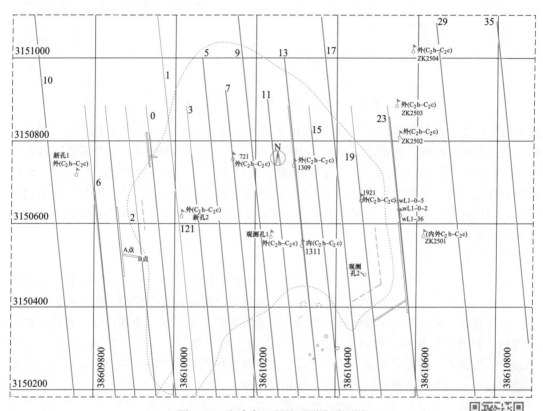

图7-19 防治水工程及观测孔平面图

矿山在2011年进行防治水工程施工，2012年基本结束。在东部23线施工了注浆帷幕封堵主岩枝缺口，注浆补强局部主岩枝厚度、封堵顶板老钻孔后，矿山在-105m、-225m中段施工了放水孔疏干放水，坑下放水量由治水前的321m^3/h稳定到2016年底187m^3/h。从矿山建设过程来看，2012～2014年矿山进行60万吨改扩建工程基建，生产开拓巷道逐步拉开，巷道排水量逐渐增加，2015年、2016年-225m以上中段涌水量注浆稳定在4500m^3/d，如图7-20所示。目前-270m、-315m中段井下涌水量分别为11m^3/h、0.4m^3/h，越往深部中段，地下水涌水量越小。

7.4.7 武山铜矿水害防治工程实践

武山铜矿位于江西省瑞昌市白杨镇境内，是20世纪60年代发现的大型铜矿床，矿床由南、北两个矿带组成，矿区周边有赤湖、白杨溪等地表水体。矿山始建于1966年，目

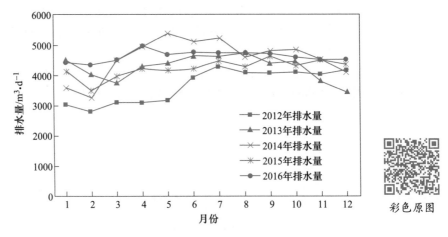

图 7-20　2012~2016 年逐月日平均排水量

前矿山生产能力达 5000t/d 以上。矿山目前主要采矿中段在-360m，开拓中段为-410m 中段。南、北矿带矿坑平均涌水量分别为 9426.62m³/d、5074.66m³/d。武山铜矿区地处丘陵-湖泊过渡地带，地势北高南低，西高东低，山岭走向与构造线一致呈北东东向。矿区西部为岩溶丘陵，东部为与长江相通的赤湖所环绕。矿区北部的志留系、泥盆系砂岩构成近东西向地表分水岭，矿区南部及东南部为第四系松散堆积物覆盖的低丘、垄岗及冲湖积平原开阔地带。

7.4.7.1　矿区主要褶皱构造水文地质特征

武山矿区内地质构造复杂，主要构造线方向为北东东、北西—北北西及北东—北北东，表现为各方向的褶皱和断裂十分发育。区域自北向南依次有邓家山—通江岭向斜，界首—大桥背斜，横立山—黄桥向斜，大冲—丁家山背斜，乌石街—赛湖向斜，长山—城门湖背斜，如图 7-21 所示。向斜主要由二叠、三叠、石炭系灰岩组成，背斜由泥盆、志留系砂岩、粉砂岩、砂砾岩组成，其中界首—大桥背斜核部见有奥陶系灰岩。区域灰岩溶洞裂隙水与砂岩页岩弱裂隙水同褶皱带一致相间出现。

含溶洞裂隙水的有邓家山—通江岭向斜、界首—大桥背斜核部、横立山—黄桥向斜及乌石街—赛湖向斜等储水构造。这些储水构造西部含水层出露较好，向东逐渐转为隐伏。含弱裂隙水背斜储水构造有界首—大桥、大冲—丁家山、长山—城门湖背斜，主要为泥盆、志留系砂岩、粉砂岩、砂砾岩组成，以风化裂隙为主。

区域断层按走向分为三组，以北东东组最为发育，北西—北北西及北东—北北东次之。北东东向断裂规模较大，一般长度大于 2km，有的长达 10km。断裂破碎带较宽，断裂带切割可溶岩时，断裂带及其两侧岩溶发育更强，多见泉水出露。北西—北北西、北东—北北东向断裂，长度绝大部分在 1km 以内，个别大于 1km，断裂倾向东或西，倾角70°左右，地貌上一般在断层位置呈冲沟出现，在灰岩区内沿断裂带见有落水洞、洼地、泉水及暗河等。张家桥至茅坪一带，灰岩泉水基本是沿此断裂带出现。此类断裂往往具有导水作用，也有因错动而使含水层不连续，反而起阻水作用的情况。

7.4.7.2　矿区水文地质条件

据地质资料，矿区地层地表仅出露有志留、泥盆系及少量二叠系下统茅口灰岩，其余

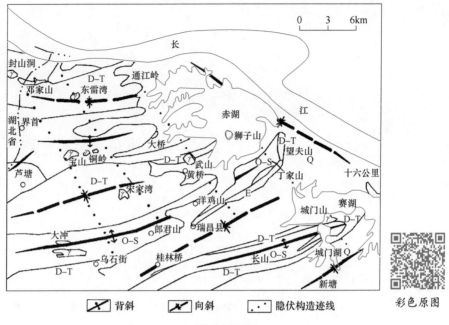

图 7-21 矿区构造平面图

皆为第四系覆盖。武山铜硫矿床分为南、北两个矿带：北矿带主要矿体赋存于泥盆系上统五通组与石炭系中统黄龙阶之间，呈似层状产出，与岩层产状基本一致；南矿带主要矿体分布在花岗闪长斑岩与灰岩接触带中，似环状产出。北矿带直接充水岩层有黄龙灰岩、栖霞灰岩含水层，南矿带直接充水岩层有茅口、长兴、大冶、嘉陵江灰岩含水层。钻孔揭露见有溶洞、溶蚀裂隙、溶孔、溶蚀破碎带。

矿区内的大冶组页岩、茅口组炭质灰岩为相对隔水层，岩层呈东西向稳定展布，形成了矿区独特的长条形含水系统的特点。地下水系统主要依据稳定隔水层的分布来划分，将茅口组炭质灰岩相对隔水层以北划为北矿带地下水子系统，大冶组页岩与茅口组炭质灰岩之间划为中部地下水子系统，大冶组页岩以南划为南矿带地下水子系统，平面见图 7-22。

矿区西部和南西部外围岩溶山区，岩溶地貌明显，地表岩溶和地下岩溶相连，有利于大气降水入渗补给地下水，属地下水补给区。矿区内岩溶地貌发育在崖山、白茅岭，地表见有少量溶槽、溶沟、石芽、溶洞。隐伏岩溶现象有溶蚀洼地、溶蚀破碎带、溶孔、溶蚀裂隙等。

7.4.7.3 矿山井下涌水量与排水现状

目前北矿带-360m 以上矿坑涌水量为 6543m³/d，地下水补给量约为 4548m³/d，生产用水量为 1200m³/d，分别占北矿带矿坑涌水量 69.5%、18.3%；南矿带-360m 以上矿坑涌水量为 10329m³/d，地下水补给量为 8293m³/d，生产用水量为 1000m³/d，分别占南矿带矿坑涌水量 80.2%、9.7%，可以看出地下水补给量为矿坑涌水的主要来源，大气降雨为次要来源。随着未来南北矿带开采深度的不断增加，疏干排水深度也不断增加，地下水补给量将逐渐增大，在矿坑涌水量中占的比例将增大。

依据武山铜矿 2015～2017 年矿坑逐月排水量曲线图、排水量表（图 7-23），2015 年矿

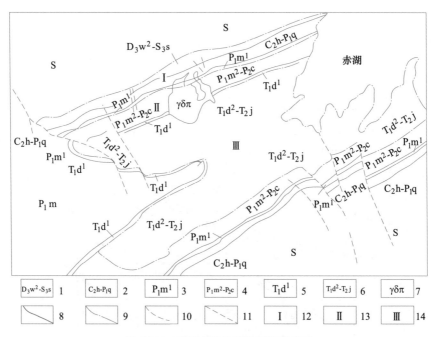

彩色原图

图 7-22　矿区地下水系统划分示意图

1—五通纱帽砂岩弱裂隙含水岩组；2—黄龙栖霞组灰岩含水岩组；
3—茅口组炭质灰岩相对隔水层；4—茅口长兴灰岩含水岩组；
5—大冶组页岩相对隔水层；6—大冶嘉陵江灰岩含水岩组；7—岩体；
8—地质界线；9—地下水系统边界；10—地下水子系统边界；11—断层；
12—北矿带子系统；13—中部子系统；14—南矿带子系统

坑涌水量最大为 2015 年 7 月 52.83 万立方米，最小为 2015 年 2 月 34.3 万立方米，全年排水量合计 539.05 万立方米。2016 年矿坑涌水量最大为 2016 年 7 月 67.42 万立方米，最小为 2016 年 2 月 35.45 万立方米，全年排水量合计 576.38 万立方米。随着开采深度的增加，矿坑排水量稳中有增。一方面由于开采深度的增加，地下水降落漏斗范围扩大，地下水补给量增加；另一方面，由于采矿引起的地表错动范围的增加，引起大气降雨渗入量也有所增长。

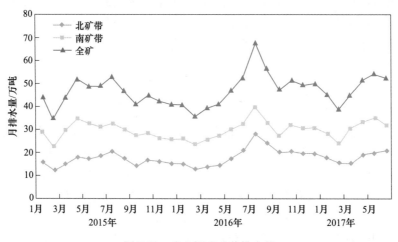

图 7-23　武山铜矿矿井排水量

7.4.7.4 防治水方案

矿山提出了疏堵结合，地表井下综合治理的矿山防治水方针。在矿坑地下水的深部集中进水通道上采用水泥浆等注浆材料构筑防渗帷幕，通过减小进水通道的渗透系数来大幅减少进入矿坑的地下水量。地表井下综合治理即地表采取防止降雨入渗措施，井下采用探放水措施降低地下水位。矿山采用以疏为主的地下水防治措施，即保留在采掘或超前探水过程中发现的出水量大的钻孔，这些钻孔大部分位于断裂破碎带附近。通过放水孔长期疏干放水，矿区已经形成了以南北巷道为中心的稳定地下水位降落漏斗，基本实现了安全采矿。

根据现有矿区水文地质条件，矿区南北矿带地表水体防治及降雨防渗措施为：

（1）沿北部山体修建截洪沟，将地表降雨径流集中引出采矿影响区外，避免进入井下转化为矿坑涌水；

（2）地表进行防渗处理，地表已经发生错动裂缝、塌陷坑的区域进行回填夯实，避免该区域内降雨径流通过此类通道集中进入井下；

（3）目前水文地质资料虽已查明白杨溪与北矿带地下水存在水力联系，但尚未查明其补给通道，该地表水体的防治措施有待查明后再进行。

北矿带地下水防治水措施为：查明东阻水体深部进水通道的情况下，在该处进行帷幕注浆，将东阻水体与隔水层连接起来，形成北矿带东部整体隔水体，阻挡东部地下水进入北矿带。北矿带西阻水体隔水性能稳定，因此采用此措施后进入北矿带的地下水补给量将大大减少。

南矿带地下水防治水措施为：根据现有研究报告，赤湖为矿区第一大地表水体，南矿带南部可能通过纵横交错的断裂构造接受赤湖的补给，不仅增大了坑下涌水量而且可能形成突水危害。因此，可在断裂带部位进行注浆，封堵进入坑下的通道，减小矿坑涌水量与突水危害。对南矿带东部火成岩岩枝薄弱部位进行局部注浆补强，加强其阻水性能，减少东部地下水对南矿带地下水的补给强度。

7.4.8 博白矿水害防治工程实践

7.4.8.1 矿区水文地质条件

博白矿区属丘陵-低山地貌，中部大车坪至秀岭村较开阔平缓，四周多为山地，矿区范围内地势东高西低，地形切割较强烈，山顶标高近300m，谷底标高约110m，相对高差约90~190m。木垌湾河为矿区唯一的河流，为南流江上游的一条一级支流，上游段起源于博白县城厢镇新秀村至陆川县大桥乡一带山区，水文网呈树枝状发育。矿区断面上游汇水面积51km^2，该河由南东向北西穿越矿区Ⅰ号矿体，切割深度1~5m，坡度为0.2%左右。由于在主要矿体段修筑有水坝，水位抬高，使该段河道增深，水流缓慢，最小流量0.3m^3/s，一般流量0.4~1.5m^3/s。

根据矿区各地层的水文地质特征，可划分为岩溶含水层、基岩裂隙含水层及松散岩类孔隙含水层三种类型。岩溶含水层按容水空隙又分为裂隙溶洞水和溶洞裂隙水。其中，裂隙溶洞水主要分布于Ⅰ号矿体所在的泥盆系下统郁江组的矽卡岩、大理岩岩层中，与Ⅰ号矿体共存，该含水岩层富水性中等，天然条件下具有承压性。溶洞裂隙水分布于钨钼硫铁矿体以外的岩层中，根据钻孔资料，岩层裂隙很发育，局部有断裂破碎带，溶洞弱发育，该含水岩层富水性中等。基岩裂隙含水层分为碎屑岩构造裂隙含水层和花岗岩风化带网状裂隙含水层。其中，碎屑岩构造裂隙含水层主要为泥盆系下统、泥盆系中统信都组、志留系下统大岗顶组地层中的构造裂隙含水层，含水层富水性弱－中等。花岗岩风化网状裂隙水主要赋存在燕山晚期花岗闪长斑岩岩体和燕山期花岗压碎岩风化裂隙中，富水性弱，为相对隔水层。松散岩类孔隙水赋存于第四系冲洪积、残坡积层，呈树枝状展布于沟谷及河流的两侧，岩性有砾石、砂砾、砂质黏土，厚度 1~10m 不等，低洼地带含孔隙潜水，高处透水但不含水，富水性弱－中等。

综上，本矿区属于矿体位于当地侵蚀基准面以下，矿区存在地表水体，矿体直接顶底板含水层富水性中等，以溶洞－裂隙充水为主的水文地质条件复杂的矿床。

7.4.8.2 矿区防治水措施

根据矿区水文地质条件分析，矿坑充水因素主要为大气降雨、木垌河水及溶洞－裂隙水。针对不同矿坑充水因素拟采取以下防治水措施：

为防止大气降雨形成地表径流进入矿区错动范围之内，在矿区错动范围外修建地表截洪沟，防止地表径流进入错动范围内进而渗入坑下、增大矿坑涌水量。另外，未来矿坑排水过程中可能引起地表塌陷、开裂等不良工程地质现象，为防止大气降雨通过塌坑、裂缝等进入井下，在生产过程中安排专人进行地表巡查，一旦发现此类现象，应立刻采取地表回填、夯实等工程措施进行处理。

木垌河为常年性地表河流，I 号矿体有相当一部分矿体位于河床以下，木垌河是未来矿山开采过程中的最大安全隐患，矿山在以往 0m 坑道疏干排水过程中，河床附近曾发生过疏干塌陷。考虑到将来-250m、-450m 坑道疏干深度更深、范围更广，因疏干引起的地面塌陷及开裂可能性将更大。另外，木垌河有相当长一段河道位于采矿错动范围以内，未来深部采矿时对顶板围岩有可能造成破坏，河水突入井下，产生淹井事故。因此，对该河道采取河流改道措施，将采矿错动范围内木垌湾河道上现有拦水坝拆除，并在采矿错动带外西南角现有挡水坝上游处设置一浆砌石挡水坝，以将河水存蓄在采矿错动范围外的河道。同时在拦挡坝上设置溢洪道，将水引至尾矿库下游的河沟低凹处；再在河沟低凹处设置排洪隧洞将河水引至下游河沟。另外，由于需将现有的村民用于灌溉的挡水坝进行拆除，为不影响当地村民的灌溉，在新建挡水坝下游河流的西侧拟修建灌溉引水渠。

矿区主要矿体位于当地侵蚀基准面以下，矿体上覆有地表河流通过，矿体顶底板含水层富水性中等，矿区属以溶（空）洞－裂隙充水为主的水文地质条件复杂的矿床。因此，对溶洞－裂隙地下水的防治，采取如下措施：

（1）24 线注浆帷幕工程。由于矿区北东向为区域地下水的主要来水方向，西、北、东部有相对隔水岩层阻隔，在-450m 错动范围外 20m 左右，矿区北东部 24 勘探线附近设置一条注浆帷幕 AB（图 7-24、图 7-25），AB 线帷幕全长 130m，深度约 335m。帷幕顶界暂定为现地下水位标高，帷幕底界设置在岩溶发育下限以下 20m，即-190m。整条帷幕需注浆钻孔 14 个，检查孔 2 个，共计 16 个。注浆钻孔开孔直径 110mm，终孔直径 91mm。注浆孔进尺长度 5377m，注浆段长 5130m。帷幕耗浆量 34129m³，需水泥 6348t，黏土 12047t，水玻璃 478t。

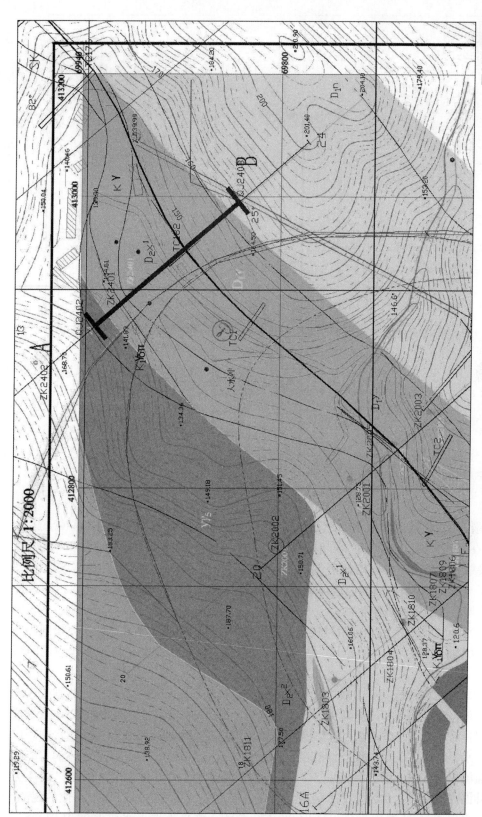

图 7-24　博白矿区 24 线注浆帷幕平面图

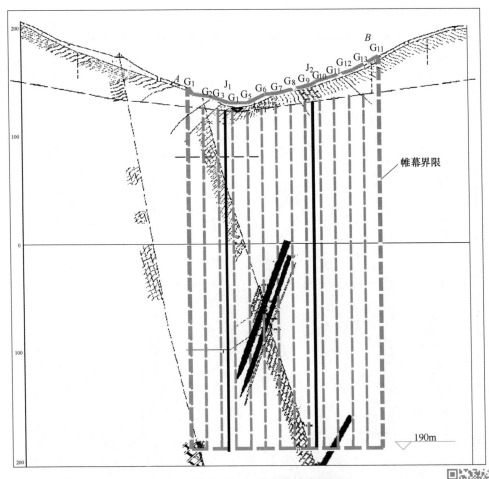

图 7-25　博白矿区 24 线注浆帷幕剖面图

（2）超前探水。由于矿区水文地质条件复杂，溶洞发育（尚未完全查清），因此在基建、生产过程中必须超前探水，尤其在断裂破碎带、含水层与火成岩接触带以及距木垌河较近位置须进行超前探水，每回次超前探水孔不少于两孔，探水孔深度一般 30~50m，遇到稳定出水量的探水孔，应将其作为放水孔，孔口设闸阀及压力表，以便监测及控制放水量。

目前矿区 0m 中段已有几个出水量较大的探水孔，将其改造为放水孔，孔口安设闸阀及压力表，一方面可以疏干矿区地下水，另一方面可以通过压力表观测矿区地下水位的降深情况。

（3）地下水观测系统。矿山建设过程中，同时进行地下水观测网的建立，监测矿区地下水位的变化，矿区地下水位未降至采矿标高以下，不允许采矿生产。矿区中心地下水位的观测利用目前巷道内集中涌水点，将涌水点加装压力表，通过压力表测得地下水位。矿区外围地下水位利用矿区水文地质详查期间保留的水文孔共计 13 个进行观测，基本能够满足水位监测要求，矿山观测系统见图 7-26。通过巷道内涌水点（TC01~TC08）的压力表及矿区外围观测孔建立矿区地下水位监测系统，矿山应安排专人进行地下水位的观测。帷幕内地下水位通过 24 线附近 TC02~TC08 进行观测，帷幕外地下水位通过 TC01、S1、

S2 孔进行观测，通过帷幕内外地下水位差判定帷幕的堵水效果。地下水位平水期、枯水期每周观测一次，雨季加密。

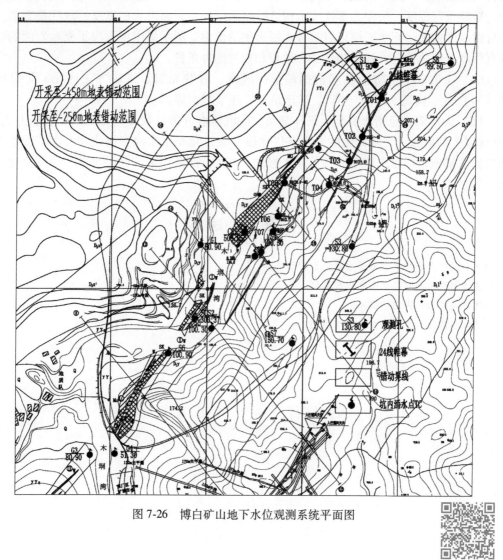

图 7-26　博白矿山地下水位观测系统平面图

彩色原图

── 本 章 小 结 ──

（1）突水是指大量地下水突然集中涌入井巷空间，常发生于掘进或采矿巷道揭穿导水断裂、富水溶洞、积水空区等施工过程中。矿井突水灾害可以归因于先天的地质条件和后天的人为条件两个方面，矿山突水一般是在先天的地质条件基础上附加人为条件的作用而发生的灾害事故。

（2）矿山涌水量是指矿井在建设过程中，不同水源的地下水单位时间内流入矿井的水量，可分为正常涌水量、最大涌水量、开拓井巷涌水量及疏干工程排水量。根据涌水量大小可区分为小涌水量、中等涌水量、大涌水量及超大涌水量矿井。

（3）根据矿山的主要充水岩层特征，金属矿水文地质类型具体可划分为三大类型：充水岩层以孔隙含水层为主的矿山，涌水量主要取决于充水岩层的孔隙、厚度、分布范围以及自然地理条件；充水岩层以裂隙含水层为主的矿山，涌水量主要取决于充水岩层的结构，裂隙发育程度，裂隙力学性质，构造的复杂情况，裂隙发育的宽度、深度及充填情况和自然地理条件；充水岩层以岩溶含水层为主的矿山，涌水量主要取决于充水岩层的岩溶发育程度、充填情况、地质构造、古地理和自然地理条件。

（4）金属矿水害防治技术包括超前探放水、井巷布置、采矿方法优化、留设防水矿（岩）柱、构筑水闸门（墙）、矿床疏干、注浆堵水等。

（5）大水矿床是指水文地质条件复杂，矿坑涌水量每日数万立方米或静水压力达 2~3MPa 以上的矿床。大水矿床的充水条件比较复杂，其充水水源多样化。大水矿床地下开采防治水措施包括排水疏干、预留隔水岩柱（层）、帷幕注浆、规避水源，以及基建时期防水等。

思 考 题

1. 简述金属矿山充水水源及导水通道类型及特征。
2. 简述金属矿山涌水量基本概念及类型。
3. 简述金属矿山水害防治技术。
4. 简述大水矿床充水类型及防治水措施。

8 金属矿深部开采水文地质问题实例

本章课件

本章提要

本章在介绍国内外金属矿深部开采现状的基础上，借助国内一系列深部金属矿实例，系统分析了不同水文地质条件下深部金属矿山开采遭遇的水文地质问题，以及相应的治水方案，为深入学习深部金属矿水文地质问题提供了范例。

8.1 金属矿深部开采现状

金属矿产资源是金属产品和金属材料的根本来源，对国民经济发展起着重大的推动作用。随着浅部资源的日益枯竭，国内外陆续开始深部资源的开采。2016 年习近平总书记在全国科技创新大会指出"向地球深部进军是我们必须解决的战略科技问题"，将地质科技创新提升到了关系国家科技发展大局的战略高度。

8.1.1 国内金属矿深部开采现状

我国《采矿手册》规定，采矿开采深度 600~900m 为深部开采，深度大于 2000m 为超深开采。2000 年以前，我国只有两处地下金属矿开采深度达到或接近 1000m，即安徽铜陵冬瓜山铜矿和辽宁红透山铜矿。近年来深部采矿蓬勃发展，相当数量的金属矿山相继进入深部开采，鞍钢弓长岭铁矿设计开拓深度−750m，距地表达 1000m；湘西金矿开拓 38 个中段，垂直深度超过 850m。此外，包括寿王坟铜矿、凡口铅锌矿、金川镍矿、乳山金矿等许多矿山，已经或将进行深部开采。随着"向地球深部进军"这一战略科技地位的提升，我国深部矿山事业正在全速发展，按照目前发展速度，在较短时间内我国深井矿山的数量将会达到世界第一，而且会有多个开采规模达到世界最高水平的超大型地下金属矿山。目前，我国开采深度达到或超过 1000m 的金属矿山已达 16 座，如表 8-1 所示。随着勘探技术和装备的发展，我国有望在 3000~5000m 深部探寻大量金属矿床。

表 8-1 我国采深 1000m 以上地下金属矿山统计

序号	矿山名称	所在地区	开采深度/m
1	岑鑫金矿	河南省灵宝市朱阳镇	1600
2	会泽铅锌矿	云南省曲靖市会泽县	1500
3	六直铜矿	云南省大姚县六直镇	1500
4	夹皮沟金矿	吉林省桦甸市	1500

序号	矿山名称	所 在 地 区	开采深度/m
5	秦岭金矿	河南省灵宝市故县镇	1400
6	红透山铜矿	辽宁省抚顺市红透山镇	1300
7	文峪金矿	河南省灵宝市豫灵镇	1300
8	潼关中金	陕西省潼关县桐峪镇	1200
9	玲珑金矿	山东省烟台招远市玲珑镇	1150
10	冬瓜山铜矿	安徽省铜陵市狮子山区	1100
11	湘西金矿	湖南省怀化市沅陵县	1100
12	阿舍勒铜矿	新疆维吾尔自治区阿勒泰地区	1100
13	三山岛金矿	山东省莱州市	1050
14	金川二矿区	甘肃金昌市	1000
15	山东金洲矿业集团	山东威海乳山市	1000
16	弓长岭铁矿	辽宁省辽阳市弓长岭区	1000

8.1.2 国外金属矿深部开采现状

随着浅部矿产资源的开采殆尽，国外的矿山企业也开始了地下深部开采阶段，世界上超过 1000m 的矿井已有 100 余座，分布在南非、加拿大、德国、俄罗斯、波兰等国家，例如加拿大的安西尔铜矿、基德克里克铜铅锌矿、澳大利亚的芒特-艾萨铜矿，以及俄罗斯的克里沃罗格铁矿等。在这些深部矿井的统计中，以南非最具代表性，南非绝大多数金矿开采深度在 2000m 以上，如表 8-2 所示。

表 8-2 全球开采深度 3000m 以上的地下金属矿山

序号	矿山名称	深度/m	矿石类型和储量	国家
1	Mponeng Gold Mine	4350	金	南非
2	Savuka Gold Mine	4000	金	南非
3	TauTona Anglo Gold	3900	金	南非
4	Caritonville	3800	金，副产品铀、银和铱、锇	南非
5	East Rand Proprietary Mines	3585	金	南非
6	South Deep Gold mine	3500	金	南非
7	Kloof Gold Mine	3500	金	南非
8	Dniefontein Mine	3400	金	南非
9	Kusasalethu Mine Project	3276	金	南非
10	Champion Reef	3260	金	印度
11	President Steyn Gold Mine	3200	金	南非
12	Boksburg	3150	金	南非
13	LaRonde-mine	3120	金	加拿大
14	Andina Copper Mine	3070	铜	智利
15	Moab Khotsong	3054	金矿	南非
16	Lucky Friday Mine	3000	银、铅	美国

深部开采带来了一系列涉及安全生产的科学问题，高地应力、高地温、高水压是存在

于进军地球深部道路上的三大难题。进入深部以后，地应力水平的增加及地温水平的升高将伴随着地下水压的升高，在深部资源开采埋深大于1000m时，其地下水压可能达到相当高的水平，高地下水压力环境将影响深部岩体的受力状态，极可能驱动裂隙扩展，导致深井突水事故等重大工程灾害。

8.2 滨海型金属矿深部开采

三山岛金矿是我国最大的地下黄金矿山之一，位于山东莱州市三山岛镇，南距莱州市27km，属于"焦家式"破碎蚀变岩型金矿。矿区北临渤海，地势自东南向西北由低而高，沿海有三座小山，称为"三山岛"，海拔为67.14m。近年来，三山岛金矿西岭矿区探获世界级巨型单体金矿床，矿体主要赋存于地下1000~2000m之间，现已备案黄金金属量382.58t，平均品位4.52g/t，预计勘探结束后，可获取黄金金属量550t以上，将成为国内有史以来最大的单体金矿床，该矿当前开采深度已达到-800m，开拓深度已接近-1000m。

8.2.1 三山岛金矿水文地质条件

三山岛金矿矿区岩性比较单一，主要有二长花岗岩类和构造蚀变岩类，含水层主要有第四系松散岩类孔隙含水层和基岩风化/构造裂隙含水层等，如图8-1所示。

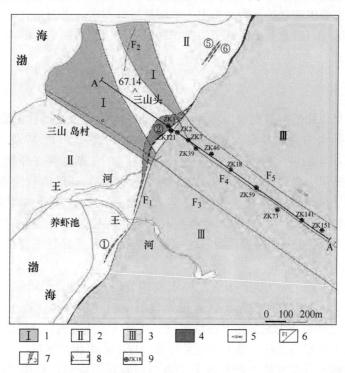

图8-1 三山岛金矿矿床水文地质简图

1—强含水带；2—中等含水块段；3—弱含水块段；4—隔水带；5—地下水流向；

6—断裂编号；7—矿体编号；8—剖面线位置；9—钻孔编号

彩色原图

第四系孔隙含水层在矿区广泛分布，位于整个矿区上部，岩性由中细砂组成，局部地段出现粗砂及砾石，厚度20.0～45.0m不等，水位与海水平面一致，单位涌水量0.403～15.269L/(s·m)，渗透系数1.91～117.46m/d，该含水层主要接受海水补给，属于强富水层。

基岩风化裂隙含水层主要分布在控矿构造三山岛-仓上断裂（F_1）的上盘，岩性为变辉长岩和二长花岗岩，赋存于风化裂隙中，含弱承压水，风化层厚度一般2.90～19.73m。据钻孔资料，含水带的形状极不规则，总体上向南东倾斜，倾角10°～45°。单位涌水量0.00179～0.00489L/(s·m)。该含水层顶板为第四系粉质黏土，遍布矿区，厚度一般1.90～27.80m，最厚达51.39m。底板主要为花岗岩和变辉长岩，岩石致密坚硬。这些因素表明第四系含水层底部隔水性良好。

构造裂隙含水层分布在三山岛断裂带及影响带中，主要岩性由花岗岩或碎裂岩组成，由于底部断层泥和糜棱岩的存在，整体上属于弱富水层。受构造带的破碎程度、宽度不同，其富水性也存在一定差异。三山岛矿附近富水性较好，单位涌水量为2.77～4.86L/(s·m)，渗透系数为0.07～0.45m/d。

第四系含水层与海水广泛接触，联系密切，含水层的透水性强。自然状态下，该层不可能被疏干。基岩风化裂隙含水层位于第四系之下，由于上部稳定粉质黏土的隔水作用，二者之间的水力联系不密切。构造裂隙水与海水之间分布着第四系和第四系底部隔水层，二者不直接发生水力联系。

矿坑充水的主要因素是揭露构造裂隙含水层造成的涌水。第四系含水层的越流补给是矿坑充水的间接因素。因此，矿床开采中保护好矿体顶板和第四系底部隔水层，是避免海水进入矿坑的关键。

8.2.2 矿区构造体系

三山岛金矿是以构造裂隙充水为主的矿床，地下水的分布及运移主要受构造的控制，包括各种分布的导水节理以及更大规模的断裂构造：F_1、F_2和F_3断裂，如图8-2所示。F_1断裂是一条压扭性断裂，矿体赋存在F_1的下盘。F_1的主断面存在厚约3～20cm的稳定黑色断层泥，阻断了上盘裂隙水对矿坑水的补给。F_2断裂是矿区内较为重要的一条断裂，推测北东端入海，断裂具导水性。F_3断裂是矿区内最大的一条导水断裂带，断层走向NW310°左右，倾角近于直立，至-420m标高时断裂带规模并没有变小的趋势，断裂带宽度一般10～30m，最宽36m。断裂性质属张扭性，带内岩石破碎且未胶结，因此储存有大量地下水。

矿区内的导水节理主要为北西及近东西走向的节理，两组节理倾角均大于75°。北西向节理方位在300°～330°之间，是矿区内最发育的一组导水节理。近东西向节理方位在80°～100°之间，这些节理无论纵向上还是横向上都呈现张开与闭合交错分布，为地下水的存储和运移提供了良好的条件，导水节理发育部位地下水也相对富集。

为研究矿区涌水分布规律，积累地下水多期动态观测资料，对矿区-510m、-555m、-600m中段系统分别设置了12个有代表性的涌水监测点。选择涌水量最大且流量相对稳定的渗水点作为监测点，用1000mL计量杯配合秒表进行观测，计算各处渗水域的涌水量，为掌握矿区各中段的水文地质条件、揭示矿坑涌水量的动态规律提供基础与依据。对现场

图 8-2　三山岛金矿断裂带与矿区范围分布图

观测获取的各个中段监测点的涌水量数据进行分析监测结果显示，各中段大巷北部区域的涌水量一般大于南部区域。随着采矿掘进的扩展，地下采空区逐渐增多，周边岩体持续破坏。由于岩体破坏可能导致部分裂隙贯通，也可能使原本贯通的裂隙被堵塞闭合，从而导致同一渗水位置的流量情况会随时间不断变化。

岩体由岩石块体与结构面组成，经历多期构造运动的岩体，其节理裂隙往往呈随机分布。裂隙岩体的渗流主要取决于结构面的几何要素，由于裂隙的充填胶结和闭合，并非所有的节理裂隙均导水，起导水作用的仅是一小部分节理裂隙。该现象在三山岛金矿巷道内分布广泛，长期流水的裂隙在巷道内呈间隔分布，往往是贯穿性裂缝。导水裂隙的走向与矿区的地应力呈小角度相交，且呈陡倾分布，本质上是张性裂隙和断裂。与应力垂直或成大角度相交的节理裂隙呈闭合状态，地下水入渗会优先借助张性裂隙涌入矿坑。F_3 断裂是矿区内最明显的大型导水断裂，走向几乎与西山矿区的最大水平地应力平行，该断裂形成于新生代、晚第三纪和第四纪，属于典型的新构造控水断裂。这种对地应力敏感性较差的导水裂隙，往往在深部也能保持较高的渗透性。

8.2.3　防治水设计

矿山投产后大量涌水影响地下开采，为解决该矿的地下涌水问题，开展了水源调查，并提出防治水的措施：

（1）进行地质构造分析，采用地球物理勘探和钻探相结合的方法，查明基岩含水带的空间分布和不同地段的富水性，两个主要含水带为 F_1 断裂与 F_1 下盘裂隙含水带、F_3 断裂含水带。

（2）建立地下水流量观测站和水位、水压观测网，进行定期观测，开展水化学和水中稳定同位素的研究，确定了矿坑水的补给来源和每种补给源的补给量，矿坑总涌水量中海水占 56.5%，卤水（矿化度约 60g/L）占 38.4%，第四系水仅占 5.1%。

裂隙含水带具有较大的宽度和深度，海水的补给量不超过总涌水量的 60%，而且采矿深度越大，采场将离海越远，因此采用注浆帷幕截流方案是不适宜的。鉴于矿坑总涌水量不太大，没有随时间延长而增长的现象，裂隙含水带内水力联系较好，采用坑内疏干的方法消除地下水对采矿的影响是比较理想的。由于二期工程的运输中段都位于同期最低采矿中段的北西侧，比最低采矿中段低 10m，来源于海水的裂隙水可用布置在运输巷内的放水孔截住，而不会进入采场。主竖井附近的一些巷道位于采场的北西侧，离采场较远，该处总计有 160m³/h 的涌水量，为改善井下条件，减少排水费用，采用注浆方法封堵。

8.3　破碎带充水型金属矿深部开采

冬瓜山铜矿位于安徽省铜陵市狮子山区境内，为狮子山矿区的深部矿床，主矿体赋存于青山背斜轴部及两翼，呈似层状，产状与控矿岩层基本一致，空间上以背斜隆起部位的赋存标高为最高，呈现出不完整的"穹隆状"。冬瓜山铜矿北段矿体埋藏较深，底板赋存标高为-1007~-745m。

8.3.1　冬瓜山铜矿水文地质条件

矿区水文地质条件较复杂：矿区主要发育 3 条破碎带，沟通了含水层之间的水力联系，强化了地下水径流，为区内地下水的主要导水通道。破碎带性质为张性、张扭性，平面上呈北东、北西及东西向延伸；在垂向上变化规律复杂，浅部岩石的破坏形式以水平拉张为主，破碎带由上至下逐渐变窄，胶结程度浅部松散而深部紧密。对围岩的影响范围浅部较大，岩石破碎、碳酸盐岩岩溶相对发育，向深部变小，出现泥化带，显示出挤压特征。

地下水为矿床充水的主要水源，冬瓜山铜矿矿床主要赋存于黄龙-船山组岩层，黄龙-船山组灰岩富水程度低，矿床浅部南陵湖组地层区域分布较广，为间接充水含水层，岩溶发育，富含岩溶裂隙水，含水性中等，可通过构造破碎带与深部含水层发生水力联系。目前，矿山的坑道涌水点出露于顶板接触带、底板接触带以及岩体接触带，以裂隙涌水为主。矿床水文地质条件如图 8-3 所示。

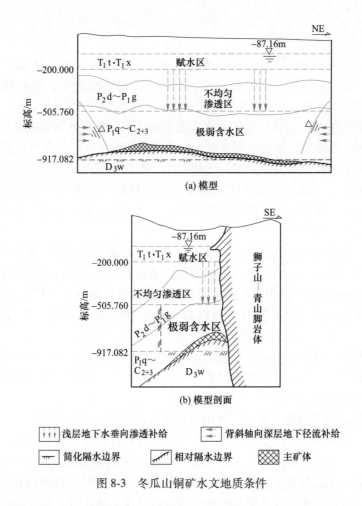

图 8-3 冬瓜山铜矿水文地质条件

8.3.2 矿区充水水源

根据矿区水文地质条件，矿床突水水源有 3 种类型，即矿体直接顶板栖霞组及矿体赋存层位黄龙—船山组灰岩构造裂隙水、矿区浅部岩溶裂隙水以及区域地下水径流。

（1）栖霞组、黄龙—船山组灰岩构造裂隙水。栖霞组、黄龙—船山组储水空间十分有限，根据对矿区数次突水情况的分析结果，可确认构造裂隙赋存有一定量地下水，但其静储量十分有限，若得不到补给会很快枯竭。

（2）浅层岩溶裂隙水。根据矿区勘探资料，浅层岩溶裂隙水与朱村向斜、陶家山向斜蓄水构造相通，水源丰富。矿区内构造复杂，地层岩石破碎、节理裂隙发育，有一定的渗透性。矿区内构造破碎带、裂隙带、未封钻孔、岩体接触带等构造都有可能成为深层水与浅层水的联系通道。近年来，狮子山水源地水位加速下降，充分说明了深层突水及排水对浅层水的影响，可确认浅层水为矿山突水的主要水源。

（3）区域地下水深层径流补给。铜陵地区栖霞组灰岩岩溶发育，为区域上富水程度最强的含水层。该地层在铜官山背斜两翼、永村桥背斜两翼出露，地表溶蚀裂隙、溶蚀漏斗极为发育，可直接接受大气降水补给。

8.3.3　矿区充水通道

根据对矿区地质构造背景条件的分析，矿床充水通道主要有构造破碎带、岩体接触带、层间构造、青山背斜轴部裂隙密集带、未封孔或封孔质量不合格的勘探钻孔等 5 种类型。

（1）构造破碎带。构造破碎带的导水作用由破碎带自身和旁侧裂隙带共同控制。出风井回风道及矿体北西端为岩溶裂隙密集区，也为突水多发区。回风道坑道掘进过程中揭露的富水破碎带位于栖霞组灰岩、大理岩化灰岩中，走向近东西，宽度为 1~3.5m，局部达 5m，裂面呈锯齿状，不规则，具有明显的膨大收缩特征。矿体北西端揭露出一组断裂构造，总体走向北东、倾向北西、倾角为 38°~65°，探水钻孔的出水量一般为 20~30m³/h，最大瞬时突水量达 600m³/h。

（2）岩体接触带。矿区揭露出的闪长岩与黄龙—船山组及矿体的接触带发育多条破碎带，涌水量为 21~96m³/h。矿区北段巷道工程出水点平面散点分布方向与青山背斜长轴方向基本一致，在地层界面及附近、矿体地层接触面及附近出水点的水量一般为 12~25m³/h。另据 ZK750、ZK754 钻孔勘探资料，在揭露包山岩体西接触带时，孔内水位出现明显下降。

（3）层间构造。青山背斜在其褶皱变形过程中，因竖直面上所受的水平应力不均匀及横跨褶皱叠加的影响，岩石力学性质相差较大的界面上发生滑移，从而形成了广泛发育的层间剥离、破碎及裂隙等构造。

（4）青山背斜轴部裂隙密集带。青山背斜在形成过程中沿背斜轴部产生了大量张性裂隙，使得背斜沿轴部地层剥蚀呈负地形，轴部地层富水程度高于两翼。根据矿区主井揭露资料，突水段张性羽状裂缝发育，其北东走向与背斜轴走向一致，倾角均大于 80°。

（5）处理不当勘探钻孔。在勘探中一些未封孔或封孔质量不佳的钻孔，将使浅部含水层与深部含水层沟通起来，在巷道掘进中遇到或接近该类钻孔时，易引发突水事故。

8.3.4　矿区突水情况与防治

冬瓜山铜矿自建井以来发生多起突水事故。如 1994 年 9 月，冬瓜山主井开拓至 -899m 标高处遇到较强的蓄水裂隙，爆破后发生突水，瞬时突水量达 1285m³/h，静水压力达 8~9MPa，第 1 天涌水量达 10000m³，水位迅速上升致使 -263m 标高以下被淹，淹没高度达 637m，主井施工被迫停止。

2002 年 11 月，当 -850m 回风道掘进至距离出风井约 20m 时，突遇涌水，在 2h 内涌水量迅速由 212m³/h 增至 500m³/h，静水压力达 8.8MPa，随着水位升高，涌水量逐渐减小。由于突水位置距离地面深度近千米，临时排水系统的排水能力无法满足大流量排水需求，经过近 20h 的抢险排水，井筒仍然处于淹没状态，如图 8-4 所示。

2004 年 12 月，-790m 回风道在距离出风井约 184m 时，发生了大流量突水，瞬时最大突水量接近 2000m³/h，后逐渐减小并稳定于 120m³/h 左右。该处经过注浆处理后再次出现了新的裂隙突水，突水量接近 60m³/h。2013 年 12 月~2014 年 9 月，-790m 中段 67 线回风巷掘进过程中，揭露出导水构造，突水量为 10~300m³/h，该处经过注浆治理后，于 2015 年 2 月实施超前探水，探水孔的出水量约 80m³/h。

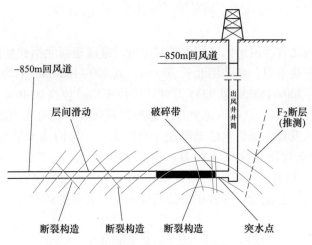

图 8-4 冬瓜山铜矿-850m 回风道突水示意图

2013 年 6 月~2015 年 10 月, -850m 中段 68 线回风道施工至接近破碎带时, 掘进及超前探水的突水量达 40~150m³/h。

针对上述问题, 冬瓜山铜矿企业采用了破碎带避让、注浆堵水、疏排水、地下水动态监测等综合防治水方法, 在矿山生产中取得了较理想的效果, 为矿山安全生产提供了重要保障, 对于类似深井开采的矿山也有一定的借鉴意义。以-850m 回风道突水事故的治理为例, -850m 回风道经探水注浆及掘进施工, 在距突水点 41m 处停止掘进, 转入帷幕作业。帷幕原理是利用一定数量钻孔揭露破碎带, 通过钻孔注浆封闭破碎带内的导水空间, 形成以钻孔为中心的圆柱状封闭体, 各圆柱状封闭相连, 最终在破碎带面上形成相对无水的区域, 该区域内巷道可以安全通过。如图 8-5 所示, 根据巷道的断面大小及破碎带性质和浆液扩散范围, 设计帷幕孔 8 个, 分为 2 个序次, 每序次各 4 个。钻孔全部为斜孔, 各钻孔终孔点均匀分布在巷道轮廓线外 3m, 且必须在与巷道垂直的同一平面上。帷幕结束后, 在工作面中部施工一个检查孔, 以检查帷幕效果。达到设计效果后, 对 ZK3 孔进行二次钻进作为放水孔。

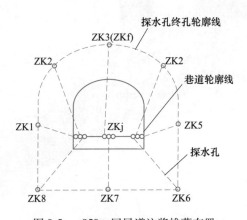

图 8-5 -850m 回风道注浆帷幕布置

8.4 岩溶型金属矿深部开采

中关铁矿位于河北省沙河市白塔镇中关村附近，隶属于河北钢铁集团。地势自西向东倾斜，西为山区，东接平原。矿体南北长 2000m，宽 300～1000m，平均厚度 38m，最大厚度 193m，埋深 300～700m，总储量 9345 万吨，矿体平均品位高达 46%，为大型优质铁矿山，设计规模 260 万吨/年。该矿区地处华北型奥陶系灰岩（简称奥灰岩，厚 200～800m）岩溶地区，岩溶不仅发育，而且水的动储量十分巨大，矿区内涌水量为 12 万～16 万立方米/天。矿区已建成全封闭注浆堵水帷幕，全长 3397m，包含 270 个注浆孔，最大孔深 810m，堵水率 80%，但并不能完全阻断帷幕内外奥灰岩溶水的水力联系，帷幕内岩溶地下水仍具有较大的动、静储量，导致矿山的基建和生产安全受到重大的水害威胁。

8.4.1 中关铁矿水文地质条件

8.4.1.1 地层结构及含水层特征

矿区地表为低缓的山丘和耕地，地势西高东低，起伏不平，地势标高 200～270m，高差 70m。区内沟谷发育，主要的冲沟有中关、邑城、綦村 3 条，中关冲沟起于辛庄附近，经中关、下关在北常顺与邑城冲沟汇合延伸出矿区。矿区地层自上而下依次为新生界第四系、二叠系、上古生界石炭系、下古生界奥陶系，其中石炭系地层在矿区内已侵蚀不全，残留厚度几米至几十米，最大厚度 79m，最小厚度 0～3.6m。中关铁矿矿床赋存于燕山期闪长岩与奥陶系中统石灰岩接触带，为隐伏式接触交代矽卡岩型磁铁矿。矿体埋深 300～500m，走向为北东向，倾向南东向，倾角 5°～15°，局部为 30°～40°。矿体围岩主要为燕山期蚀变闪长岩，地层结构如图 8-6 所示。

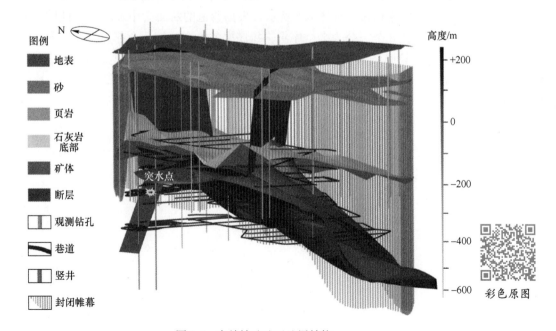

图 8-6 中关铁矿矿区地层结构

根据含水层性质,矿区地层可划分为四个含水层组:第四系松散岩类孔隙含水层组,石炭、二叠系薄层灰岩和砂岩裂隙含水层组,寒武、奥陶系碳酸盐岩岩溶裂隙含水层组,燕山期岩浆岩风化裂隙弱含水岩组。矿床直接顶板为奥陶系中统石灰岩,石灰岩底板标高为-400~-70m,厚度一般为330~450m,最厚可达586m,平均厚度352m,受构造影响局部有所变化,总体走向北北东或北东向,倾向南东,倾角10°~20°,北部和西部较浅且边缘厚度较薄,中部和东部较深,中部厚度较大。该岩层岩溶裂隙极其发育(36个钻孔可见48个溶洞,最大可达到13.2m),是主要含水层,分布于整个矿区,水力性质为潜水。

8.4.1.2 富水性变化规律及地下水流动特征

奥陶系中统石灰岩为统一含水体,但岩溶裂隙发育程度及其富水性受岩性、构造、水动力场、水化学、充填物颗粒质及充填程度等控制,含水层极不均一,矿区内存在明显水平分区与垂直分带现象。根据现场钻孔耗水量、抽水试验以及注浆资料统计,水平方向分为南北两区,以中关沟为分界,表现为北强南弱;垂向分为2个渗流强带,标高分别为+40m以上和-410~-230m之间。

矿区内石灰岩地下水系统为半封闭的水文地质单元,通过西北口(矿山岩体与綦村岩体之间)、西南口(武安岩体与矿山岩体之间)和东北口(綦村岩体与紫山岩体之间)三个地段与区域石灰岩相连,接受降水、河流垂向渗流、侧向地下径流以及含水层越流补给,地表水与地下水联系密切,地下水具有丰富的动、静储量。矿区地下水总体由西北向东南进行流动,平均水力梯度为0.4%。1974~2004年期间,人工大量抽排矿区地下水导致矿区地下水在30年内平均下降155.6m,地下水渗流场发生较大变化,使原本东北流向的地下径流,转变为汇集于凤凰山降落漏斗区,水文地质条件复杂化。

8.4.2 -260m中段掘进工作面顶板突水特征

-230m中段为中关铁矿井下首采中段,按照矿山超阶段疏干设计,将一期疏干工程布置在-260m中段,内设6个水平储水硐室,-230m以上地下水通过泄水井汇至-260m水仓,再由排水泵排出地表。-260m中段最大涌水量3.04万立方米/天,最大水压2.5MPa。2013年9月27日,-260m中段中央变电所掘进工程施工过程中发生突水淹井事故,突水点位于水平主井硐室区的中央变电所联络硐室向东约13m的位置,距变电所东联络巷道20m,如图8-7所示。

2013年9月7日突水发生前,矿井基建工程掘进施工至变电所联络硐室向东7m处揭露X1隐伏断层并伴随有小量顶板坍塌,最高处超出巷道最高点5m(巷道断面宽5m,高6m),塌落物主要为块状角砾岩、绿泥岩,工作面右上方见小量涌水,出水点陆续增加,涌水量约20m³/h,之前涌水量则基本维持在10m³/h。2013年9月11日,工作面向前推进6m处(突水点位置),工作面出现较大范围顶板塌方,总塌方量超过500m³,岩性主要为角砾岩、蚀变闪长岩和黄色泥岩,塌落岩石块体尺寸约100~400mm,最大约1m,有棱角、细粒和粉状物质,手握成块状,涌水量略有增大,维持在35m³/h,水质浑浊。2013年9月12日,采用挡墙封堵(掌子面附近砌筑),混凝土充填,但是在施工过程中相继发生两次塌方,岩性主要为角砾岩、蚀变闪长岩和黄色泥岩,均将挡墙摧毁。2013年9月22日,第3次砌筑挡墙至2m高度,水量突然增大,大约在100~150m³/h,水呈黄色浑浊状。2013年9月25日工作面涌水量进一步增大,当天18点实测涌水量230m³/h,23点增

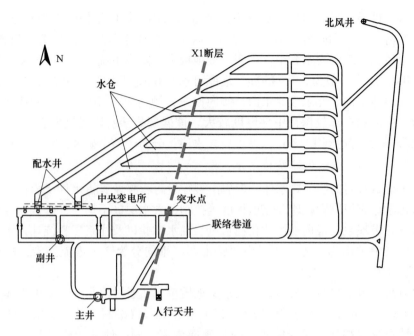

图 8-7 　-260m 中段突水点位置

至 324m³/h，施工被迫中断。次日 23 点涌水量高达 480m³/h，突水量超出矿山排水能力，巷道积水不断升高，井巷空间被淹没（约 10000m³），最终于 9 月 27 日 23 时突水越过马头门进入主井，造成全面淹井事故，预估涌水量约为 300~500m³/h，所幸没有人员伤亡。突水发生过程中涌水量变化曲线如图 8-8 所示。

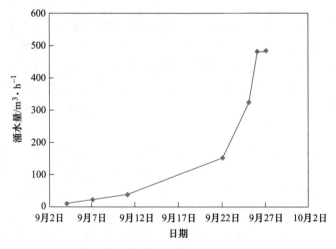

图 8-8 　中关铁矿突水涌水量变化曲线

8.4.3 　突水构造条件分析

矿区内褶皱不发育，规模小而平缓，整体为倾向南东的单斜构造，倾角 10°~20°。矿区内断裂构造十分发育，统计结果表明，本区断裂构造以北北东、北东、北西向拉张型高角度正断层为主，断层倾角 60°~80°，富水性强，尤以北北东向断层最为发育。其中与矿体关系较为密切的主要有 F_1、F_2、F_3 三条断层。断裂构造是导致矿井突水的主要因素，中关铁矿矿区内广泛分布发育的岩溶裂隙和断裂构造，尤其是未知的隐伏断层，为地下水的强径流及突水的发生提供了导水通道。

-260m 中段在天井联络道、副井出矿联络道与主井东运输巷交岔处揭露一条隐伏断层 X1，为次一级小型构造正断层，断距 8m，落差 3~8m，主要岩性为角砾岩、蚀变闪长岩，充填泥质胶结，基本不含水，产状为 280°∠67°，该断层直接延伸到变电所，并穿过拟建的永久水仓，突水位置及突水剖面结构示意图如图 8-9 所示。中央变电所在实际施工前进行了超前钻孔无芯长探，没有显著涌水，变电所联络硐室前 7m 处揭露了此 X1 断层破碎带，也没有发生显著涌水，证实了 X1 断层天然状态下为非导水断层。该断层两盘与断层接触区围岩主要为蚀变闪长岩、角砾状灰岩和构造角砾岩，稳固性较差。其中构造角砾岩往往被绿泥石化及黄铁矿化，多呈碎裂、散体结构；角砾状灰岩经地下水溶蚀，特别松软，局部呈泥状。该部分岩体抗拉强度非常低，一旦被开挖揭露置于顶板的变形张拉区，极易发生变形和坍塌，这也是突水前顶板多次塌落的主要原因。

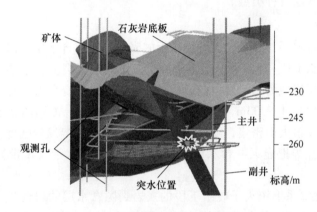

(a) 突水位置及断层空间结构

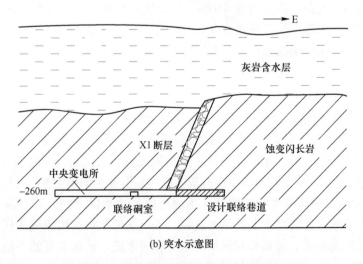

(b) 突水示意图

彩色原图

图 8-9　中关铁矿断层突水结构及示意图

8.5 白云岩强含水型金属矿深部开采

凡口铅锌矿是国内有名的铅锌矿山,位于广东省韶关市仁化县境内,南距韶关市48km,206国道从矿区南部通过,交通便利。凡口铅锌矿累计探明铅锌金属储量已达830万吨,现隶属于深圳中金岭南有色金属股份有限公司。矿区地质构造在宏观上为一复式向斜,轴向北西,向南东倾伏。复式向斜内发育有近南北和东西向的次一级褶曲(如金星岭背斜、狮岭背斜),以及一系列走向北东或北北东的压扭性断层(如F_3、F_4、F_5等)。矿体赋存于当地侵蚀基准面以下的泥盆系中统至石炭系下统的碳酸盐岩中,主要集中在金星岭背斜南北两翼及狮岭背斜东翼。

8.5.1 凡口铅锌矿水文地质条件

根据矿区内地层的岩性及其风化程度、含水介质的特征、含水层的渗透性等方面的差异,研究区地层可分为岩溶强含水层、裂隙弱含水层、黏土与亚黏土隔水层、砂页岩隔水层、杂质灰岩相对隔水层五种类型。

8.5.1.1 含水层

区内有两个基本含水层:位于含矿地层顶板的壶天群岩溶含水层,以及下部含矿地层的泥盆系中统东岗岭组上段-泥盆系上统天子岭组下段的灰岩裂隙含水层。其中石炭系中上统壶天群岩溶含水层岩性为白云岩、白云质灰岩,矿区内广泛分布,覆盖在含矿地层之上。壶天群地层平均厚度149.33m,顶板平均标高90.04m,上覆第四系亚黏土层。浅部岩溶裂隙发育,溶洞规模大而密集,随深度逐渐减弱,根据岩溶发育强度、钻孔单位涌水量、渗透系数、含水性等把壶天群含水层划分为:强岩溶含水带(A带)和弱岩溶含水带(B带)。

东岗岭组上段-泥盆系上统天子岭组下段的灰岩裂隙含水层的岩性为白云质灰岩、生物碎屑灰岩、鲕状灰岩及瘤状灰岩等组成,总厚度约225m,该深层裂隙水经测定,在-340m标高井筒溢水孔静水压力高达4MPa。灰岩裂隙水特征与壶天群组溶洞水有明显的区别,由于天子岭组中部泥灰岩条带状灰岩的隔水作用,不但形成了矿区西部隔水边界,而且在更大范围内使深层裂隙含水层与壶天群岩溶含水层不发生水力联系,在矿区各自形成独立的、互不联系的含水层。

8.5.1.2 隔水层及分布特征

矿区北部连续分布石炭系下统测水段和泥盆系上统帽子峰组,岩性为砂页岩夹泥灰岩,厚115~145m,构成北部隔水层;矿区西部大面积分布含泥质较高,岩性为花斑状、瘤状、条带状灰岩,厚达200m,并向东南倾入矿区深部的泥盆系上统天子岭组杂质灰岩,构成了西部隔层。北部隔水层和西部相对隔水层构成矿区"厂"字形隔水边界,见图8-10。

如图8-11所示,中部隔水层在顶部含水层与深部含水层之间,有石炭系下统测水段砂页岩、泥盆系上统天子岭组中上亚组泥灰岩,以及条带状灰岩组成隔水层,阻隔了顶部和深部含水层之间的联系,使顶部和深部含水层各成系统。矿区发育的一组北北东向深大构造(F_4、F_5等),将中部隔水地层逆推隆起,在矿床以东局部区域构成隐伏相对隔水

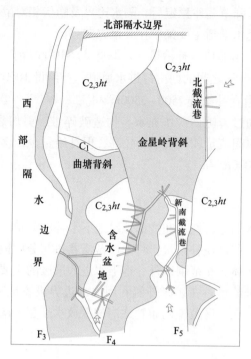

图 8-10　矿区水文地质边界条件示意图

墙。F_4 的东侧隐伏相对隔水墙连续性好，顶部标高在 0m 以上，有效缓冲了东部及南部向矿坑充水的径流。底部隔水层伏于深部含水层之下，分布稳定、厚度较大的泥盆系中统东岗岭阶下亚阶和泥盆系中下统桂头群砂页岩构成矿区的隔水底板。顶部含水层和深部含水层没有明显的水力联系，各成独立的水文地质单元，但两含水层均与矿床有直接的关系。

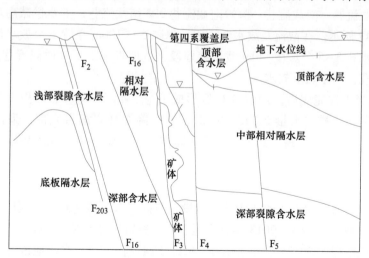

图 8-11　含水层、隔水层与矿体关系

8.5.1.3　矿坑充水特征

顶部含水层地下水向矿坑充水以岩溶管道流为主。疏干初期充水量大，瞬间流量大、迅猛，泥砂含量也较大。降落漏斗稳定后，隔水边界及隐伏相对隔水墙的作用，矿坑充水范围受到了一定限制，充水通道主要集中在 3 个方向：

(1) $F_4 \sim F_5$ 的南部进水通道，补给量 $(2.2 \sim 3.3) \times 10^4 \, m^3/d$；

(2) 西部隔水边界至 F_4 之间的西南部进水通道，补给量 $1000 \sim 1500 \, m^3/d$；

(3) 东北部进水通道，补给量 $2500 \sim 3500 \, m^3/d$。

深部含水层地下水通过裂隙向矿坑充水。构造破碎带、剪切裂隙、层间脱离等发育，储水空间较丰富，充水瞬间流量较大、水压较高，但补给量少，多以消耗静储量为主。深部含水层充水量 $5000 \sim 7000 \, m^3/d$。

8.5.2 矿区水害防治

根据岩溶发育和富水的分带性，在浅部地段地下水补给通道上布置相应的工程，将矿床地下水静储量疏干，拦截动流补给量。将专用截流巷道与分中段超前疏干相结合，在强岩溶带底部的相应中段矿体分布范围以外、地下水进入采区的主要方向上设立永久性专用截流巷道，拦截地下水补给量；在矿床外侧利用隔水边界设置地下帷幕，封堵岩溶通道，阻隔地下水向矿坑充水；在采区范围内布置适当的探放水工程，疏干残留水及弱含水层中的地下水。

8.5.2.1 截流疏干

根据岩溶发育及富水性的分带性确定截流巷的垂直位置，根据隔水层及隐伏相对隔水墙的分布特点确定截流巷的水平位置，根据地下水补排关系确定放水硐室及放水孔的施工位置与方向，根据地下水补给量和泥砂含量确定截流工程规模，配置排水系统及沉泥系统。

在 0m 中段开掘了北部截流巷，主要拦截矿区北部及东北部地下水；在 -40m 中段布置开掘了 3 条截流巷：南截流巷、狮岭南截流巷和新南截流巷，主要拦截南部及东部的地下水，如图 8-12 所示。在截流及放水巷道内，每隔 $50 \sim 100m$ 布置 1 个放水硐室，每个硐室布置丛状放水孔 $3 \sim 5$ 个。在 -40m 截流巷地段，从地表施工了贯通截流巷放水硐室的 6 个直通式放水孔，用于疏干放水。

1984 年截流工程完成后，1985 年矿区形成了一个半径 3000m、体积 $15000 \times 10^4 \, m^3$ 的稳定疏干降落漏斗，排出水量 $26715 \times 10^4 \, m^3$。水位降至强岩溶带底部，采区处于疏干状态，水位降至 -14m 以下，疏干前因突水涌泥而被迫停工的巷道，疏干后顺利掘进，确保了矿体安全开采。

8.5.2.2 注浆堵水

在主排灌沟、河床和重要的建构筑物地段，因排水引起地基开裂、塌陷，利用钻孔注浆堵水，加固治理。从 $1996 \sim 2013$ 年完成尾矿管、充填坝等地段 9 项注浆工程，共施工钻孔 103 个，消耗水泥 1833.34t、水玻璃 12.62t、辅助剂 1.25t。这些地段经处理后，未再发生坍塌开裂现象，生产设施稳定安全，井下涌水有所减少。

2007 年 8 月正式启动了帷幕注浆堵水工程，其目的包括：

(1) 确保新探明的处于疏干漏斗保护之外的东矿带矿体安全开采；

(2) 减少矿坑涌水量，节能减排；

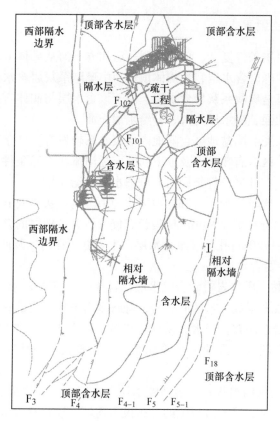

图 8-12 相对隔水墙与疏干工程关系

（3）从根本上防治塌陷，修复矿区生态环境。

注浆施工历时 6 年，分 5 期进行，于 2014 年 2 月全面完成，取得以下成果：

（1）开发应用了改性黏土浆、尾砂浆、改性尾砂浆、空气包裹砂浆、水泥水玻璃双液浆和改性黏土双液浆 6 种注浆材料；

（2）帷幕总长 1698m，钻孔进尺 45085m，注浆量 199402m³，消耗水泥 65706t、黏土 69958t、尾砂 12676t、水玻璃 4017t、谷壳稻草 8793 袋、砂砾 2452t，以及其他大量的辅助材料；

（3）堵水率达到 68%，超过了 60.7% 的设计值，完成后一个水文年度观测，平均涌水量由 25430m³/d 减少到 7779m³/d，每年减少排水量 644×10⁴m³；

（4）地表塌陷大幅减少，塌陷率减少达 70%，疏干漏斗大幅回缩，回缩直径 1500～2000m，矿区生态环境基本恢复，环境生态效应显现。

8.6　地表河流-奥灰水连通型金属矿深部开采

谷家台铁矿位于莱芜市西北 8km 处，是莱芜矿业有限公司三个主体生产单位之一，矿区始建于 1970 年 5 月，设计规模 100 万吨/年，采矿方法以崩落法为主，治水方案采用堵排结合，以排为主，开拓方式采用竖井开拓。1992 年该矿展开东区试采工程，1998 年按东区试采的治水采矿技术建设西区。

8.6.1 谷家台铁矿水文地质条件

谷家台铁矿水文地质条件复杂，地表有嘶马河和方下河从矿体上部穿过，浅层覆盖着厚 10~15m 的第四系砂砾岩含水层，近矿体顶板为中奥陶系灰岩含水层。谷家台铁矿在开采过程中最主要的危害是奥陶系灰岩含水层，由于该含水层与矿体直接接触，岩溶裂隙及断层构造发育、富水性强、静水压力大、补给水源充沛。

谷家台铁矿位于莱芜断陷盆地区，盆地内地表水系较发育，位于矿区南侧的汶河自东向西纵贯全区，流经矿区的有嘶马河及方下河，上述河流在天然条件下是区内地表水和地下水的汇聚排泄通道，在开采条件下则对矿坑涌水起补给作用。

矿区内分布的地层比较简单，大部分地区均为中奥陶系灰岩及其上覆的第三系红色砂砾岩、第四系冲洪积砂砾石层以及燕山期闪长岩侵入体。各地层的含水性如下：

（1）第四系冲洪积砂砾石孔隙潜水含水层，主要分布在河床及两岩阶地内，层厚一般为 10~15m，为本区主要含水层之一。

（2）第三系红色黏土质砂岩粉砂岩隔水层，岩性以半固结状的红色黏土质粉砂岩及砂岩为主，底部常有厚数米至数十米的底砾岩，砾石多为下伏灰岩的风化碎块，胶结物为紫红色黏土物质。本层岩性松软，浸水后易软化崩解。矿区内部一般厚 100~300m，最薄为 7~24m。局部地段本层缺失，致使上部第四系含水层直接与下伏灰岩含水层接触而形成"天窗"。

（3）奥陶系中统马家沟组灰岩岩溶裂隙承压含水层，灰岩岩溶裂隙发育，富水性强，是矿区最重要的含水岩层。但岩溶裂隙的分布极不均匀，导致其含水性和导水性有很大差异。灰岩的富水性主要取决于岩溶裂隙发育程度、充填状况、岩性与构造特征、埋藏条件等多种因素。

（4）燕山期闪长岩隔水层，闪长岩体是矿体的底板围岩，岩性坚硬致密，含水性微弱，为灰岩的良好隔水底板。岩体的表面风化带中含有少量裂隙水，但含水微弱。

（5）矿区地下水的补给来源包括侧向补给和垂向补给两部分。侧向补给主要来源于南部山区灰岩补给区地下水，通过矿区西南面的弱透水边界补给，其次是来自矿区西北侧的方下河断层弱透水边界的补给。垂向补给主要来自矿区浅部的第四系孔隙潜水通过"天窗"补给下伏灰岩。矿区内共有 4 个"天窗"，即赵庄"天窗"、抽水主孔"天窗"、牛王泉"天窗"和杜官庄"天窗"。

8.6.2 矿床开采治水技术思路

谷家台矿区先后进行了多次水文地质勘探，有关矿区含水层的岩性、产状、厚度、埋藏条件及边界条件，含水层的富水性及渗透系数，地下水的水力性质，动态变化及其补给、径流与排泄以及矿坑涌水量等水文地质特征基本查清。根据这些资料可初步判定适宜采用疏干法治水的矿床，针对采用顶板灰岩帷幕注浆堵水的矿床，对矿床的控水构造、岩溶裂隙水发育及分布特征，特别是近矿体地下水的水力性质等资料则显著不足。据东区试采的注浆钻孔数据，相邻钻孔涌水量相差 60~180 倍，且二者之间无过渡带，反映出矿体顶板灰岩的富水性、透水性具有非均质性的特点。谷家台矿井在建设过程中的多次涌水，大多数是揭露闪长岩体内的构造引起的，这不能否定闪长岩体良好的隔水性，却能说明矿床的控水构造发育、分布的不均匀性。

深入研究矿床水文地质条件，对指导矿体顶板灰岩注浆，提高注浆质量有着积极的作用。对矿床的控水构造、岩溶裂隙发育区域进行地表、井下钻孔结合勘探验证，将所获取的构造、岩溶裂隙资料作为初始数据开展数值计算，并通过平面、剖面切割分析、判断、研究地层水文地质特征，将为井下顶板灰岩注浆提供可靠的信息资源。

8.6.3 治水方案

1999 年 7 月，−100m 水平 28A 穿脉发生透水事故导致淹井，29 人死亡。该矿初始设计采矿方法为崩落法，治水方案是堵排结合，以排为主，以搬迁、河流改道为辅，后期采用矿体近顶板灰岩注浆补漏治水方案和预控顶中深孔分段充填采矿法方案，治水效果显著，如图 8-13 所示。谷家台铁矿的治水方案是在矿体近顶板灰岩中注浆堵水，在矿体上盘灰岩内形成不透水的倾斜帷幕隔水层，以保障采矿生产作业的安全。同时，注浆形成的隔水层要求在闭矿前不能发生破坏，这就要求选用的采矿方法不能引起大的地压活动，采场顶板和注浆隔水层不能发生沉降断裂变形，采矿方法必须与治水方案相互匹配，互为安全保护。

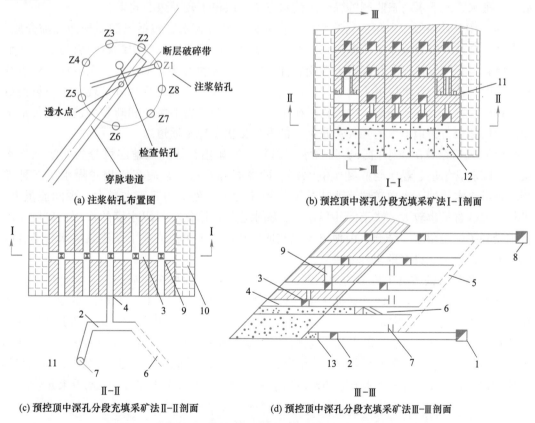

(a) 注浆钻孔布置图　(b) 预控顶中深孔分段充填采矿法I-I剖面
(c) 预控顶中深孔分段充填采矿法II-II剖面　(d) 预控顶中深孔分段充填采矿法III-III剖面

图 8-13　谷家台铁矿治水与充填采矿方案

1—上下阶段运输巷道；2—分段运输巷道；3—切割巷道；4—分段凿岩巷道；
5—人行通风天井；6—斜坡道；7—溜井；8—上下阶段运输巷道；9—切割天井；
10—间隔矿柱；11—隔水墙；12—充填体；13—充填挡墙

─────── 本 章 小 结 ───────

（1）深部金属矿山开采导致了一系列涉及安全生产的科学问题，高地应力、高地温、高水压是存在于进军地球深部道路上的三大难题。深部地应力水平的增加及地温水平的升高将伴随着地下水压的升高，在深部资源开采埋深大于1000m时，其地下水压可能达到10MPa，高地下水压力环境将影响深部岩体的受力状态，极可能驱动裂隙扩展，导致深井突水事故等重大工程灾害。

（2）三山岛金矿属于滨海型深部金属矿，发育以构造裂隙充水为主的矿床，地下水的分布及运移主要受构造的控制，矿坑充水的主要因素是揭露构造裂隙含水层造成的涌水。因此，矿床开采中保护好矿体顶板和第四系底部隔水层，是避免海水进入矿坑的关键。鉴于矿坑总涌水量不太大，可采用坑内疏干的方法消除地下水对采矿的潜在影响。

（3）冬瓜山铜矿属于破碎带充水型深部金属矿山，矿床突水水源包括构造裂隙水、矿区浅部岩溶裂隙水以及区域地下水径流，矿床充水通道主要有构造破碎带、岩体接触带、层间构造、青山背斜轴部裂隙密集带、处理不当勘探钻孔等。采用破碎带避让、注浆堵水、疏排水、地下水动态监测等综合防治水方法，取得了较理想的效果。

（4）中关铁矿属于典型的岩溶型深部金属矿，矿区含水层包括第四系松散孔隙介质、石炭、二叠系砂岩裂隙介质、奥陶系碳酸盐岩溶隙介质等。奥陶系中统石灰岩为统一含水体，但岩溶裂隙发育程度及其富水性受岩性、构造、水动力场、水化学、充填物颗粒质及充填程度等控制，含水层极不均一，矿区内存在明显水平分区与垂直分带现象。断裂构造是导致矿井突水的主要因素，中关铁矿矿区内广泛分布的岩溶裂隙和断裂构造，尤其是未知的隐伏断层，为地下水的强径流及突水的发生提供了导水通道。

（5）凡口铅锌矿属于白云岩强含水型深部金属矿山，研究区地层可分为岩溶强含水层、裂隙弱含水层、黏土与亚黏土隔水层、砂页岩隔水层、杂质灰岩相对隔水层五种类型。顶部含水层地下水向矿坑充水以岩溶管道流为主。疏干初期充水量大，瞬间流量大、迅猛，泥砂含量也较大。降落漏斗稳定后，隔水边界及隐伏相对隔水墙的作用，矿坑充水范围受到了一定限制。结合矿山地层及水文地质特征，采用截流疏干及注浆堵水相结合的治水方案，取得了良好的实际效果。

（6）谷家台铁矿属于典型的地表河流-奥灰水连通型深部金属矿山，水文地质条件复杂，地表有嘶马河和方下河从矿体上部穿过，浅层覆盖着厚10~15m的第四系砂砾岩含水层，近矿体顶板为中奥陶系灰岩含水层。谷家台铁矿在开采过程中最主要的危害是奥陶系灰岩含水层，由于该含水层与矿体直接接触，岩溶裂隙及断层构造发育、富水性强、静水压力大、补给水源充沛。治水方案采取堵排结合，以排为主，以搬迁、河流改道为辅，后期采用矿体近顶板灰岩注浆补漏治水方案和预控顶中深孔分段充填采矿法方案，治水效果显著。

┌─────────────┐
│   思 考 题   │
└─────────────┘

1. 简述国内外深部金属矿开采现状及深部金属矿开采水文地质问题特征。
2. 结合工程实例总结不同地质情境下深部金属矿水害问题及工程治理措施。

9 深部金属矿水文地质学课程思政

本章课件

本章提要

　　新时代高等教育要求全面提升大学生思想道德素质与科学文化素质，在全国高校思想政治工作会议上，习近平总书记指出："思想政治理论课是落实立德树人根本任务的关键课程，是培养一代又一代社会主义建设者和接班人的重要保障"。课程思政教学是全面贯彻落实全国高校思想政治工作会议精神，落实习近平总书记关于"使各类课程与思想政治理论课同向同行，形成协同效应"要求的重要途径。深部金属矿水文地质思政课程涉及水文地质工作者先进事迹及地下水环境保护两方面内容，通过学习老一辈水文地质工作者的生平事迹及思想历程，培养大学生热爱祖国、为祖国献身的时代精神；通过地下水环境保护章节的学习，帮助大学生树立良好的环境保护意识、践行高水平的行为准则等，以期实现专业教育、思政教育及大学生精神文化相协同的教育目标。

9.1　水文地质工作者先进事迹

9.1.1　陈梦熊院士先进事迹

　　陈梦熊院士出生于江苏省南京市，是我国著名的水文地质与工程地质专家，国土资源部咨询研究中心咨询委员、中国地质调查局高级咨询专家。陈梦熊院士根据从事地质工作70年的研究与实践，融入其学术思想，提出了水文地质、工程地质、环境地质新学科体系、目标任务、推动力量和前沿方向，阐明了面向社会、服务用户、实现有序地球管理、实现可持续发展服务的地球科学研究目标，强调协调好水资源与环境同经济社会可持续发展是水文地质学面临的艰巨任务，从工程勘查向地质灾害防治工程重心转移是工程地质服务社会发展的必然结果，关注全球变化、预测未来生存环境、促进人口资源环境协调可持续发展是水文地质学的根本宗旨。

　　陈梦熊1923~1930年在南京中央大学实验学校念小学，1930~1936年进入金陵大学附中读中学，这两所南京的名校为其提供了良好的学习条件，打下了扎实的基础。陈梦熊三姐名叫陈郁磐，当时在中央大学实验学校任音乐教师，是一个思想进步的教育改革家，曾同著名教育家陈鹤琴、陶行知等人组织教育改革研究会，并协助陶行知创办晓庄师范。三姐在生活上抚育弟弟的同时，在思想上也深深影响着少年时期的陈梦熊。1938年，陈梦熊考入抗战爆发后三校异地合并的西南联大地质地理气象系，主修地质专业。当时东北被日军占领，国家急需石油、煤炭、钢铁等物资，一心想为国家抗击外侮出力的青年陈梦熊，就这样做出了坚定的选择，并且为之奋斗了一生。

地质学专业的师资力量空前强大，其中袁复礼、米士、系主任孙云铸对求学期间的陈梦熊影响最大。在这些名师的鼓励下，陈梦熊潜心向学，努力学习科学技术知识。4年后，陈梦熊大学毕业，顺利考上了位于重庆的原中央地质调查所，那里不但聚集了众多权威的专家和学者，而且经常有去全国各地进行野外考察的机会，是青年地质学家心向往之的地方。第二年陈梦熊被派到兰州，参加刚建立的西北分所，跟在别人后面当助手。这是这位青年地质工作者第一次参加野外考察，也是他长达10年学徒生涯的开始。1945年，他又参加了以王曰伦先生为首的祁连山地质矿产考察队，这是国内第一个横跨祁连山的地质调查队，而陈梦熊是其中年纪最小的队员。在西北工作期间，陈梦熊开始发表地质方面的文章，将实践和思考化为文字，成为他在艰苦岁月里的别样快乐。抗战胜利后，陈梦熊于1946年随所到达南京，参加黄汲清先生主持的中国地质图编图工作，主要负责西北地区。通过这项工作，他掌握了全套的编图方法与印制技术，为后来从事水文地质图的编图工作积累了经验。

全国解放后，原中央地质调查所组建成为地质部，是国土资源部的前身。陈梦熊在地质部担任的第一项工作是负责天成、宝成铁路新线工程的地质勘测工作，这是我国兴建的第一条横跨秦岭的复杂山区铁路新线。当时在前苏联专家的指导下边学边干，经过5年的努力，终于完成了铁路从选线到技术设计阶段的全部勘测任务。正当陈梦熊总结经验，打算一辈子将与工程地质打交道时，一项新的更加重大的任务正在等待着他。组织上根据国家的要求，调他负责全国区域水文地质普查。此后，陈梦熊花了近30年时间，几乎耗尽了他的全部精力，最终圆满完成了此项任务。

水文地质学在当时是一门地学新兴分支学科，是研究地下水的自然现象、形成过程、基本规律、测量方法，及其与自然环境、社会环境关系的综合性交叉学科。搞区域水文地质普查需要专门的人才，新中国成立后，新开办的地质院校虽然建立了水文地质专业，但使用的教科书却是从前苏联翻译过来的教材。为了创立有自己特色的水文地质学，陈梦熊在1950年根据区域水文地质普查等工作的初步成果，编辑出版了第一本以我国实际资料为主的《实用水文地质学》。根据中国水文地质条件的多样性和复杂性，陈梦熊于20世纪70年代初制订了一套不同地区的水文地质普查规程。水文地质普查的最终成果是水文地质图，与地质图在国际上有统一的格式不同，这种图件在1970年前尚无统一规定。我国最初采用的编图方法以前苏联相关标准为基础，图面按地层划分含水岩组。20世纪70年代初，陈梦熊结合本国实际，创立了一种在图面上重点反映含水介质、水量、水质、含水层结构和水动力特征等内容的彩色水文地质图，运用迭置方法反映多层含水层的三维特征，形成具有我国特色的《综合水文地质图编图方法与图例》，在全国得到普遍应用。

在全国区域水文地质普查期间，陈梦熊还填补了其他多项全国空白：编制出版了国内第一幅比例尺1∶3000万的中国水文地质图；创办了国内第一个遥感水文地质培训班；创立了地下水天然资源与开采资源的新概念，组织各省首次完成了全国地下水资源的计算与评价。1982年，全国区域水文地质普查按计划全部完成。近30年间，这位地质部水文地质工程地质局的高个子科学家几用脚步丈量了一遍国土，走遍了万水与千山，成为科学界的"徐霞客"。20世纪80年代初，陈梦熊退居二线，但痴迷于祖国水文地质事业的陈梦熊开始了新一轮的工作。此时国际水文地质学已经发展到了一个新的阶段：由区域水文地质学、农业水文地质学等传统水文地质学，转向了以环境水文地质学和水资源水文地质学等为标志的现代水文地质学。年逾花甲的陈梦熊迎头赶上，取得了更多研究成果。《中国水文地质环境地质问题研究》《中国地下水资源与环境》成为他新时期的代表性著作。

9.1.2 卢耀如院士先进事迹

卢耀如院士 1952 年毕业于清华大学，1953 年 8 月毕业于北京地质学院，1954 年至 1955 年随苏联专家学习。中国地质科学院水文地质环境地质研究所研究员，并担任多所大学兼职教授、博士生导师，国际水文地质学家协会会员等，1997 年 11 月当选为中国工程院院士。50 多年来，卢耀如院士负责及参与指导了一系列水利水电、铁道、矿山及城市建设地质勘测研究，取得了丰硕的科研成果。卢耀如在 20 世纪 60 年代初期就组织成立了我国第一个岩溶研究室，在长期理论研究及与实践密切结合中，建立了一套有关岩溶发育规律与工程效应的相关理论，主编了一系列图件、发表了几十篇优秀论文及多部专著。相关成果具有重要的学术价值，多次获得国家及部级科技成果奖，1999 年获李四光地质科学荣誉奖。卢耀如在国内外树立了学术上及工程建设上的威望，以其卓越的成就被誉称为"喀斯特卢"，是国内外著名的岩溶地质和水文地质、工程地质、环境地质专家。2019 年 4 月 11 日，已届 88 岁高龄的卢耀如个人捐资 360 万元人民币，在同济大学教育发展基金会下设立"卢耀如生态环境与地质工程激励基金"，用于支持、推动生态环境与地质工程相关学科向世界一流学科迈进，支持这些学科的人才培养、科学研究及成果转化等。

卢耀如多年来从事岩溶及有关水文地质、工程地质、环境地质工作，在岩溶研究方面取得了突出成就，对形成岩溶的溶蚀机理进行了较系统的实验研究，探索了碳酸岩在不同环境下的复合溶融作用、化学-生物溶融作用，以及碳酸盐岩在不同环境下的复合溶融作用机理。通过密切结合岩溶地质的实际调查，研究了岩溶水动力条件和作用过程，提出了 12 种岩溶水动力条件类型和 3 种岩溶作用的演化机理。卢耀如在工程地质和地质灾害防治方面也取得了显著成绩，提出了工程环境效应和地质灾害链等科学问题，开拓了地质-生态环境的系统理论和工程应用研究。

卢耀如高中时品学兼优，当时清华大学航空工程系沈元教授因故滞留福州，在英华中学任教。受沈元先生影响，卢耀如最终考取清华大学，选择了唯一的理科地质专业。在清华大学学习期间，1951 年淮河发生大水灾，毛主席发出"一定要把淮河修好"的号召。1952 年，还在地质系读二年级的卢耀如作为领队，带领三名同学去淮河实习。两个月实习之后，卢耀如撰写了一篇学习报告《关于淮河大坡岭水库的工程地质调查的报告》，这篇报告至今仍保存在中国地质资料馆内。因院系调整和国家建设需要，卢耀如 4 年的大学课程被压缩为 3 年，1953 年 9 月从调整后的北京地质学院水文地质工程地质系提前毕业。1956 年官厅水库作为当时北方第一大水库，发生坝基渗漏与塌陷，而且塌陷已达黏土心墙。周恩来总理亲自打电话到地质部要求解决问题，部党组研究后决定让在新安江、淮河以及官厅水库有工程经验的卢耀如负责。临危受命，经过深入的勘探和研究，在吸收众多中外专家意见的基础上，卢耀如的处理方案最终得到广泛认可，圆满完成了这项重要任务。在其后的若干年岁月里，卢耀如总是以严谨的工作态度、饱满的工作热情奔走于祖国的山川大地，为中国的水文地质事业做出了卓越的贡献。卢耀如总结起自己人生的高峰，不是当院士，也不是获得的奖项，而是为国家做的三个工程：第一个是新安江水库，解决了水利厅提出的两个问题；第二个是官厅水库，保护了首都人民；第三个是三峡工程，得到了国内外专家的认可。

2019 年对于卢耀如来说是特别的一年，是他加入中国共产党 66 周年、参加工作 66 周年，是开始学习地质 70 周年。卢耀如选择在这个时候捐出自己的积蓄，捐赠仪式上表示 360 万元虽然不多，但对年轻人在科研起步阶段也许很重要，希望能够帮助他们吸引到更多的支持。卢耀如强调之所以将基金命名为"生态环境与地质工程基金"，是希望社会重视地质工程对生态环境的影响，并鼓励博士生和年轻教师多结合工程和环境开展实地考察。卢耀如希望新一代的青年可以将个人理想与国家发展相结合："我们经历过抗战，所以深深知道这一点，如果国家不强大，你奋斗有什么用处？有国才有家。"

9.1.3 薛禹群院士先进事迹

薛禹群出生于江苏无锡，南京大学地球科学与工程学院教授，博士生导师，1952 年从中国交通大学唐山工学院毕业后进入南京大学地质系工作；1957 年从长春地质学院研究生毕业；1999 年当选中国科学院院士。薛禹群主要从事地下水热量和物质运移、海水入侵咸淡水界面运移规律数值模拟、水资源管理等前沿课题的研究。薛禹群建立了中国第一个三维热量运移模型，揭示了海水、咸水入侵规律，建立了潜水条件下的三维海水入侵模型、三维咸水入侵模型，用于胶东海水、咸水入侵防治；建立了反映水岩间阳离子交换的三维水-岩作用模型，系统研究了水量、水质模拟，其中，多含水层越流系统的水量模型、水质模型等 7 个模型属国内首先建立，为中国地下水资源评价、污染预测提供了有效方法和先进手段。

薛禹群专长于地下水研究，1986 年提出了海水入侵数值模型，系统揭示了中国海水入侵的特点、规律和机制，建立了中国第一个海水入侵模型，研究了降雨入渗和潜水面波动对入侵水质的影响等难题。薛禹群在研究海水入侵的过程中，根据海水与岩石接触中的阳离子交换现象，建立起阳离子交换运移行为的三维模型，再现了龙口地区水-岩间阳离子交换的全过程，与实际观测一致。其后针对比海水矿化度高数十倍的咸水入侵水-岩间溶解与沉淀过程进行研究，为全面分析流体-岩石间物理-化学作用奠定了基础。为推动中国地下水模拟科学的发展，薛禹群配套了模型求解方法，创造性地提出了许多新的数值计算方法，如对数插值法、三次样条函数求解流速等。这些方法克服了地下水模拟中的关键难题，提高了计算精度和计算速度，提升了中国地下水模拟技术的整体水平。

薛禹群院士治学严谨，强调"科研不能靠想象，观测数据做不得半点假；要做学问，先要做人，做一个老老实实的人，做一个立志报国的人。"地下水动力学涉及的数据繁多，薛禹群强调对误差可以分析其原因，但不能随意改动，尤其不能成为一种不良的习惯，认为一流的成果只能建立在真实的数据上。20 世纪 80 年代，山东半岛受海水入侵影响严重，在现有资料几近空白的条件下，薛禹群从最基本的收集资料做起，守在水边进行监测，力求获得准确、翔实的第一手数据，在国际上尚无三维海水入侵监测网的条件下，建立了中国第一个三维监测网，极大提升了中国地下水模拟的发展水平。

薛禹群 60 多年孜孜不倦，用高瞻远瞩的目光，引领着我国的水文与水资源研究方向，同时做好学生的摆渡人，引导学生扎根科研、开展自主研究。薛禹群在一次活动中给学生们写下了十六个字："淳朴无华、严谨求实、勤奋创新、自强不息"，表达了对学生们的殷切期望，也正是他人生的真实写照。

9.2　地下水环境保护

9.2.1　身体力行杜绝浪费

　　地下水是人类生存发展的宝贵资源，随着现代工业发展，地下水资源面临着越来越严峻的污染问题，对人类社会绿色可持续发展形成日渐严峻的挑战。现代社会地下水的赋存、分布、运移和循环与人均水消费量密切相关，如果在日常生活中充分认识水资源的价值，做到节约用水，对减少地下水污染、保护地下水环境具有积极的意义。我国水资源总量较为丰富，但一直是世界第一的人口大国，人均水资源占有率很低，被列为贫水国之一。节约用水可保证水资源的合理利用，在减少地下水污染、维护河流生态平衡、避免地下水过度开采等方面都具有一定的积极作用。

　　现有调查表明：我国大学生的节水意识仍然比较薄弱，在日常生活中存在一些不良的用水习惯，对于合理用水没有相关观念，造成了水资源的极大浪费。另一方面，当代大学生平均素质较高，若通过广泛的宣传及一定程度的制度约束，可以培养良好的节约用水习惯。因此，提倡在大学校园内宣传节约用水的生活理念，强调节水需要全体学生的共同参与和努力。节约用水可从我做起，从现在做起，人人做节水的践行者，人人做宣传节水的志愿者。可针对性地在公共场所开展多样化的节水活动，充分利用网络、广播等高校现有的资源，通过多渠道、多样化的形式进行节水宣传，增强大学生的自觉节水意识，掌握切实可行的节水方法，营造一个良好的节水大环境，形成良好的节水风气。节约用水具体措施可参考如下：

　　（1）增强自身节水意识。贯彻落实习近平总书记"节水优先、空间均衡、系统治理、两手发力"的十六字治水思路。充分认识节约用水对促进经济社会可持续发展的重要性，转变用水方式，增强节水意识，全面实施节水行动，树立"节约用水光荣、浪费用水可耻"的观念，做到人人主动节水、爱水、惜水、护水。

　　（2）养成节水习惯。点滴之水成江河，从一点一滴做起，自觉养成节约用水、循环用水的良好习惯。尽量缩短用水时间，随手关闭水龙头，做到人走水停；倡导"空瓶"行动，饮用瓶装水应喝完再丢弃，杜绝"半瓶水"浪费。

　　（3）水资源循环利用。加强水循环利用方面的教育，让大学生了解到节水和提高水资源利用率的重要性。通过水的循环利用提高水资源的利用率、减少水资源的浪费，在宿舍里常备水桶收集零星的饮用水用来二次利用。

　　（4）节水制度。为了增强大学生节水意识，可以制订用水考核奖惩制度，直接将给水系统引入到学生宿舍，既方便大学生用水，又方便用水管理。宿舍间可通过用水指标分析进行节水评比，对于节水成绩突出的宿舍给予一定的奖励，对于严重的浪费和超量行为给予一定的警告和惩罚。

　　优良的节水意识、切实可行的约束制度是培养用水习惯的有力手段，除此以外，大学生在日常学习及生活中还应注意节约用纸。造纸耗费大量的水资源及森林资源，同时产生大量的工业废水，对于地下水绿色生态造成极其不利的影响。随着个人电脑的普及，当代大学生的用纸数量有所下降，但是考虑到学生属性，年均用纸量仍然是一个庞大的数字。

现有调查显示大学生在学习生活中纸张浪费严重，大量的包装用纸、打印用纸利用不充分、随意丢弃，难以实现纸张的回收再利用。单面纸张打印、非必要打印等现象也普遍存在，造成了大量的资源浪费。从地下水环境保护角度出发，提倡节约用纸环保理念，具体措施参考如下：

（1）除特殊要求外，打印用纸须双面使用；严格控制打印纸用量，打印排版充分借助缩放和打印预览功能；文档尽量使用较小字号及行间距，减少打印纸用量。

（2）充分利用废旧纸张，尽量使用再生纸。

（3）减少不必要用纸，不使用餐巾纸、水杯、贴膜纸及饮料纸包装等一次性纸制品。

（4）拒绝过分包装、纸质装饰的物品。

9.2.2　地下水保护措施

水是宝贵的自然资源，更是人类赖以生存的物质基础。我国存在水资源紧缺、水资源分布不均、水体污染等问题。随着经济的快速发展、人口增长及工农业产业升级，对水资源的需求日益增长，水资源短缺日益突出，水污染、水位下降等问题日益严重。由于地下水污染具有隐蔽性、延时性、不可逆性等特点，使得治理难度增加，一旦被污染，所造成的环境与生态破坏很难逆转，要彻底治理需要消耗大量人力、物力，也需要消耗大量时间和资金。近年来我国资源消耗和环境污染等环境问题日益突出，严重影响和制约了经济的可持续发展。地下水作为人类赖以生存的自然资源，在我国社会经济发展中发挥着重要作用，全国超过60%的城市饮用水、50%的工业用水、33%的农业灌溉用水来自地下水。我国人均水资源紧缺，地域分布不均、地下水超负荷开采、水位下降、水质污染等环境问题对我们日常生活的影响日益加大。工业三废、农药化肥滥用、生活垃圾排放以及地下采矿都可能对水体环境造成污染，地下水污染及其防治已经成为亟待解决的热点问题。

大学生的活动区域局限于校园，主要任务是努力学习专业知识和技能，但在地下水保护方面也可发挥积极作用，例如拒绝使用一次性塑料制品，减少白色垃圾。随着当代生活节奏的加快，社会生活正向便利化、卫生化发展。顺应这种需求，一次性泡沫塑料饭盒、塑料袋、水杯等伴随着大学生的日常生活。这些使用方便、价格低廉的包装材料给生活带来了诸多便利，但是在使用后往往被随手丢弃，导致一定的污染问题。丢弃在环境中的废旧包装塑料，不仅影响市容和自然景观，产生视觉污染，而且难以降解，对生态环境造成潜在危害：混在土壤中将影响农作物吸收养分和水分，导致农作物减产；混入城市垃圾一同焚烧会产生有害气体，损害人体健康；增塑剂和添加剂的渗出则会导致地下水污染。塑料类垃圾在自然界停留的时间很长，一般可达200~400年，甚至可达500年；塑料膜密度小、体积大，能降低填埋场地处理垃圾的能力，而且填埋后的场地由于地基松软，垃圾中的细菌、病毒等有害物质很容易渗入地下并污染地下水，危及地下水生态环境。

鉴于白色垃圾对自然环境的种种危害，提倡大学生尽量减少使用一次性塑料制品，为保护包括地下水在内的自然环境贡献自己的力量，具体措施如下：

（1）在大学校园内针对白色垃圾污染开展广泛宣传活动，强调白色垃圾对自然环境多方面、多层次的危害问题，强调其难分解的特质，引导学生充分认识白色垃圾的巨大危害性。

（2）拒绝使用一次性不可降解泡沫餐具、塑料杯、塑料袋等制品，就餐应选择可重复使用的餐具，购物应携带可多次使用的购物袋。

（3）培养良好的行为准则，不随意丢弃白色垃圾，作废塑料垃圾集中收集，循环利用。

（4）提倡使用环境友好的可降解塑料制品。

除了白色垃圾，废旧电池及其他废弃电子设备也是大学生需要重点关注的地下水污染源。特别是废旧电池，如果处理不当直接丢弃到自然环境中，将产生长期、持续、巨大的破坏作用。研究表明一粒小小的纽扣电池即可污染 60 万升地下水，相当于一个人一生的饮水量；一节干电池则可污染 $1m^2$ 土壤，并造成永久性公害。日常所用的普通干电池，主要有酸性锌锰电池和碱性锌锰电池两类，包含汞、锰、镉、铅、锌等重金属物质。废电池被弃后，外壳会慢慢地腐蚀，其中的重金属物质会逐渐渗入水体，造成污染。重金属污染的最大特点是其在自然界不易降解，以迁移为主。因此，一旦地下水被污染，水体自身的净化作用很难将污染彻底消除，对地下水环境造成永久性伤害。

目前处理废旧电池主要采用固化深埋或回收利用。固化深埋即选取渗透性差的隔水层作为埋藏地点，将废旧电池固化压缩后转运至填埋场储存。回收利用一般采用热处理或湿处理法，对废旧电池进行无害化处理，提取其中的可回收成分加以利用。废旧电池经过无害化回收处理后，对地下水环境的影响将大幅降低，环境污染风险被有效清除。因此，保护地下水环境的关键是树立良好的环保意识，充分认识到废旧电池及其他废弃电子设备对地下水环境的潜在危害，在日常生活中尽量将电子垃圾分类保存，集中处理，不与其他可降解生活垃圾混杂。为保护地下水环境，实现绿色可持续发展，建议每位大学生从自身做起，遵守如下行为准则：

（1）充分认识废旧电池的危害性，尽量使用充电电池，避免使用一次性电池。

（2）对废旧电池做到不随意丢弃，做好垃圾分类。

（3）做保护环境的宣传者和维护者，广泛宣传废旧电池的危害性，以身作则，为营造绿色宜居自然环境贡献力量。

9.2.3 地下水环境污染评估新方法

地下水中污染物的运移规律是当前研究的热点问题，考虑到岩土介质的复杂水力学性质，特别是非连续岩体导水通道，如裂隙、溶隙等具有不均匀性和各向异性，地下水污染运移规律研究理论尚有进一步发展的空间。裂隙水及溶隙水系统具有时空结构性，表现为含水介质场、导水介质场、水化学场、水动力场、温度场及应力场的时空分布与转化规律。裂隙水及溶隙水系统中地下水及污染物的运移具有相当的复杂性。

污染物在地下水中的运移研究正经历从孔隙介质向裂隙及溶隙介质的转变，采用数值仿真技术精细刻画污染物运移时空特点是当前研究的热点。针对裂隙及溶隙地下水污染物的数值模型主要包括等效多孔介质模型、离散裂隙网格模型、双重等效介质模型及管道流模型。等效多孔介质模型假定裂隙与溶隙水服从达西定律，本质上是将非连续储水介质近似为多孔介质，以实现对污染物运移过程的研究。离散型裂隙网格模型忽略岩体基质的渗透性，认为裂隙是渗流的主要通道，将地下水系统表示为非连续裂隙网格。该类模型充分考虑了裂隙介质的非均质性及各向异性，能够较真实刻画裂隙流体的渗流特征，及污染物在裂隙介质中的运移过程。双重等效介质模型将孔隙介质与裂隙介质有机统一，渗透性强的部分具有导水作用，储水性强的部分起释水作用，形成既独立又关联的地下水流动系统。管道流模型将地下水系统以岩溶管道的形式进行概化，不考虑裂隙中的水流与管道之间的交换，仅适用于溶隙介质中地下水运移及污染扩散规律的研究。

地下水运移及污染物扩散规律研究已经取得了长足的进展，对于保护地下水环境，营造绿色宜居环境起到了关键的作用，但是，考虑到储水介质的复杂性及地下水时空运移的多变性，该研究方向还存在许多未解决的问题，模型计算结果与实际现象还存在一定偏差。例如：传统的多孔介质等效模型不能真实描述裂隙及溶隙流体运移，无法准确把握污染物在其中的扩散过程；裂隙网格模型的建模过程比较复杂，构建具有代表性的裂隙网格具有一定难度；双重等效介质模型在参数设置方面存在诸多不确定性，需要进一步研究数值模型中参数校对方法；管道流模型则主要适用于岩溶类空间分布极不均匀的储水介质，不完全适用于岩溶型裂隙介质中地下水及污染物运移规律研究。

综上所述，现有地下水污染分析模型还有若干不足之处，存在进一步改进的空间。当代大学生在牢固树立节约用水、保护水环境良好观念的基础上，可立足专业特色，夯实基础概念，将地下水污染作为研究方向，通过各种渠道参与地下水污染研究项目，以期深入理解地下水学科研究现状，并尝试改进、发展地下水污染分析新理念、新方法，为保护地下水环境贡献自己的力量。

────── 本 章 小 结 ──────

（1）新时代高等教育要求全面提升大学生思想道德素质与科学文化素质，深部金属矿水文地质学教材高度重视大学生思政教学工作，在总结水文地质专业知识的基础上力求实现思政教育与专业教育的有机统一，通过学习老一辈水文地质工作者的生平事迹及思想历程，培养大学生热爱祖国、为祖国献身的时代精神。

（2）当代大学生普遍素质较高，但尚未形成系统的地下水保护环保意识，以及相应的良好生活习惯。因此本章通过地下水环境保护章节的学习，帮助大学生树立良好的环境保护意识、践行高水平的行为准则等，以期实现专业教育、思政教育及大学生精神文化相协同的教育目标。

思 考 题

1. 依据水文地质工作者先进事迹，构建思政内容理论框架。
2. 简述与当代大学生密切相关的地下水环境保护措施。

参 考 文 献

[1] 中国有色金属工业协会. 有色金属矿山水文地质勘探规范（GB 51060—2014）[S]. 北京：中国计划出版社，2014.

[2] 蔡美峰，薛鼎龙，任奋华. 金属矿深部开采现状与发展战略 [J]. 工程科学学报，2019，41（4）：417-426.

[3] 武强. 我国矿井水防控与资源化利用的研究进展、问题和展望 [J]. 煤炭学报，2014，39（5）：795-805.

[4] 侯宪港. 煤矿采动岩体导水通道形成机理及表征方法研究 [D]. 沈阳：东北大学，2021.

[5] 武强，董书宁，张志龙. 矿井水害防治 [M]. 徐州：中国矿业大学出版社，2007.

[6] 武强，赵苏启，孙文洁，等. 中国煤矿水文地质类型划分与特征分析 [J]. 煤炭学报，2013，38（6）：901-905.

[7] 张春山. 中国矿井突水灾害及其形成条件与规律 [C]. 中国地质科学院 562 综合大队集刊，1994：87-100.

[8] 虎维岳. 矿山水害防治理论与方法 [M]. 北京：煤炭工业出版社，2005.

[9] 刘国林，段绪华. 老空、老窑水的充水特征及防治对策 [J]. 中国煤炭，2004，30（3）：34-35.

[10] 郭彦华. 老空水水害事故原因分析及防治措施研究 [J]. 中国安全科学学报，2006，16（10）：141-144.

[11] Song W C, Liang Z Z. Theoretical and numerical investigations on mining-induced fault activation and groundwater outburst of coal seam floor [J]. Bulletin of Engineering Geology and the Environment，2021，80（7）：5757-5768.

[12] 武强，崔芳鹏，赵苏启，等. 矿井水害类型划分及主要特征分析 [J]. 煤炭学报，2013，38 (4)：561-565.

[13] 虎维岳，赵春虎. 基于充水要素的矿井水害类型三线图划分方法 [J]. 煤田地质与勘探，2019，47（5）：1-8.

[14] 虎维岳，周建军. 煤矿水害防治技术工作中几个易混淆概念的分析 [J]. 煤炭科学技术，2017，45（8）：60-65.

[15] 王晓华. 供水水文地质学 [M]. 武汉：武汉理工大学出版社，2011.

[16] 张勇，高文龙，赵云云，等. 矿井涌水量分析预测 [M]. 北京：地质出版社，2015.

[17] 张富民. 采矿设计手册. 1 卷 矿产地质卷（下）[M]. 北京：中国建筑工业出版社，1987.

[18] 中华人民共和国应急管理部. 金属非金属地下矿山防治水安全技术规范（AQ 2061—2018）[S]. 2018.

[19] 中国冶金建设协会. 冶金矿山采矿设计规范（GB 50830—2013）[S]. 北京：中国计划出版社，2013.

[20] 应急管理部. 金属非金属矿山安全规程（GB 16423—2020）[S]. 2020.

[21] 古德生. 我国金属矿山安全与环境科技发展前瞻研究 [M]. 北京：冶金工业出版社，2011.

[22] 张华磊，涂敏，程桦，等. 薄基岩采场覆岩破断机理及风氧化带整体注浆加固技术 [J]. 煤炭学报，2018，43（8）：2126-2132.

[23] 甘德清，孙光华，李占金. 地下矿山开采设计技术 [M]. 北京：冶金工业出版社，2012.

[24] 国家安全生产监督管理总局. 金属非金属地下矿山主排水系统安全检验规范（AQ 2029—2010）[S]. 北京：煤炭工业出版社，2010.

[25] 褚洪涛. 我国金属矿山大水矿床的地下开采采矿方法 [J]. 采矿技术，2006，6（3）：49-52.

[26] 王运敏. 现代采矿手册（下）[M]. 北京：冶金工业出版社，2012.

[27] 任凤玉，李海英．金属矿床露天转地下协同开采技术［M］．北京：冶金工业出版社，2018．

[28] 陈一洲，何理，蔡嗣经，等．白象山铁矿 F4 断层突水应急救援方案分析［J］．金属矿山，2010（6）：164-166．

[29] 宗义江，韩立军，黄小忠，等．高承压水作用下突水巷道注浆恢复与支护技术［J］．采矿与安全工程学报，2016，33（6）：992-998．

[30] 周印章．高阳铁矿水文地质条件与突水规律研究［D］．青岛：青岛理工大学，2008．

[31] 刘黔峰．新庄铜铅锌矿Ⅱ矿带防治水探讨［J］．采矿技术，2010，10（4）：84-86．

[32] 杨建安，洪安娜．宜丰新庄铜铅锌矿地下水综合防治技术［J］．金属矿山，2018（7）：180-183．

[33] 叶少贞，高任，吴火星，等．江西城门山铜矿找矿新成果及下步找矿方向［J］．矿产勘查，2019，10（1）：94-101．

[34] 谭清燕，罗来林，吴国华，等．三面环湖的凹陷露天矿采区防洪技术研究［J］．铜业工程，2019（5）：41-44，60．

[35] 李明骏．武山铜矿深部矿坑涌水量预测［J］．铜业工程，2020（4）：28-33．

[36] 王志强，陈斌，马星华．广西陆川-博白成矿带多期次岩浆活动与钨钼成矿作用［J］．地质学报，2017．

[37] 张超，宋卫东，付建新，等．海底矿山开采扰动下岩体稳定性分析［J］．中国矿业大学学报，2020，49（6）：1035-1045．

[38] 王玺，王剑波，赵杰，等．三山岛金矿西岭矿区深部岩体岩爆倾向性熵权法综合预测［J］．中国矿业，2020，29（10）：128-133．

[39] 冷建民，吴大伟，王楠，等．三山岛金矿深部巷道围岩破坏机理及支护参数优化［J］．金属矿山，2019（6）：45-50．

[40] 袁星芳，刘乐军，王文瑾，等．山东省莱州市三山岛金矿床充水因素分析及涌水量预测［J］．山东国土资源，2018，34（11）：67-72．

[41] 冀东，徐晨，李腾飞，等．滨海深部开采矿山水文地质环境调查与渗流场特征分析［J］．工程地质学报，2016，24（4）：674-681．

[42] 周天健，庞冯秋，汪庆玖，等．铜陵冬瓜山铜矿床 60#线以北深部水文地质特征及防治水措施［J］．现代矿业，2018，34（5）：221-227．

[43] 庞冯秋，周天健．铜陵冬瓜山铜矿水文地质特征及防治水对策［J］．现代矿业，2018，34（1）：74-78．

[44] 王立生．帷幕注浆法在冬瓜山铜矿的应用［J］．金属矿山，2008（3）：58-60．

[45] 杨彪．矿山地下水害防治工程可视化及地表塌陷预测研究［D］．长沙：中南大学，2011．

[46] 欧阳仕元．凡口铅锌矿岩溶大水防治［J］．现代矿业，2015，31（5）：152-155．

[47] 张新社．广东省凡口铅锌矿矿区地下水害防治方案研究［D］．北京：中国地质大学（北京），2010．

[48] 李峰．莱芜市谷家台矿区水文地质条件分析［J］．世界有色金属，2020（1）：267，269．

[49] 张勇．大水矿山倾斜帷幕下采方法实践［J］．金属矿山，2009（7）：29-32．

[50] 陈海远，于正兴，朱权洁，等．深孔注浆堵水技术在矿井恢复中的应用［J］．采矿技术，2012，12（6）：37-40．